河南省"十二五"普通高等教育规划教材
"卓越工程师教育培养计划"规划教材

施工安全技术与管理

SHIGONG ANQUAN JISHU YU GUANLI

● 主编　宋建学

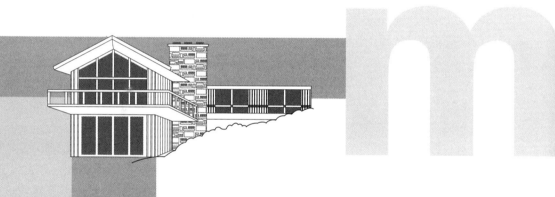

U0322965

郑州大学出版社

郑　州

图书在版编目(CIP)数据

施工安全技术与管理/宋建学主编. —郑州:郑州大学出版社,2015.4(2020.6重印)
(普通高等教育土木类专业"十二五"规划教材)
ISBN 978-7-5645-2035-9

Ⅰ.①施…　Ⅱ.①宋…　Ⅲ.①建筑工程-工程施工-安全技术-高等学校-
教材②建筑工程-工程施工-安全管理-高等学校-教材　Ⅳ.①TU714

中国版本图书馆 CIP 数据核字（2014）第 226218 号

郑州大学出版社出版发行
郑州市大学路 40 号　　　　　　　　　　　　邮政编码:450052
出版人:孙保营　　　　　　　　　　　　　　发行电话:0371-66966070
全国新华书店经销
河南龙华印务有限公司印制
开本:787 mm×1 092 mm　1/16
印张:19.5
字数:465 千字
版次:2015 年 4 月第 1 版　　　　　　　　　印次:2020 年 6 月第 3 次印刷

书号:ISBN 978-7-5645-2035-9　　　　　　定价:43.00 元
本书如有印装质量问题,请向本社调换

主编简介

　　宋建学,男,1967年10月生,河南省洛阳市人,工学博士,教授,郑州大学土木工程学院土木系主任,兼任国际智能基础设施安全监测学会(International Society of Intelligent Infrastructure Health Monitoring)会员,中国建筑学会基坑工程专业委员会理事,国家注册一级工程安全评价师,国家注册安全工程师,河南省安全生产专家委员会专家,郑州市安全生产专家组专家,河南省教育厅学术技术带头人,郑州市科技领军人才,从事工程安全监测技术与应用研究。

本书作者
Authors

主　　编　宋建学

副 主 编　郑传昌

编　　委　（以姓氏笔画为序）

孙成城　宋建学　张彬彬

郑传昌　梁彦桢　鲁大志

前 言
Preface

·······································

由于各类土木工程内在的特殊性,施工过程具有较多的安全风险。住房和城乡建设部于 2009 年颁布"建质 2009［87］号文件",即《危险性较大的分部分项工程安全管理办法》(以下简称"87 号文件"),是施工现场安全生产管理重要的规范性文件,一方面可以明显地提高施工安全管理水平并取得实效,另一方面也对现场管理和相关岗位人员的安全知识和技能提出了更高要求。

本书围绕 87 号文件所列的超过一定规模的危险性较大的分部分项工程范围,介绍相应分部分项工程关键施工技术;以现场调查和统计为基础,分析相关施工环节的安全风险特征;根据室内构件试验和现场结构试验以及相应理论分析成果,并结合现行规范要求,阐述相应安全防控措施;针对深基坑工程、高大模板支架工程、悬挑脚手架工程等给出了施工安全专项方案编写实例。

建设施工安全涉及力学、材料、结构、测量等理论基础,在施工之前应结合工程材料特性和力学原理,编写符合规范要求、保障施工安全的专项方案,并在实施过程中通过监测监控提供预警预报,从而以技术为核心,以管理为手段,提高施工安全水平。本书在编写过程中力图体现以下三个特点:

第一,技术性。本书内容反映了作者多年来根据现场调研、室内试验、现场试验及理论分析等获得的成果,以力学原理和结构理论为基础,使相关安全技术与管理具有理论分析和试验依据。

第二,实践性。毫无疑问,施工安全技术的直接依据应是现行规范、规程。然而,不可回避的事实是,当前技术规范体系复杂,甚至不同的规范之间也有相互冲突,使一线工作人员无所适从。同时,个别规范条文缺乏室内试验和现场试验验证,一味地提高技术标准。这种行为貌似为工程安全负责,实际上却无法完全实现,一定程度上造成技术混乱。本书面向工程实践,对一些实际中无法达到的技术标准进行分析讨论,并提出切实可行的处理措施。

第三,实用性。施工安全技术和管理有其力学基础、结构原理和计算依据,甚至以复杂的数值模拟成果为基础。然而,建设施工安全技术最终要依靠施工管理、施工技术、安全管理等岗位相关人员规范,合理地履行岗位职责来实现。精深的理论和繁杂的推演会使安全技术的推广受到限制。本书在编写过程中力图深入浅出,反映科学研究和理论分析的成果,体现建设施工安全最新经验和成熟做法,而不介绍相应的试验和推证本身。

本书由郑州大学和郑州市建设安全监督站、郑州市建设安全管理协会联合编写,我省同行专家为本书的编写提供了建设性意见和宝贵的技术支持。郑州大学土木工程学院研究生于海滨、李庆威、李树一、孙宇赫、张珊珊、智震、李晓健、赵笑鹏、张世轩等为本书的编校付出了辛勤的劳动。

本书可以作为土木工程相关专业教材,也可供相关建设、勘察、设计、施工、监理、监测等工程技术人员参考。

由于技术水平有限,书中谬误难免,恳请各位师长、同行批评指正。

编者
2014 年 11 月

目录 CONTENTS

第 1 章　施工安全概论

1.1　建筑施工特征

建筑施工与一般工业生产相比具有其独特之处,因此建筑施工也具有其自身的特点。

(1)建筑施工安全技术具有广泛的种类

建筑施工项目种类繁多,不同种类项目施工安全技术方法、内容各异。不同工程施工技术、工艺、方法所用设备、机具、材料不尽相同,因此涉及的安全技术也各不相同。

(2)建筑施工安全技术具有复杂性

一个工程项目涵盖多种工程类型,安全生产构成复杂。每一个工程项目都由多种配套分部分项工程组合而成,一般涉及基础工程、主体结构工程、水电暖通安装工程等。不同分部分项工程施工特点不同,安全技术要求不同,并且多种工序同时存在,决定了安全技术的复杂性。

(3)建筑施工安全技术具有针对性

每一个工程项目都有独特性,安全技术需要有针对性。每个建筑工程的施工时间、所处地理位置、作业环境、周边市政设施、参加施工的管理人员和作业人员的不同,以及建筑结构、工程材料、施工工艺的多样性,决定了每个工程的差异性和独特性。

(4)建筑施工安全影响因素多

建筑工程施工具有高能耗、高强度、施工现场干扰因素(噪声、尘土、热量、光线等)多等特点,且建筑工程施工大多是露天作业,受天气、气候、温度影响大。这使得施工安全生产涉及的不确定因素多,加大了施工作业的危险性。

(5)建筑施工具有动态性

在建筑施工生产过程中,从基础、主体到安装、装修各阶段,随着分部分项工程、工序的顺次开展,每一步的施工方法都不相同,现场因素都在变化之中。整个建筑施工项目的建设过程就是一个动态变化过程,这也决定了建筑工程施工安全生产管理动态性的特点。

(6)建筑施工从业人员构成复杂

建筑施工属于劳动密集型行业,从业门槛低。直接从事施工作业的分包队伍,大多存在技术培训不足、安全管理不善的问题。现场管理人员技术素质良莠不齐,在施工中会造成盲目施工、违章指挥。现场作业人员常冒进赶工,易发生事故。

(7)建筑施工安全技术是持续改进、与时俱进的

新工艺、新技术、新材料、新设备将会越来越多地用于建筑施工现场,国家也会出台相应安全技术及法律法规。科学技术的发展决定了建筑施工安全技术是持续改进、与时俱进的。

1.2 我国施工安全发展历史

古老的中华民族有着悠久的历史,流动于民族文明长河中的安全观念和方略,对现代社会的风险防范也有着借鉴意义和现实意义。

公元 989 年,北宋木结构建筑匠师喻皓在开封建造开宝寺灵感塔(图 1.2.1)时,每建一层都在塔周围安设帷幕遮挡,既避免施工伤人,也便于施工操作。

图 1.2.1　开封开宝寺灵感塔

新中国成立后,大规模的经济建设给建筑行业的发展提供了机会,我国建筑业取得了突飞猛进的发展和巨大成就。新中国成立以来工程建设安全管理发展过程可以分为三个阶段:

第一阶段(1949～1957 年)是制度的建立和发展阶段。1956 年国务院颁布了"三大规程",即《工厂安全卫生规程》《建筑安装工程安全技术规程》《工人职员伤亡事故报告规程》。"三大规程"的制定是一个重要的里程碑,推动了劳动保护工作发展。这些规程的制定是根据建设期间的实践并借鉴了苏联的工作经验制定的。1957 年万人死亡率已经减到了 1.67,每 10 万平方米房屋死亡率为 0.43,劳动保护工作成绩显著。

第二阶段(1958～1976 年)是波折和倒退时期。从 1958 年开始出现建设中盲目赶工期现象,不按客观规律办事,破坏了正常生产秩序。1958 年万人死亡率高达 5.60。经过 20 世纪 60 年代初期经济调整,1965 年安全情况有所好转,万人死亡率下降到 1.65,恢复到了 1957 年的水平。1961～1966 年,全国共编制和颁布了 16 个设计、施工标准和规范,这些规范和标准是我国第一批正式颁布的国家建筑标准和规范。"五项规定"(安全生产责任制的规定、编制劳动保护措施计划的规定、安全生产教育的规定、安全生产定期检查的规定、伤亡事故调查和处理的规定)是由国务院在 1963 年制定并颁布的,自颁布以来除个别地方修改外一直指导着我国的劳动保护工作。1966 年之后建筑安全情况再度恶化,1970 年万人死亡率达到 7.50。1971 年仅施工中死亡人数就达到 2999 人、重伤 9680 人,其中有些事故的严重性是新中国成立以来极为少见的。1966 年以后,建筑业法制建设和建筑标准、规范的制定工作受到严重破坏,大量合理的规章制度和多年的经过实践检验的科学规定被撤销,资料散失,安全管理工作基本上陷入停顿状态。

第三阶段(1977 年至今)是恢复和提高阶段。1978 年万人死亡率高达 2.80,1980 年降为 2.20,到了 1990 年降为 1.37。在此期间,国家建筑工程总局 1980 年 5 月颁布了《建筑安装工人安全技术操作规程》,又针对企业内高空坠落、物体打击、触电和机械伤害事故特别严重的情况,于 1981 年 4 月提出了防止高空坠落等事故的十项安全技术措施。建设部此后又相继颁布了《关于加强集体所有制建筑企业安全生产的暂行规定》、《国营建筑企业安全生产条例》、《施工现场临时用电安全技术规范》、《建筑施工安全检查评分标准》等。安全生产在此期间出现较大好转。1992 年下半年,随着建设新高潮的到来,建筑安全情况再一次出现下滑势头,安全事故增多,特别是重大事故屡屡发生,施工安全状况更加严峻,仅在 1992 年下半年一次死亡 3 人以上的重大事故就发生了 18 起,比 1991 年同期增加了 10 起。1994 年安全管理状况开始有所好转,1995 年至 1997 年连续三年万人死亡率小于 1.0。此后安全生产平稳发展。

从新中国成立后建筑安全管理情况(万人死亡率)的"三上三下"实践中可以看出:一方面,重视工程实践的客观规律,加强工程建设安全管理是非常重要的;另一方面,缺乏科学研究的依据,缺乏有力的理论指导,是造成建筑安全工作不能够稳步发展的重要原因。

1.3　建筑施工安全现状及面临的问题

1.3.1　建筑施工安全现状

建筑行业本身是一个高危行业,从新中国成立以来建筑行业发展的一波三折来看,提高施工安全技术与完善管理是减少施工事故发生的关键。

(1)总体情况

2013 年,全国共发生房屋市政工程生产安全事故 524 起,死亡 670 人,比 2012 年同期事故起数增加 37 起,死亡人数增加 46 人,同比分别上升 7.60% 和 7.37%。2012 年,全国共发生房屋市政工程生产安全事故 487 起,死亡 624 人,比 2011 同期事故起数减少 102 起,死亡人数减少 114 人,同比分别下降 17.32% 和 15.45%。2004 ~ 2013 年全国建筑施工安全事故统计情况如图 1.3.1 所示。

(2)较大及以上事故统计

2013 年全国共发生房屋市政工程生产安全较大及以上事故 26 起,死亡 105 人,比 2012 年同期事故起数减少 3 起,死亡人数减少 16 人,同比分别下降 10.34% 和 13.22%。2012 年全国共发生房屋市政工程生产安全较大及以上事故 29 起,死亡 121 人,比 2011 年同期事故起数增加 4 起,死亡人数增加 11 人,同比分别上升 16.00% 和 10.00%。2009 ~ 2013 年全国建筑施工安全较大及以上事故统计情况如图 1.3.2 所示。

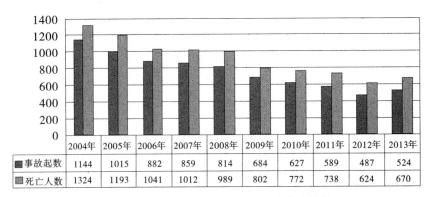

图 1.3.1　2004 ～ 2013 年全国建筑业安全事故情况

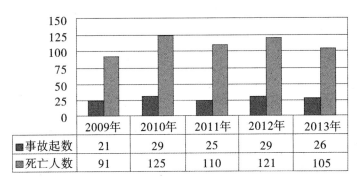

图 1.3.2　2009 ～ 2013 年全国建筑业较大及以上安全事故情况

（3）事故类型统计

2013 年前三季度，房屋市政工程生产安全事故按照类型划分（如图 1.3.3 所示），高处坠落事故 213 起，占总数的 55.48%；坍塌事故 59 起，占总数的 15.36%；物体打击事故 50 起，占总数的 13.02%；起重伤害事故 31 起，占总数 8.07%；机具伤害、触电、车辆伤害、火灾和爆炸、中毒和窒息、淹溺等其他事故 31 起，占总数的 8.07%。

2012 年，房屋市政工程生产安全事故按照类型划分（如图 1.3.4 所示），高处坠落事故 257 起，占总数的 52.77%；坍塌事故 67 起，占总数的 13.76%；物体打击事故 59 起，占总数的 12.11%；起重伤害事故 50 起，占总数的 10.27%；机具伤害事故 23 起，占总数的 4.72%；触电事故 10 起，占总数的 2.05%；车辆伤害、火灾和爆炸、中毒和窒息、淹溺等其他事故 21 起，占总数的 4.32%。

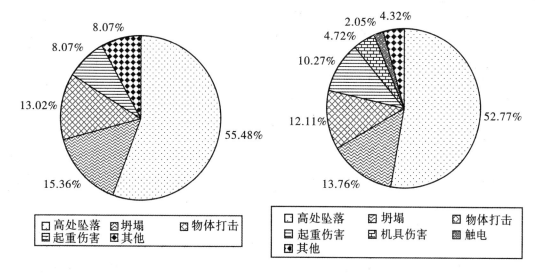

图 1.3.3　2013 年前三季度事故类型情况　　　　图 1.3.4　2012 年事故类型情况

2011 年事故类型情况如图 1.3.5 所示。

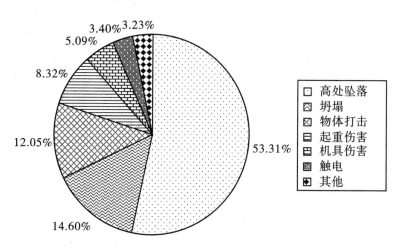

图 1.3.5　2011 年事故类型情况

（4）事故发生部位统计

2012 年,房屋市政工程生产安全事故按照发生部位划分（如图 1.3.6 所示）:洞口和临边事故 128 起,占总数的 26.28%;脚手架事故 67 起,占总数的 13.76%;塔吊事故 63 起,占总数的 12.94%;基坑事故 42 起,占总数的 8.63%;模板事故 26 起,占总数的 5.34%;井字架与龙门架事故 25 起,占总数的 5.13%;施工机具事故 25 起,占总数的 5.13%;外用电梯事故 19 起,占总数的 3.90%;临时设施事故 6 起,占总数的 1.23%;现场临时用电等其他事故 115 起,占总数的 17.66%。

2011 年,房屋市政工程生产安全事故按照发生部位划分（如图 1.3.7 所示）:洞口和临边事故 125 起,占总数的 21.22%;塔吊事故 80 起,占总数的 13.58%;脚手架事故 69 起,占总数的 11.71%;模板事故 46 起,占总数的 7.81%;基坑事故 39 起,占总数的 6.62%;井字架与龙门架事故 29 起,占总数的 4.92%;施工机具事故 20 起,占总数的 3.40%;墙板结构事故 20 起,占总数的 3.40%;临时设施、外用电梯、外电线路、土石方工程等其他事故 161 起,占总数的 27.34%。

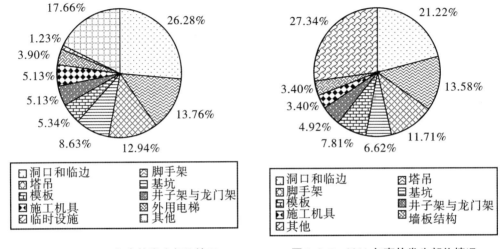

图 1.3.6　2012 年事故发生部位情况　　　　图 1.3.7　2011 年事故发生部位情况

(5)形势综述

2004～2013 年,全国房屋市政工程安全生产形势总体稳定,事故起数和死亡人数总体保持下降趋势。

近几年河南省的事故情况如表 1.3.1、表 1.3.2 所示。

表 1.3.1　2011 年、2012 年河南省房屋市政工程生产安全事故情况

地区	总体情况						较大及以上事故情况					
	事故起数/起			死亡人数/人			事故起数/起			死亡人数/人		
	2012	2011	同期比	2012	2011	同期比	2012	2011	同期比	2012	2011	同期比
河南	10	9	1	11%	21	18	3	17%	1	2	−1	−50%	8	7	1	14%

表 1.3.2　2012 年、2013 年河南省房屋市政工程生产安全事故情况

地区	总体情况						较大及以上事故情况					
	事故起数/起			死亡人数/人			事故起数/起			死亡人数/人		
	2013	2012	同期比	2013	2012	同期比	2013	2012	同期比	2013	2012	同期比
河南	16	10	6	60%	23	21	2	9.5%	1	1	0	0%	3	8	−5	−62.5%

由此可看出,河南省建筑安全状况不容乐观。建筑市场行为不规范、企业主体责任落实不到位、安全生产隐患排除治理不彻底、生产安全事故查处不严格等问题都给安全生产工作带来了极大挑战。

通过近几年的对比发现,建筑施工事故率呈现一定的下降趋势,在某些方面来说这跟近些年来的政府颁布的法律法规以及政府部门的重视有关。但事故发生也有极大的不确定性与分散性,这显示出了各级政府、各地施工主管部门与地方施工企业对待现场施工的重视程度有所不同。

1.3.2　建筑施工安全面临的问题

（1）我国的法律法规不健全和可操作性差

到目前为止,我国出台了很多关于建筑施工安全的法律法规,但是,这些法律法规还存在一些缺陷,操作性较差,没有形成完整的法律体系。法律法规不健全导致了建筑单位安全责任制落实不到位。

（2）安全教育培训制度不健全

我国土木工程教育忽视建筑施工安全技术与安全管理的教育与培训,导致后备人才严重不足。施工企业的安全教育培训多数流于形式,实效较差。

（3）从业人员的整体素质低,技术差

现在,我国建筑业的主力已经由原来的受过专门教育培训的固定工转变为民工。这些施工人员受教育水平整体较低,安全意识较差。许多事故是由于施工人员违规操作而导致的。因此,国家应该加强对工人安全教育执行情况的检查,将安全教育培训落实到实处,不能仅流于形式,加强施工人员的安全意识和安全技能教育。

（4）安全生产资金被挪用或投入不足

安全施工需要有符合资质的工人、合格的机具、符合标准的加工对象和能源动力、成熟的工业技术以及完备的安全保障措施等。以上这些构成了建筑施工的直接成本,同时建筑施工要有监控人员、监测设备等,这些又构成建筑施工安全的间接成本。建设工程施工安全成本与施工率之间的关系,如图1.3.8所示。当安全成本投入较低时,工程事故率较高;反之,安全成本投入较高时,工程事故率较低。

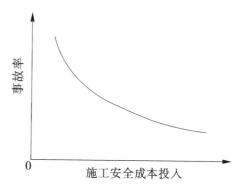

图1.3.8　施工安全成本投入与事故率关系图

建筑施工安全成本应计入工程成本,并且施工安全成本应得到补偿。但是,长期以来建设单位严重压价,施工单位层层违法转包或分包,施工单位的承包收入难以保证建设施工安全成本得到补偿,这是建设工程安全生产形势严峻的重要经济原因。

（5）建筑安全监管机制不健全

我国建筑业采用的是政府监管机制。我国正处在大规模建设时期,政府监管机制已经无法适应日益增大的建设规模。在市场经济体制下,我们应该调整政府监管机制,建立具有中国特色的权威、高效和专业的建筑安全监督机构和执法队伍。只有这样,才能适应建筑业的发展,才能减少建筑施工事故的发生。

1.4 建筑施工安全事故等级

建筑施工类安全事故属于生产安全事故,根据国务院令第 493 号《生产安全事故报告和调查处理条例》,按照生产安全事故(以下简称事故)造成的人员伤亡或者直接经济损失,事故一般分为特别重大事故、重大事故、较大事故和一般事故,见表 1.4.1。

表 1.4.1 生产安全事故等级表

等级	分级标准
特别重大事故	造成 30 人以上死亡,或者 100 人以上重伤(包括急性工业中毒,下同),或者 1 亿元以上直接经济损失的事故
重大事故	造成 10 人以上 30 人以下死亡,或者 50 人以上 100 人以下重伤,或者 5000 万元以上 1 亿元以下直接经济损失的事故
较大事故	造成 3 人以上 10 人以下死亡,或者 10 人以上 50 人以下重伤,或者 1000 万元以上 5000 万元以下直接经济损失的事故
一般事故	造成 3 人以下死亡,或者 10 人以下重伤,或者 1000 万元以下直接经济损失的事故

1.5 危险性较大分部分项工程

危险性较大的分部分项工程是指建筑工程在施工过程中存在的、可能导致作业人员群死群伤或造成重大不良社会影响的分部分项工程,其具体范围见建质 2009[87] 号文件。施工单位应当在危险性较大的分部分项工程施工前编制专项方案。对于超过一定规模的危险性较大的分部分项工程,施工单位应当组织专家对专项方案进行论证。现列出超过一定规模的危险性较大的分部分项工程范围。

1.5.1 深基坑工程

1)开挖深度超过 5 m(含 5 m)的基坑(槽)的土方开挖、支护、降水工程。

2)开挖深度虽未超过 5 m,但地质条件、周围环境和地下管线复杂,或影响毗邻建(构)筑物安全的基坑(槽)的土方开挖、支护、降水工程。

1.5.2 模板工程及支撑体系

1)工具式模板工程:包括滑模、爬模、飞模工程。

2)混凝土模板支撑工程:搭设高度 8 m 及以上;搭设跨度 18 m 及以上;施工总荷载 15 kN/m² 及以上;集中线荷载 20 kN/m 及以上。

3)承重支撑体系:用于钢结构安装等满堂支撑体系,承受单点集中荷载 700 kg 以上。

1.5.3 起重吊装及安装拆卸工程

1)采用非常规起重设备、方法,且单件起吊重量在 100 kN 及以上的起重吊装工程。

2)起重量 300 kN 及以上的起重设备安装工程;高度 200 m 及以上内爬起重设备的拆除工程。

1.5.4 脚手架工程

1)搭设高度 50 m 及以上落地式钢管脚手架工程。

2)提升高度 150 m 及以上附着式整体和分片提升脚手架工程。

3)架体高度 20 m 及以上悬挑式脚手架工程。

1.5.5 拆除、爆破工程

1)采用爆破拆除的工程。

2)码头、桥梁、高架、烟囱、水塔或拆除中容易引起有毒有害气(液)体或粉尘扩散、易燃易爆事故发生的特殊建(构)筑物的拆除工程。

3)可能影响行人、交通、电力设施、通信设施或其他建(构)筑物安全的拆除工程。

4)文物保护建筑、优秀历史建筑或历史文化风貌区控制范围的拆除工程。

1.5.6 其他

1)施工高度 50 m 及以上的建筑幕墙安装工程。

2)跨度大于 36 m 及以上的钢结构安装工程;跨度大于 60 m 及以上的网架和索膜结构安装工程。

3)开挖深度超过 16 m 的人工挖孔桩工程。

4)地下暗挖工程、顶管工程、水下作业工程。

5)采用新技术、新工艺、新材料、新设备及尚无相关技术标准的危险性较大的分部分项工程。

1.6 危险性较大分部分项工程的管理

根据建质 2009[87]号文件,危险性较大分部分项工程的安全管理应符合以下规定。

1）建设单位在申请领取施工许可证或办理安全监督手续时,应当提供危险性较大的分部分项工程清单和安全管理措施。施工单位、监理单位应当建立危险性较大的分部分项工程安全管理制度。

2）施工单位应当在危险性较大的分部分项工程施工前编制专项方案;对于超过一定规模的危险性较大的分部分项工程,施工单位应当组织专家对专项方案进行论证。

3）专项方案编制应当包括以下内容:

①工程概况:危险性较大的分部分项工程概况、施工平面布置、施工要求和技术保证条件。

②编制依据:相关法律、法规、规范性文件、标准、规范及图纸(国标图集)、施工组织设计等。

③施工计划:包括施工进度计划、材料与设备计划。

④施工工艺技术:技术参数、工艺流程、施工方法、检查验收等。

⑤施工安全保证措施:组织保障、技术措施、应急预案、监测监控等。

⑥劳动力计划:专职安全生产管理人员、特种作业人员等。

⑦计算书及相关图纸。

4）下列人员应当参加专家论证会:

①专家组成员;

②建设单位项目负责人或技术负责人;

③监理单位项目总监理工程师及相关人员;

④施工单位分管安全的负责人、技术负责人、项目负责人、项目技术负责人、专项方案编制人员、项目专职安全生产管理人员;

⑤勘察、设计单位项目技术负责人及相关人员。

专家组成员应当由 5 名及以上符合相关专业要求的专家组成。本项目参建各方的人员不得以专家身份参加专家论证会。

5）专项方案经论证后需做重大修改的,施工单位应当按照论证报告修改,并重新组织专家进行论证。

6）专项方案实施前,编制人员或项目技术负责人应当向现场管理人员和作业人员进行安全技术交底。

7）施工单位应当指定专人对专项方案实施情况进行现场监督和按规定进行监测。发现不按照专项方案施工的,应当要求其立即整改;发现有危及人身安全紧急情况的,应当立即组织作业人员撤离危险区域。施工单位技术负责人应当定期巡查专项方案实施情况。

8）对于按规定需要验收的危险性较大的分部分项工程,施工单位、监理单位应当组织有关人员进行验收。验收合格的,经施工单位项目技术负责人及项目总监理工程师签字后,方可进入下一道工序。

第 2 章 深基坑工程

2.1 基坑工程事故

近 20 年来,随着高层建筑和城市地下空间的发展,我国基坑工程数量迅猛增加,基坑围护体系的设计方法、施工技术、检测手段以及基坑工程理论都有了很大的进步。但由于基坑工程的特殊性,如区域性、个体差异性等,基坑工程发生事故的概率往往大于主体工程。根据工程实际调查,基坑工程事故率可达到 20% 左右。基坑工程事故造成的危害包括两个方面:一方面是基坑支护结构本体破坏,对施工人员产生伤害,工期延误,造成经济损失;另一方面,基坑工程事故可能导致基坑周边建(构)筑物及地下市政管线的损坏,严重时还会造成火灾、爆炸、有毒有害物质泄漏,给人民生命财产造成严重威胁。规范基坑工程相关技术标准,降低基坑工程事故发生概率,提高基坑工程安全度,具有重要的现实意义。

根据国内基坑工程事故调查可以得出,基坑工程事故原因涉及工程勘察、设计、施工、监理、第三方监测以及建设单位等各方面。根据现有资料统计分析,可以得到基坑工程事故责任主体统计结果,如图 2.1.1 所示。

由图 2.1.1 可见,由施工方面原因造成的基坑工程事故大约占到 50%。设计原因引起的基坑事故约占 1/3,其中,包括支护结构选型不合理,以及支护结构设计计算中的错误。支护结构设计计算书中存在的问题,常

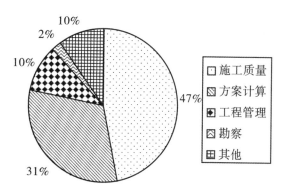

图 2.1.1　基坑工程事故责任主体统计

包括岩土工程参数指标选取不合理,以及支护结构计算中,不同工况条件下安全指标不满足相关规范要求。实际工程中,个别设计单位为了在竞争中获胜,在没有补充勘察的条件下擅自提高土体强度指标,给基坑工程带来隐患。另外,以土钉墙支护结构为代表的支护结构,设计验算中应采用"增量法",要求在每一步开挖的工况下,基坑整体滑动稳定性验算都应满足规范中对应的安全指标,而有些设计人员则片面地认为开挖到底的工况下基坑处于最不利状态,只要该工况安全验算满足,其他工况下安全指标不必完全满足规范要求。这种错误的理解,也造成一些支护结构的事故发生。从基坑工程的管理角度来看,建

设单位、监理单位、第三方监测有时也会在基坑工程事故中负有重要责任。例如,第三方监测没有及时、准确地发现支护结构内力和变形突变,没有及时给出安全预警;建设单位和监理单位在第三方监测提供安全预警的条件下,没有及时采取措施,或者没有采取正确的应急措施,延误基坑抢险时机,甚至导致基坑工程事故发生。从统计结果来看,由于岩土工程勘察单位提供的勘察成果与实际条件不符从而造成基坑事故的情况较少发生,仅占 2% 左右。

以上分类是按照基坑工程事故的责任主体来划分的。从基坑工程的直接成因来看,相当多数量的基坑工程事故与"水"有关,这里的"水"包括地表水、地下水,以及基坑周边市政管线中的流动水等。雨季施工的基坑,由于基坑防排水措施不当,基坑可能被雨水冲塌。从基坑降水的环境效应影响来看,除了高灵敏性土地区(例如基坑开挖深度范围内存在深厚淤泥或淤泥质土)之外,基坑工程降水对周边环境的影响,就其范围和影响幅度来看,都要超过基坑开挖对周边环境的影响。基坑施工过程中抽排地下水将造成基坑周边地面下沉,地下管线开裂,相邻建筑物不均匀沉降,甚至开裂、倾斜直至倒塌。基坑侧壁变形和周边地下管线的渗漏相互推动,不可逆转。很多供水管线、排水管线本来就存在着一定的渗漏。当管线附近基坑开挖和基坑降水时,将造成更大的管线变形,产生更多的渗漏。管线渗漏会有两种后果:其一是土体自重增加,导致基坑侧壁主动土压力增大;其二是土体强度指标严重下降。这两种效应都会增大基坑的变形,而新的基坑变形将更进一步推动周边管线变形和渗漏,这种相互作用的结果如果不能及时处理,最终会导致基坑事故发生。

综上所述,基坑工程事故原因是复杂的,可能与勘察、设计、施工、监理、第三方检测甚至建设单位有关。现阶段,我国已出台一系列与基坑工程相关的国家或行业规范,部分规范如表 2.1.1 所示。

表 2.1.1 基坑工程主要规范一览表

序号	类型	规范名称	编号	备注
1	勘察	岩土工程勘察规范	GB 50021	
2		岩土工程勘察安全规范	GB 50585	
3	设计	建筑地基基础设计规范	GB 50007	
4		建筑基坑支护技术规程	JGJ 120	
5		复合土钉墙基坑支护技术规范	GB 50739	
6	施工	建筑施工土石方工程安全技术规范	JGJ 180	
7		建筑与市政降水工程技术规范	JGJ 111	
8		建筑深基坑工程施工安全技术规范	JGJ 311	
9	监理	建筑地基基础工程施工质量验收规范	GB 50202	
10	第三方监测	建筑基坑工程监测技术规范	GB 50497	

2009 年 5 月 13 日住房和城乡建设部印发《危险性较大的分部分项工程安全管理办法》的通知,其中附件二《超过一定规模的危险性较大的分部分项工程范围》中列出深基坑工程有关标准如下:

1)开挖深度超过 5 m(含 5 m)的基坑(槽)的土方开挖、支护、降水工程。

2)开挖深度虽未超过 5 m,但地质条件、周围环境和地下管线复杂,或影响毗邻建(构)筑物安全的基坑(槽)的土方开挖、支护、降水工程。

这一规定也是确定"深基坑工程"的条件和范围。

2.2　深基坑工程支护结构施工安全技术

2.2.1　土钉墙支护

2.2.1.1　土钉墙和复合土钉墙

土钉墙是近 30 多年发展起来的用于土体开挖时保持基坑侧壁或边坡稳定的一种挡土结构,主要由密布于原位土体中的细长杆件——土钉、黏附于土体表面的钢筋混凝土面层及土钉之间的被加固土体组成,是具有自稳能力的原位挡土墙,可抵抗水土压力及地面附加荷载等作用力,从而保持开挖面稳定。这是土钉墙的基本形式。

复合土钉墙是近 10 多年来在土钉墙基础上发展起来的新型支护结构。土钉墙与各种止水帷幕、微型桩及预应力锚杆等构件结合起来,根据工程具体条件选择与其中一种或多种组合,即形成复合土钉墙。如土钉与预应力锚杆联合支护、土钉与深层搅拌桩联合支护等。

土钉墙施工设备及工艺简单,不需要复杂的技术和大型机具,施工对周围环境干扰小;土钉墙支护材料用量及工程量较少,工程造价较低。据国内外资料分析,土钉墙工程造价比其他类型支挡结构一般低 1/5 ~ 1/3。

复合土钉墙机动灵活,可与多种技术并用,具有基本型土钉墙的全部优点,又克服了其大多数缺陷,拓宽了土钉墙的应用范围,得到了广泛的工程应用。目前通常在基坑开挖不深、地质条件及周边环境较为简单的情况下使用土钉墙,更多时候采用的是复合土钉墙。

土钉墙适用于地下水位以上或经人工降水后的人工填土、黏性土和弱胶结砂土的基坑支护或边坡加固。通常认为,土钉墙适用于深度不大于 12 m 的基坑支护。

2.2.1.2　土钉墙支护施工工艺

土钉墙的施工流程一般为:开挖工作面→修整坡面→喷射第一层混凝土→土钉定位→钻孔→清孔→制作、安装土钉→浆液制备、注浆→加工钢筋、绑扎钢筋网→安装泄水管→喷射第二层混凝土→养护→开挖下一层工作面,重复以上工作直到完成。

复合土钉墙的施工流程一般为:止水帷幕或微型桩施工→开挖工作面→土钉及锚杆施工→安装钢筋网及绑扎腰梁钢筋笼→喷射混凝土面层及腰梁→混凝土面层及腰梁养护

→锚杆张拉→开挖下一层工作面,重复以上工作直到完成。

土钉施工与其他工序,如降水、土方开挖相互交叉。各工序之间密切协调、合理安排,不仅能提高施工效率,更能确保工程安全。

土钉墙施工应按顺序分层开挖,在完成上层作业面的土钉安装与喷射混凝土以前,不得进行下一层的开挖,上一层土钉墙施工完成后,应按设计要求或间隔不少于 48 h 后方可开挖下一层土方。开挖深度和作业顺序应保证裸露边坡能在规定的时间内保持自立。当用机械进行土方作业时,严禁边壁超挖或造成边壁土体松动。基坑的边壁宜采用小型机具或铲锹进行切削清坡,以保证边坡平整。

土钉墙施工现场如图 2.2.1 所示。

(a)土钉钉体

(b)洛阳铲成孔

(c)喷射混凝土面层

图 2.2.1 土钉墙施工

2.2.1.3 土钉施工安全技术

土钉成孔与注浆施工应符合下列要求:

1)干作业法施工时,应先降低地下水位,严禁在地下水位以下成孔。

2)土钉施工中,存在一定的不可预见性,如成孔过程中遇有障碍物或成孔困难,此时可以经过调整孔位及土钉长度等工艺参数确保顺利施工,但必须对土钉承载力以及整个支护结构进行重新验算复核,确保支护结构的施工安全。

3）在可塑性以上的黏性土、含水量适中的粉土和砂土中进行土钉施工可采用洛阳铲人工成孔；在砂层中，慎用洛阳铲人工成孔，防止土钉角度为0°或向上倾斜。

4）在灵敏度较高的粉土、粉质黏土及可能产生液化的土体中进行土钉施工时，若采用振动法施工土钉，应避免周围土体发生液化现象，对支护结构产生破坏。在砂性较重的土体中进行土钉支护施工时，可能发生流土、流砂现象，应做好应急预案，采取相应的控制措施。

5）采取二次注浆方法能更好地充满土体间的空隙，确保土钉的承载力。

喷射面层混凝土易产生大量的水泥粉尘，除采用综合防尘措施外，佩戴个体防护用品也是减少粉尘对人体健康影响的有效措施。喷射作业中，喷头极易伤人，未经培训人员不得进入施工范围。

喷射混凝土施工中发生堵管时极易发生安全事故，应经常检查维护，消除潜在危险源。若喷射作业中发现堵管，应尽可能采取敲击法疏通，决不能草率行事酿成事故。

2.2.2　锚杆

2.2.2.1　锚杆的技术特征

传统的支护方式常常是被动地承受具有滑动趋势的岩体土体产生的荷载，而锚杆可以主动地加固岩土体，有效地控制变形，防止坍塌的发生。

锚杆是将受拉杆件的一端（锚固段）固定在稳定地层中，另一端与工程构筑物相连接，用以承受由于土压力、水压力等施加于支护结构上的推力，从而利用地层的锚固力维持支护结构的稳定。

锚杆可以通过调整其预应力锁定值等，主动控制支护结构变形，这是其最明显的技术特征。

2.2.2.2　锚杆施工

当锚杆穿过的地层附件存在既有地下管线、地下构筑物时，应调查或探明其位置、尺寸、走向、类型、使用状况等情况后再进行锚杆施工。

当锚杆施工经验不足或采用新型锚杆时，在锚杆施工前应进行锚杆的基本试验。锚杆基本试验是锚杆性能的全面试验，目的是确定锚杆的极限承载力和锚杆参数的合理性，为锚杆设计、施工提供依据。

（1）钻孔

锚杆孔的钻凿是锚固工程质量控制的关键工序，应根据地层类型和钻孔直径、长度以及锚杆的类型来选择合适的钻机和钻孔方法。

锚孔钻进作业时，应保持钻机及作业平台稳定可靠，除钻机操作人员外，还应有不少于1人协助作业。高处作业时，作业平台应设置封闭的、有效的防护设施，作业人员佩戴齐个人防护用品。

锚杆钻机应安设安全可靠的反力装置。在有地下承压水地层钻进时，孔口必须设置可靠的防喷装置，一旦发生漏水涌砂能及时封住孔口。

在填土、砂砾层等易塌孔的地层中,可采用套管护壁、跟管钻进,也可采用自钻式锚杆或打入式锚杆。

跟管钻进工艺主要用于钻孔穿越填土、砂卵石、碎石、粉砂等松散破碎地层。通常用锚杆钻机钻进,采用冲击器、钻头冲击回转全断面造孔钻进,在破碎地层,造孔的同时,冲击套管管靴使得套管与钻头同步进入地层,从而用套管隔离破碎、松散易坍塌的地层,使得造孔施工得以顺利进行。

(2)锚杆杆体的制作与安装

钢筋锚杆(包括各种钢筋、精轧螺纹钢筋、中空螺纹钢管)的制作相对比较简单,按设计预应力筋长度切割钢筋,按有关规范要求进行对焊、绑条焊或用连接器接长钢筋和用于张拉的螺丝杆。

钢绞线通常为一整盘方式包装,宜使用机械切割,不得使用电弧切割。杆体内的绑扎材料不宜采用镀锌材料。钢绞线锚杆及其套管的制作与安装如图2.2.2所示。

图2.2.2　钢绞线锚杆及其套管

在进行锚杆安装前应对钻孔重新检查,发现塌孔、掉块时应进行清理。锚杆安装前应对锚杆体进行详细检查,对损坏的防护层、配件、螺纹应进行修复。在推送过程中用力要均匀,以免在推送时损坏锚杆配件和防护层。当锚杆设置有排气管、注浆管和注浆袋时,推送时不得使锚杆体转动,并不断检查排气管和注浆管,以免管子折死、压扁和磨坏,并确保锚杆在就位后排气管和注浆管畅通。在遇到锚索推送困难时,宜将锚索抽出查明原因后再推送。必要时应对钻孔重新进行清洗。

(3)注浆材料及注浆工艺

注浆是为了形成锚固段和为锚杆提供防腐蚀保护层,一定压力的注浆还可以使注浆体渗入地层的裂隙和缝隙中,从而起到固结地层、提高地基承载力的作用。水泥砂浆的成

分拌制和注入方法决定了灌浆体与周围岩土体的黏结强度和防腐效果。

水泥浆采用注浆泵通过高压胶管和注浆管注入锚杆孔,注浆泵的操作压力范围为 $0.1 \sim 12$ MPa。注浆管一般是直径 $12 \sim 25$ mm 的 PVC 软塑料管,管底离钻孔底部的距离通常为 $100 \sim 250$ mm,并每隔 2 m 左右用胶带将注浆管与锚杆预应力筋相连。在插入预应力筋时,在注浆管端部临时包裹密封材料以免堵塞,注浆时浆液在压力作用下冲破密封材料注入孔内。

注浆常分为一次注浆和二次高压注浆两种注浆方式。一次注浆是浆液通过插到孔底的注浆管,从孔底一次将钻孔注满直至从孔口流出的注浆方法。这种方法要求对锚杆预应力筋的自由段预先进行处理,采取有效措施确保预应力筋不与浆液接触。

二次高压注浆是在一次注浆形成注浆体的基础上,对锚杆锚固段进行二次(或多次)高压劈裂注浆,使浆液向周围地层挤压渗透,形成直径较大的锚固体并提高锚杆周围地层的力学性能,大大提高锚杆承载能力。二次高压注浆通常在一次注浆后 $4 \sim 24$ h 进行,具体间隔时间由浆体强度达到 5 MPa 左右而加以控制。该注浆方法需随预应力筋绑扎二次注浆管和密封袋或密封卷,注浆完成后不拔出二次注浆管。二次高压注浆适用于承载力低的软弱土层中的锚杆。

注浆压力取决于注浆的目的和方法、注浆部位的上覆地层厚度等因素,通常锚杆的注浆压力不超过 2 MPa。

锚杆注浆的质量决定着锚杆的承载力,必须做好注浆记录。采用二次高压注浆时,尤其需做好二次注浆时的注浆压力、持续时间、二次注浆量等记录。

注浆管路连接应牢固可靠,保证畅通,防止塞泵、塞管。注浆施工过程中,应加强现场巡视,及时发现安全隐患,例如注浆软管破裂、接头断开等现象,以免浆液飞溅和软管甩出伤人,做好前期预防工作,避免事故发生。

向锚杆孔注浆时,相关操作人员必须戴上防护眼镜,防止浆液射入眼睛。注浆罐内应保持一定数量的砂浆,以防罐体放空、砂浆喷出伤人。处理管路堵塞前,应消除灌内压力。

(4)张拉锁定

预应力锚杆各条钢筋的连接要牢固,严防在张拉时发生脱扣现象。张拉设备应连接可靠,作业前必须在张拉端设置有效的防护措施。

预应力锚杆张拉过程中,孔口前方严禁站人,操作人员应站在千斤顶侧面操作,千斤顶顶力作用线方向不得站人。进行锚杆预应力张拉施工时,其下方严禁进行其他操作。施加荷载时,严禁敲击、调整施力装置。不得在锚杆端部悬挂重物或碰撞锚具。

检验锚杆锚固力时,拉力计必须牢固可靠;拉拔锚杆时,拉力计前方和下方严禁站人。

工程实测表明,锚杆张拉锁定后一般预应力损失较大,造成预应力损失的主要因素有土体的蠕变、锚头及连接的变形、相邻锚杆的影响等。锚杆锁定时预应力损失约为 10% $\sim 15\%$。故锚杆锁定应考虑相邻锚杆张拉锁定引起的预应力损失,锚杆出现锚头松弛、脱落、锚具失效等情况时,应及时进行修复并对其再次锁定。

(5)环境效应及预防

施工前应详细调查周边建筑、管线的分布情况,锚杆布置时应留出一定距离,以免施工时破坏邻近工程结构物。

锚杆成孔过程中若施工不当易造成塌孔,甚至引起水土流失,影响周边道路管线、建筑物的正常使用。例如粉砂土地基中,在地下水位明显高于锚杆孔口时,若不采取针对措施直接钻孔,则粉砂土在水流作用下易塌孔、流砂,土颗粒大量流失造成周边地面沉陷,严重时影响基坑安全。可在孔口外接套管斜向上引至一定高度,套管内灌水保持水压平衡后再钻进,或采用全套管跟管钻进。

在软土地基中,由于土体强度较低,若上覆土层厚度较小,在注浆压力作用下,易造成土体强度破坏后隆起、开裂。故在注浆时,应合理确定注浆压力、稳压时间、注浆工艺(一次或多次注浆、间隔注浆的合理顺序等)、注浆量等。

应制定合理的锚杆张拉顺序、张拉应力,避免后张拉的锚杆影响前期已张拉的锚杆。

2.2.3 排桩围护墙

2.2.3.1 排桩围护墙形式

排桩围护墙是利用常规的各种桩体,例如钻孔灌注桩、挖孔桩、预制桩及混合式桩等并排连续起来形成的地下挡土结构,如图2.2.3所示。

按照单个桩体成桩工艺的不同,排桩围护体桩型大致有以下几种:钻孔灌注桩、预制混凝土桩、挖孔桩、压浆桩、SMW工法桩(型钢水泥土搅拌桩)等。这些单个桩体可在平面布置上采取不同的排列形式形成挡土结构,来支挡不同地质和施工条件下基坑开挖时的侧向水土压力。

图2.2.3 排桩(锚杆)围护墙结构

2.2.3.2 灌注排桩围护墙的特点

排桩围护墙与地下连续墙相比,其优点在于施工工艺简单,成本低,平面布置灵活,缺

点是防渗和整体性较差,一般适用于中等深度(10~20 m)的基坑围护。当需要隔离地下水时,需要另行设置止水帷幕,这是排桩围护体的一个重要特点,在这种情况下,止水帷幕防水效果的好坏,直接关系到基坑工程的成败,须认真对待。

2.2.3.3　灌注排桩围护墙施工

(1)柱列式灌注桩围护体的施工

①钻机施工作业前应对钻机进行检查,各部件验收合格后方能使用,确保钻头和钻杆连接螺纹良好,钻头焊接牢固,没有裂纹。

②钻机钻架基础应夯实、整平,并满足地基承载能力,作业范围内地下无管线及其他地下障碍物,作业现场与架空输电线路的安全距离符合规定。

③钻进中,应随时观察钻机的运转情况,当发生异响、吊索具破损、漏气、漏渣及其他不正常情况时,应立即停机检查,排除故障后,方可继续开工。

④桩孔净间距过小或采用多台钻机同时施工时,相邻桩应间隔施工,完成浇筑混凝土的桩与邻桩间距不应小于 4 倍桩径,或间隔施工时间大于 36 h。

⑤泥浆护壁成孔时发生斜孔、塌孔或沿护筒周围冒浆以及地面沉陷等情况应停止钻进,经采取措施后方可继续施工。

⑥混凝土浇筑完毕后,应及时在桩孔位置回填土方或加盖盖板。

(2)止水帷幕与灌注桩重合围护体施工

当施工场地狭小时,可考虑将排桩与止水帷幕设置在同一轴线上,形成挡土、止水合一的排桩-止水帷幕结合体。

止水帷幕与灌注桩重合围护体施工的关键与咬合桩施工类似,即注意相邻的搅拌桩与混凝土桩施工的时间安排和搅拌桩成桩的垂直度。一般而言,搅拌桩施工结束的 48 h 内施工灌注桩时易发生塌孔、扩径严重等现象,因此不宜施工灌注桩。但时间超过 7 d 后,由于搅拌桩强度的增加,施工灌注桩的阻力较大。也要特别注意避免因已施工完成的搅拌桩垂直度偏差较大而造成与钢筋混凝土桩搭接效果不好的情况,甚至出现基坑漏水。

(3)桩-锚支护结构的施工

桩-锚支护结构的施工顺序如下:

①施工止水帷幕与排桩;

②施工桩顶帽梁;

③开挖土方至第一层锚杆标高以下设计开挖深度,挂网喷射桩间混凝土;

④逐根施工锚杆;

⑤安装腰梁和锚具,待锚杆达到设计龄期后逐根张拉至设计承载力的 0.9~1.0 倍后,再按设计锁定值进行锁定;

⑥继续开挖下一层土方并施工下一排锚杆。

为了提高锚杆锚固段的锚固力,有时还可考虑对锚杆采用二次注浆的工艺。

2.2.4　内支撑

2.2.4.1　内支撑形式

内支撑系统由水平支撑和竖向支承两部分组成。内支撑系统由于具有无须占用基坑外侧地下空间资源、可提高整个围护体系的整体强度和刚度以及可有效控制基坑变形的特点而得到了大量的应用。图 2.2.4 和 2.2.5 为常用的钢筋混凝土支撑和钢管支撑两种内支撑形式的现场实景。

图 2.2.4　钢筋混凝土内支撑

图 2.2.5　钢管内支撑

　　钢结构支撑除了自重轻、安装和拆除方便、施工速度快以及可以重复使用等优点外,安装后能立即发挥支撑作用,对减少由于时间效应而增加的基坑位移是十分有效的,因此,如有条件应优先采用钢结构支撑。但是钢结构支撑的节点构造和安装相对比较复杂,如处理不当,会由于节点的变形或节点传力的不直接而引起基坑过大的位移。因此,提高节点的整体性和施工技术水平是至关重要的。

　　现浇混凝土支撑由于其刚度大、整体性好,可以采取灵活的布置方式,适应于不同形状的基坑,而且不会因节点松动而引起基坑的位移,施工质量相对容易得到保证,所以使用面也较广。但是混凝土支撑在现场需要较长的制作和养护时间,制作后不能立即发挥支撑作用,需要达到一定的强度后,才能进行其下土方作业,施工周期相对较长。同时,混凝土支撑采用爆破方法拆除时,对周围环境也有一定的影响(包括震动、噪声和影响交通等),爆破后的清理工作量也很大,支撑材料不能重复利用。

2.2.4.2　内支撑体系施工

　　(1)支撑施工总体原则

　　无论何种支撑,其总体施工原则都是相同的,土方开挖的顺序、方法必须与设计工况一致,并遵循"先撑后挖、限时支撑、分层开挖、严禁超挖"的原则进行施工,尽量减小基坑无支撑暴露时间和空间。同时应根据基坑工程安全等级、支撑形式、场内条件等因素,确定基坑开挖的分区及其顺序。宜先开挖周边环境要求较低的一侧土方,并及时设置支撑。环境要求较高一侧的土方开挖,宜采用抽条对称开挖、限时完成支撑或垫层的方式。

　　基坑开挖应按支护结构设计、降排水要求等确定开挖方案,开挖过程中应分段、分层、随挖随撑、按规定时限完成支撑,做好基坑排水,减少基坑暴露时间。基坑开挖过程中,应采取措施防止碰撞支护结构、工程桩或扰动原状土。支撑在拆除过程中,必须遵循"先换撑、后拆除"的原则进行施工。

　　支撑结构上不应堆放材料和运行施工机械。当必须利用支撑构件兼做施工平台或栈桥时,需要进行专门的设计,以满足施工平台或栈桥结构的强度和变形要求,确保安全施工。未经专门的设计支撑上不允许堆放施工材料和运行施工机械。

　　(2)钢筋混凝土支撑施工

　　钢筋混凝土支撑应首先进行施工分区和流程的划分,支撑的分区一般结合土方开挖方案,按照盆式开挖,"分区、分块、对称"的原则确定,随着土方开挖的进度及时跟进支撑的施工,尽可能减少围护体侧开挖段无支撑暴露的时间,以控制基坑工程的变形,保证基坑的稳定性。

　　支撑底模应具有一定的强度、刚度和稳定性,不应采用混凝土垫层做底模。若采用混凝土垫层作底模,为了方便清除,应在支撑与混凝土垫层底模之间设置隔离措施,必须在支撑以下土方开挖时及时清理干净,否则附着的底模在基坑后续施工过程中一旦脱落,可能造成人员伤亡事故。

　　钢筋混凝土支撑底模一般采用土模法施工,即在挖好的原状土面上浇捣 10 cm 左右素混凝土垫层。垫层施工应紧跟挖土进行,及时分段铺设,其宽度为支撑宽度两边各加 200 mm。为避免支撑钢筋混凝土与垫层粘在一起,造成施工时清除困难,在垫层面上用

油毛毡做隔离层。隔离层采用一层油毛毡,宽度与支撑宽等同。油毛毡铺设应尽量减少接缝,接缝处应用胶带纸满贴紧,以防止漏浆。

(3) 钢支撑施工

钢支撑吊装就位时,吊车及钢支撑下方禁止有人员站立,现场做好防下坠措施。钢支撑吊装过程中应缓慢移动,操作人员应监视周围环境,避免钢支撑刮碰坑壁、冠梁、上部钢支撑等。

应根据支撑平面布置、支撑安装精度、设计预应力值、土方开挖流程、周边环境保护要求等合理确定钢支撑预应力施加的流程。

由于设计与现场施工可能存在偏差,在分级施加预应力时,应随时检查支撑节点和基坑监测数据,并通过与支撑轴力数据的分析比较,判断设计与现场工况的相符性,并采取合理的加固措施。

采用钢支撑施工时,最大问题是支撑预应力损失问题,特别在基坑工程采用多道钢支撑作为基坑支护结构时,钢支撑预应力往往容易损失。造成支撑预应力损失的原因很多,一般有以下几点:①施工工期较长,钢支撑的活络端松动;②钢支撑安装过程中钢管间连接不精密;③基坑围护体系的变形;④下道支撑预应力施加时,基坑可能产生向坑外的反向变形,造成上道钢支撑预应力损失;⑤换撑过程中应力重分布,因此在基坑施工过程中,应加强对钢支撑应力的检查,并采取有效措施,对支撑进行预应力复加。

钢支撑架设完成后,应采用不小于 $\phi 14$ 的钢丝绳配合绳卡将钢支撑悬挂固定在冠梁、围护桩等可靠结构上,防止其意外坠落,如图 2.2.6 所示。

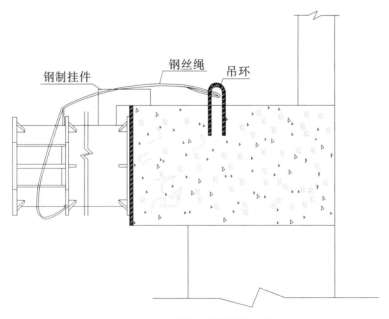

图 2.2.6 钢支撑防脱落措施示意图

（4）竖向支撑体系

立柱桩施工前应对其单桩承载力进行验算，竖向荷载应按最不利工况取值，立柱在基坑开挖阶段应考虑支撑与立柱的自重、支撑构件上的施工荷载等的作用。

立柱与支撑可采用铰接连接。在节点处应根据承受的荷载大小，通过计算设置抗剪钢筋或钢牛腿等抗剪措施。立柱穿过主体结构底板以及支撑结构穿越主体结构地下室外墙的部位应采取止水构造措施。

立柱桩桩孔直径大于立柱截面尺寸，立柱周围与土体之间存在较大空隙，其悬臂高度（跨度）将大于设计计算跨度，为保证立柱在各种工况条件下的稳定，立柱周边空隙应采用砂石等材料均匀对称回填密实。

另外，基坑回弹是开挖土方以后发生的弹性变形，一部分是由于开挖后的卸载引起的回弹量；另一部分是基坑周围土体在自重作用下使坑底土向上隆起。基坑的回弹是不可避免的，但较大的回弹变形会引起立柱桩上浮，施工单位在土方开挖过程中应加强监测，合理安排土方开挖顺序，优化施工工艺，尽量减小基坑回弹的影响。

（5）支撑拆除

拆除支撑施工前，必须对施工作业人员进行书面安全技术交底，施工中加强安全检查。钢筋混凝土支撑拆除时，应严格按设计工况进行支撑拆除，遵循先换撑、后拆除的原则。

2.2.5 地下连续墙

2.2.5.1 地下连续墙施工

地下连续墙是一种现浇壁式地下支护结构。地下连续墙通常利用专用的成槽机械在所定位置挖一条狭长的深槽，再使用膨润土泥浆进行护壁；当一定长度的深槽开挖结束，形成一个单元槽段后，在槽内插入预先在地面上制作的钢筋骨架，以导管法浇筑混凝土，完成一个单元槽段，各单元槽段之间以各种特定的接头方式相互连接，最终形成地下壁式结构。

地下连续墙具有整体刚度大，适用范围广，既可挡土又可防水的优点，使地下工程和深基础的施工变得便利，如将地下连续墙作为建筑物的承重结构则经济效益更好。

2.2.5.2 地下连续墙的特点

在工程应用中地下连续墙已被公认为深基坑工程中较好的挡土结构，它具有如下显著优点：

1）施工具有低噪音、低震动等优点，工程施工对环境的影响小；

2）连续墙刚度大、整体性好，基坑开挖过程中安全性高，支护结构变形较小；

3）墙身具有良好的抗渗能力，坑内降水时对坑外的影响较小；

4）可作为地下室结构的外墙，配合逆作法施工，以缩短工程工期、降低工程造价。

但地下连续墙也存在弃土和废泥浆处理困难、粉砂地层易引起槽壁坍塌及渗漏等问题，因而需采取相关措施来保证连续墙施工的质量。

2.2.5.3 地下连续墙的适用条件

由于受到施工机械的限制,地下连续墙的厚度具有固定的模数,不能像灌注桩一样对桩径和刚度进行灵活调整,因此,地下连续墙只有用在一定深度的基坑工程或其他特殊条件下才能显示其经济性和特有的优势。对地下连续墙的选用必须经过技术经济比较,确实认为是经济合理时才可采用。一般情况下地下连续墙适用于如下条件的基坑工程:

1)深度较大的基坑工程,一般开挖深度大于10 m才有较好的经济性;

2)邻近存在保护要求较高的建(构)筑物,对基坑本身的变形和防水要求较高的工程;

3)基地内空间有限,地下室外墙与红线距离极近,采用其他围护形式无法满足留设施工操作空间要求的工程;

4)围护结构亦作为主体结构的一部分,且对防水、抗渗有较严格要求的工程;

5)采用逆作法施工,地上和地下同步施工时,一般采用地下连续墙作为围护墙;

6)在超深基坑中,例如30~50 m的深基坑工程,采用其他围护体无法满足要求时,常采用地下连续墙作为围护体。

2.2.5.4 槽壁防坍塌措施

地下连续墙施工中防止槽壁塌方十分关键。一旦发生坍方,不仅可能造成"埋机"危险、机械倾覆,同时还将引起周围地面沉陷,影响到邻近建筑物及管线安全。如塌方发生在钢筋笼吊放后或浇筑混凝土过程中,将造成墙体夹泥缺陷,使墙体内外贯通。

槽壁失稳机理主要可以分为两大类:整体失稳和局部失稳,如图2.2.7所示。

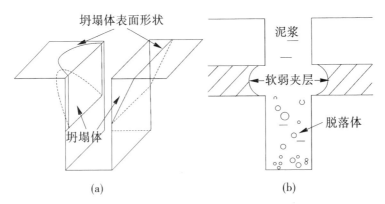

图 2.2.7 槽壁失稳示意图

(a)整体失稳;(b)局部失稳

(1)整体失稳

事故调查以及模拟和现场试验研究发现,尽管开挖深度通常都大于20 m,但失稳往往发生在表层土及埋深约5~15 m内的浅层土中,槽壁有不同程度的外鼓现象,失稳破坏面在地表平面上会沿整个槽长展布,基本呈椭圆形或矩形。因此,浅层失稳是泥浆槽壁整体失稳的主要形式。

（2）局部失稳

在槽壁泥皮形成以前,槽壁局部稳定主要靠泥浆外渗产生的渗透力维持。当在上部存在软弱土或砂性较重夹层的地层中成槽时,遇槽段内泥浆液面波动过大或液面标高急剧降低时,泥浆渗透力不能与槽壁土压力维持平衡,泥浆槽壁将产生局部失稳,导致后续灌注混凝土的充盈系数增大,增加施工成本和难度(如图2.2.8所示)。

图 2.2.8　槽壁局部坍塌造成地下连续墙侵线

影响槽壁稳定的因素可分为内因和外因两方面:内因主要包括地层条件、泥浆性能、地下水位以及槽段划分尺寸、形状等;外因主要包括成槽开挖机械、开挖施工时间、槽段施工顺序以及槽段外场地施工荷载等。

防止槽壁坍方的措施主要有以下几种。

1)槽壁土加固:在成槽前对地下连续墙槽壁进行加固,加固方法可采用双轴、三轴深层搅拌桩工艺及高压旋喷桩等工艺。

2)加强降水:通过降低地墙槽壁四周的地下水位,防止地墙在浅部砂性土成槽开挖过程中产生塌方、管涌、流砂等不良地质现象。

3)泥浆护壁:泥浆性能的优劣直接影响到地墙成槽施工时槽壁的稳定性,是一个很重要的因素。为了确保槽壁稳定,选用黏度大、失水量小、能形成护壁泥的薄而坚韧的优质泥浆,并且在成槽过程中,经常监测槽壁的情况变化,并及时调整泥浆性能指标,添加外加剂,确保土壁稳定,做到信息化施工,及时补浆。

4)周边限载:地下连续墙周边荷载主要是大型机械设备如成槽机、履带吊、土方车及钢筋混凝土搅拌车等频繁移动带来的压载及震动,为尽量使大型设备远离地墙,在正处施工过程中的槽段边铺设路基钢板加以保护,并且严禁在槽段周边堆放钢筋等施工材料。

2.2.5.5　钢筋笼吊放

钢筋笼的起吊、运输和吊放应制订周密的施工方案,不允许在此过程中产生不可恢复的变形。

成槽完成后吊放钢筋笼前,应实测当时导墙顶标高,计入卡住吊筋的搁置型钢横梁高度,根据设计标高换算出钢筋笼吊筋的长度,以保证结构和施工所需要的预埋件、插筋、保护铁块位置准确,方便后续施工。

根据钢筋笼重量选取主、副吊设备,并进行吊点布置,对吊点局部加强,沿钢筋笼纵向及横向设置桁架增强钢筋笼整体刚度。选择主、副吊扁担,并须对其进行验算,还要对主、副吊钢丝绳、吊具索具、吊点及主吊把杆长度进行验算。

钢筋笼吊装前清除钢筋笼上剩余的钢筋断头、焊接接头等遗留物,防止起吊时发生高空坠物伤人事故出现。

钢筋笼的起吊应用横吊梁或吊架。吊点布置和起吊方式要防止起吊时引起钢筋笼变形。起吊时不能使钢筋笼下端在地面上拖引,以防造成下端钢筋弯曲变形,为防止钢筋笼吊起后在空中摆动,应在钢筋笼下端系上溜绳以人力操纵(如图2.2.9所示)。

履带吊起重钢筋笼时应先稍离地面试吊,确认钢筋笼已挂牢,钢筋笼刚度、焊接强度等满足要求时,再继续起吊。履带吊机在吊钢筋笼行走时,载荷不得超过允许起重量的70%,钢筋笼离地不得大于500 mm,并应拴好拉绳,缓慢行驶。

插入钢筋笼时,最重要的是使钢筋笼对准单元槽段的中心,垂直、准确地插入槽内。钢筋笼进入槽内时,吊点中心必须对准槽段中心,然后徐徐下降,此时必须注意不要因起重臂摆动或其他影响而使钢筋笼产生横向摆动,造成槽壁坍塌。

钢筋笼插入槽内后,检查其顶端高度是否符合设计要求,然后将其搁置在导墙上。

如果钢筋笼不能顺利插入槽内,应该重新吊出,查明原因加以解决,如果需要则在修槽之后再吊放。不能强行插放,否则会引起钢筋笼变形或使槽壁坍塌,产生大量沉渣。

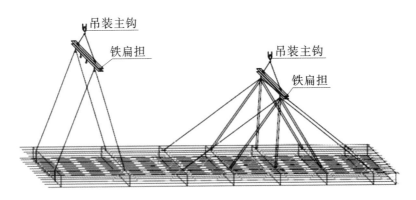

图2.2.9　钢筋笼的构造与起吊方法

H型钢接头(见图2.2.10)是一种隔板式接头,能有效地传递基坑外水土压力和竖向力,整体性好,尤其是作为地下连续墙结构一部分时,在受力及防水方面均有较大安全性。

H型钢接头主要技术优点如下:

1)H型钢板接头与钢筋骨架相焊接,钢板接头不需拔出,增强了钢筋笼的强度,也增强了墙身刚度和整体性;

2)H型钢板接头存在槽内,既可挡住混凝土外流,又起到止水作用,大大减少墙身在接头处的渗漏机会,比接头管的半圆弧接头的防渗能力强;

图 2.2.10 H 型钢接头

3)吊装比接头管方便,钢板不需拔出,一般不会出现断管现象;

4)接头处的夹泥比半圆弧接头更容易刷洗,不影响接头的质量。

从以往施工工程看,H 型钢接头在防混凝土浇渗方面易出现一些问题,尤其是接头位置出现塌方时,若施工时处理不妥,可能造成接头渗漏,或出现大量涌水情况。为此,应尽量避免偏孔现象发生;加强泡沫塑料块的绑扎及检查工作,改用较小的沙包充填接头使其尽量密实等。

2.3 深基坑地表水和地下水控制

2.3.1 基坑排水和降水风险

为了给基坑土方开挖和地下结构工程施工创造条件,基坑围护结构体系必须满足如下要求:①适度的施工空间;②干燥的施工空间;③安全的施工空间。其中干燥的施工空间就是采取降水、排水、截水等各种措施,保证地下工程施工的作业面在地下水位以上,方便地下工程的施工作业,并确保施工安全。

在影响基坑稳定性和周边环境安全性的诸多因素中,地表水和地下水是较为重要的因素,深基坑工程事故多数与水的作用及防水处理不当有关。水作用控制是深基坑工程勘察、设计、施工、监测中均须高度重视的关键技术。

地表水和地下水对基坑工程的危害,包括增大支护结构上的水土压力作用,引起土的抗剪强度降低;抽(排)水也会引起地层不均匀沉降与地面沉陷、基坑涌水、渗流破坏(流土、管涌、坑底突涌)等。深基坑工程的地下水控制应根据施工场地的工程地质与水文地质条件及岩土工程特点,采取可靠措施,防止因地下水引起的基坑失稳及其对周边环境的

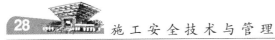

影响或破坏。

深基坑工程地下水与地表水控制的方法包括降水与排水、截水帷幕、回灌等,其中又分别包括多种形式。根据工程地质、水文地质条件、周边环境、开挖深度和支护结构形式等因素,可分别采用不同方法或几种方法的组合,以达到有效控制地下水的目的。

降排水施工方案应包含各种泵的扬程、功率,排水管路尺寸、材料、路线,水箱位置、尺寸,电力配置等。降排水系统应保证水流排入市政管网或排水渠道,应采取措施防止抽排出的水倒灌流入基坑。

地下水和地表水控制与基坑支护结构设计文件和施工组织设计及地下结构设计和施工密切相关,地下水和地表水控制的施工组织设计应与土方开挖施工密切配合,并应在施工或运行过程中根据现场状态及时进行调整。

抽水含砂量是降排水引起环境变化的主要影响因素之一,在满足设计要求的前提下,应严格监控含砂量。抽水应采取措施控制出水含砂量。

2.3.2 排水与降水施工

基坑降水与排水的主要作用为:

1)防止基坑底面与坡面渗水,保证坑底干燥,方便施工作业。
2)增加边坡和坑底的稳定性,防止边坡和坑底的土层颗粒流失,防止流砂产生。
3)减少被开挖土体含水量,便于机械挖土、土方外运、坑内施工作业。
4)有效提高土体的抗剪强度与基坑稳定性。对于放坡开挖而言,可提高边坡稳定性。对于有支护基坑的开挖,可增加被动区土体抗力,减少主动区土体侧压力,从而提高支护体系的稳定性和强度保证,减少支护体系的变形。
5)减少承压水头对基坑底板的顶托力,防止坑底突涌。

2.3.2.1 集水明排

集水明排有基坑内排水和基坑外地面排水两种情况。明排适用于收集和排除地表雨水、生活废水,以及填土、黏性土、粉土、砂土等土体内水量有限的上层滞水、潜水,并且土层不会发生渗流破坏的情况。

集水明排的适用范围:

1)地下水类型一般为上层滞水,含水土层渗透能力较弱;
2)一般为浅基坑,降水深度不大,基坑地下水位超出基础底板标高不大于2.0 m;
3)排水场区附近没有地表水体直接补给;
4)含水层土质密实,坑壁稳定(细粒土边坡不易被冲刷而塌方),不会产生流砂、管涌等不良影响的地基土,否则应采取支护和防潜蚀措施。

集水明排一般可以采用以下方法:

1)基坑外侧设置由集水井和排水沟组成的地表排水系统,避免坑外地表明水流入基坑内。排水沟宜布置在基坑边净距0.5 m以外,有截水帷幕时,基坑边从截水帷幕外边缘起计算;无截水帷幕时,基坑边从坡顶边缘起计算。

2）多级放坡开挖时,可在分级平台上设置排水沟。

3）基坑内宜设置排水沟、集水井和盲沟等,以疏导基坑内明水。集水井中的水应采用抽水设备抽至地面。盲沟中宜回填级配砾石作为滤水层。

排水沟、集水井尺寸应根据排水量确定,抽水设备应根据排水量大小及基坑深度确定,可设置多级抽水系统。集水井尽可能设置在基坑阴角附近。

一般来说,深基坑工程较少采用集水明排的方法。

2.3.2.2 井点降水

井点降水可以降低基坑开挖深度范围内的地下水位标高,提高边坡稳定性,增加坑内土体固结强度,便于机械挖土,提供坑内干作业施工条件。

井点降水的对象一般包括基坑开挖深度范围内的上层滞水、潜水。

当基坑周边设置了截水帷幕,隔断了基坑内外含水层之间的地下水水力联系时,一般采用坑内井点降水,其类型为封闭型井点降水;当基坑周边未设置截水帷幕,采用放坡大开挖时,一般采用坑内与坑外井点降水,其类型为敞开型井点降水;当基坑周边截水帷幕深度不足、仅部分隔断基坑内外含水层之间的地下水水力联系时,一般采用坑内井点降水,其类型为半封闭型井点降水(如图 2.3.1 所示)。

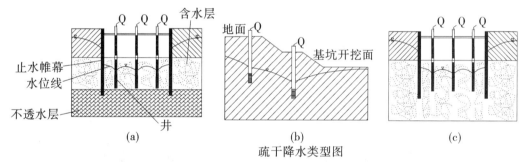

疏干降水类型图

图 2.3.1　井点降水类型图

(a)封闭型井点降水；(b)敞开型井点降水；(c)半封闭型井点降水

常用井点降水方法一般包括轻型井点(含多级轻型井点)降水和管井降水(管材可采用钢管、混凝土管、PVC 硬管等)。可根据工程场地的工程地质与水文地质条件及基坑工程特点,选择针对性较强的井点降水方法,以求获得较好的降水效果。

(1)轻型井点降水施工

轻型井点系统降低地下水位的过程如图 2.3.2 所示。

沿基坑间距埋入井点管(下端为滤管),在地面上用水平铺设的集水总管将各井点管连接起来,在一定位置设置真空泵和离心泵。当开动真空泵和离心泵时,地下水在真空吸力的作用下,经滤管进入管井,然后经集水总管排出,从而降低水位。

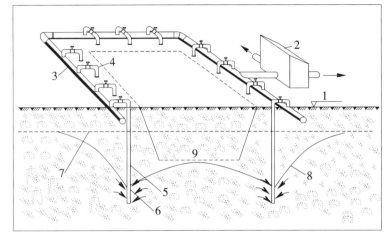

图2.3.2 轻型井点降水地下水位

1-地面;2-水泵房;3-总管;4-弯联管;5-井点管;6-滤管;7-初始地下水位;8-水位降落曲线;9-基坑

（2）管井降水施工

降水管井施工的整个工艺流程包括成孔工艺和成井工艺，具体流程如下：

准备工作→钻机进场→定位安装→开孔→下护口管→钻进→终孔后冲孔换浆→下井管→稀释泥浆→填砂→止水封孔→洗井→下泵试抽→合理安排排水管路及电缆线路→试抽水→正式抽水→水位与流量记录（见图2.3.3）。

| (a)钻机成孔 | (b)安放井点管 |

图2.3.3 管井施工

根据降水管井的特点和我国各地降水管井施工的实际情况，参照我国《供水管井技术规范》（GB 50296—1999）关于供水管井竣工验收的质量标准规定，降水管井施工应符合下列标准：管井抽水稳定后，井水含砂量应不超过 1/20000～1/10000（体积比）。

2.3.3 排水和降水环境影响预测与预防

2.3.3.1 渗流破坏

渗流破坏可能导致地表数十米范围内产生大量下沉并伴随地表开裂,造成周边建(构)筑物、地面道路、市政设施及地下管线和支护结构的破坏(如图2.3.4所示)。

图2.3.4 支护排桩间土体发生流失导致的基坑事故

渗流破坏的产生有以下三种情况:

1)在没有管井降水和可靠截水帷幕的情况下,在地下水位以下强行开挖,产生较大范围内流土或突涌。

2)帷幕截水隔渗不严,局部有漏洞存在,渗漏水流携砂,造成砂土层流失。

3)降水未达到预计深度,地下水位仍高于开挖深度或减压降水后的承压水头高度仍可突破坑底隔水层,产生突涌。

深基坑工程一方面要正确认识渗流破坏的严重后果,找到产生渗流破坏的原因,另一方面要采取一定的措施,防止渗流破坏的发生或将渗流破坏的影响降低。常用的工程措施有:

1)根据含水层渗透性的大小,选用适当类型的降水措施,使地下水位降至开挖深度以下一定深度,即疏干开挖深度内的含水层。这是防止渗流破坏的根本措施。

2)采用可靠的竖向截水帷幕或竖向截水帷幕加水平封底,也是可行的控制措施,但水平封底对承压水突涌不易奏效,应以降水减压为宜。

2.3.3.2 基坑降水引起的周边建筑物损失

基坑降水可能引起周边地面沉降,导致相邻建筑物损坏,因此有必要研究相邻建筑物直接损失(简称"损失")预测方法,为降水方案的选择提供依据。基坑降水导致的周边地面沉降与降水方式、井位布置、土层分布、岩性参数、地面工程结构物形式、超载大小等多种因素有关,但总起来说,等沉降曲线与降水漏斗面相关,大体呈同心圆分布。基于这种认识,预测的总体思路是:将受基坑降水影响的周边地面划分成适当宽度的"环带"(如图2.3.5、图2.3.6所示),即可确定降低后的水位分布和每一个环带中心位置处的地面沉降,再确定相邻环带间的沉降梯度。定义建筑物的直接经济损失量与其现有价值的比值为直接损失率(λ)。然后,根据历史案例分析,建立地面沉降梯度与建筑物直接损失率之间的定量关系。最终由各环带的沉降梯度确定基坑周边建筑物直接损失。

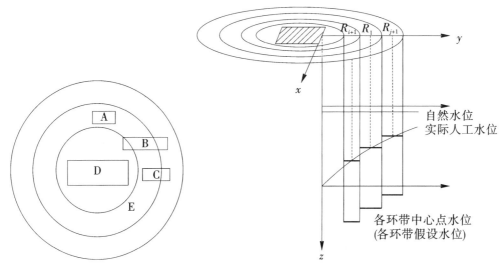

图 2.3.5　基坑周边环带划分示意图

A、B、C—基坑周边不同位置的建筑物;D—基坑;E—环带

图 2.3.6　环带计算水位示意图

以基坑几何中心为圆心,将降水影响范围内地面划分成多个同心环带,相邻环带半径分别增加一定值。基坑降水影响范围大体为水位降深的6倍以内。环带数量越多,计算量越大,结果越精细。考虑到直接损失预测工作的精度要求及计算工作量,本文取相邻环带半径增加值为 $0.2S_w$(S_w 为基坑底面水位降深)。各环带的半径分别为 $R_i = i \cdot 0.2S_w$,每个环带中心点距离基坑边壁的距离为 $D_i = [0.1 + 0.2(i-1)]S_w (i = 1, 2, \cdots, n)$。近似地,将每一环带中心位置的计算水位作为整个环带的水位(如图2.3.6所示)。

将每个环带内的水位视为相等(取环带中心处水位),根据降水沉降计算模型确定各环带中心位置处的沉降,并以此作为整个环带的沉降量;相邻两个环带中心位置处沉降差与其距离的比值,定义为地面沉降梯度 G_i:

$$G_i = \frac{S_i - S_{i+1}}{D_{i+1} - D_i} \qquad (2.3.1)$$

式中　G_i——i 环的沉降梯度,取 i 与 $(i+1)$ 环之间沉降差与距离的比值(‰——千分之一,下同);

　　　S_i——i 环中心点的沉降(mm);

　　D_i——i 环中心距基坑边壁的距离(m)。

　　国内外相关规范和标准分别给出了不同结构形式建筑物地基的变形允许值,仅选取砌体结构作为研究对象,有关规范对砌体结构地基变形允许值的规定如图 2.3.7 所示。

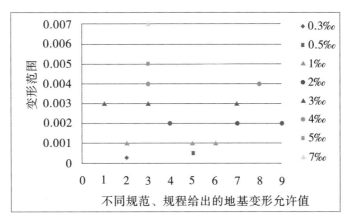

图 2.3.7　砌体结构地基变形允许值

　　从图 2.3.7 看出,各个规范所规定的砌体结构地基变形允许值并不一致,但集中在 0.3‰~7‰。偏于安全,采用 1‰作为基坑周边砌体结构地基变形的允许值。

　　为了确定建筑物直接损失率和地面沉降梯度之间的关系曲线,作如下假定:建筑物与其基础刚性连成一个整体,则地面沉降梯度等于基础倾角的正切值,也等于建筑物整体倾角的正切值。收集近年来国内砌体结构变形与直接损失率(λ)关系案例,通过归纳得到了三组关于建筑物倾斜率和直接损失率样本:

$$\begin{cases} G = 0.017, \lambda = 0.15 \\ G = 0.045, \lambda = 0.80 \\ G = 0.056, \lambda = 0.95 \end{cases}$$

　　根据实际情况,还可以确定该曲线的一些基本特征:

　　1)当建筑物的变形在允许范围内(<1‰)时,结构直接损失率在 5% 以内。

　　2)当地面的沉降梯度 $G \to \infty$ 时,所对应的直接损失率趋于 100%。根据本文收集的数个案例,实际取地面沉降梯度 $G \geq 0.06$ 时,建筑物直接损失率达到 100%,即 $\lambda = 1.0$。

　　3)当地面沉降梯度小于允许值时,直接损失率增长速度缓慢;超过允许值后直接损失率增长加快。

　　根据上述曲线特征,可以选择 S 形曲线来描述地面沉降梯度与建筑物直接损失率的关系,其曲线形式为

$$\lambda = \frac{1}{a + be^{-G}} + c \tag{2.3.2}$$

　　根据曲线特征和历史样本,利用 Powell 优化算法来确定式(2.3.2)中的参数,得到砌体结构直接损失率预测公式如式(2.3.3)所示,曲线形状如图 2.3.8 所示。

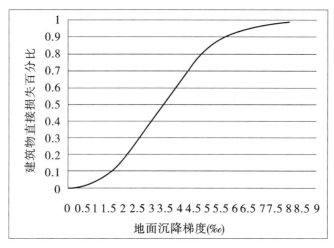

图 2.3.8　建筑物直接损失率与地面沉降梯度关系曲线

$$\lambda = \frac{1}{0.9692 + 30.4862e^{-100G}} - 0.0318 \qquad (2.3.3)$$

式中　λ——建筑物直接损失率;

　　　G——地面沉降梯度。

2.4　土方开挖安全技术

基坑土方开挖的目的是为了进行地下结构的施工。为了实施土方开挖,必须采取相应的支护施工技术,以保证基坑及周边环境的安全。基坑支护结构设计也应综合考虑基坑土方开挖的施工方法,而基坑土方开挖的施工方案则应结合基坑支护结构设计来确定。

土方工程一般包括基坑开挖、土方装运、土方回填压实等工作。随着基坑开挖工程规模越来越大,机械化施工已成为土方开挖中提高工效、缩短工期的必要手段。土方开挖可以根据不同机械的工作性能和特点,结合土方开挖的具体需要,选择不同种类的土方施工机械。

2.4.1　基坑土方开挖基本原则

基坑变形与基坑开挖深度、开挖时间长短关系密切。相同的基坑和相同的支护设计,采用的开挖方法和开挖顺序不同,将对基坑变形产生不同程度的影响。大量工程实践证明,合理确定每个开挖空间的大小、开挖空间相对的位置关系、开挖空间的先后顺序,严格控制每个开挖步骤的时间,减少无支撑暴露时间,是控制基坑变形和保护周边环境的有效手段。

基坑开挖前应根据工程地质条件与水文地质条件资料、支护结构设计文件、周边环境保护要求等,遵循"分层、分段、分块、对称、均衡、限时"和"先撑后挖、限时支撑、严禁超挖"的原则编制土方开挖施工方案。土方开挖施工方案应履行审批手续,并按照有关规定进行专家评审论证。

基坑工程坑内栈桥道路和栈桥平台应根据施工要求及荷载情况进行专项设计,施工过程中应严格按照设计要求对施工栈桥的荷载进行限制。挖土机械的停放和行走路线布置、挖土顺序、土方外运、材料堆放等应避免引起对支护结构、降水措施、监测设施和周边环境的不利影响,施工时应按照设计要求控制基坑周边区域的堆载。

基坑开挖过程中,支护结构应达到设计要求的强度,挖土施工工况应满足设计要求,才能进行下层土方的开挖。采用钢筋混凝土支撑或以水平结构代替内支撑时,混凝土达到设计要求的强度后,才能进行下层土方的开挖。采用钢支撑时,钢支撑施加预应力并达到设计要求后,才能进行下层土方的开挖。基坑开挖应采用分层开挖或台阶式开挖方式,软土地区分层厚度一般不宜大于 4 m,分层坡度不宜大于 1:1.5。挖土机械及土方运输车辆直接进入坑内进行施工作业时,应采取措施保证坡道稳定。坡道宽度应保证车辆正常行驶,软土地区坡道坡度不应大于 1:8。

机械挖土应挖至坑底以上 20~30 cm,余下土方应采用人工修底方式挖除,减少坑底土方的扰动。机械挖土过程中,应有防止工程桩侧向受力的措施,坑底以上工程桩应根据分层挖土过程分段凿除。基坑开挖至设计标高应及时进行垫层施工。电梯井、集水井等局部深坑的开挖,应根据现场实际情况合理确定开挖顺序和方法。

2.4.2 无内支撑基坑开挖

2.4.2.1 放坡开挖

(1)一级放坡开挖

在场地条件允许时,可采用放坡开挖。为确保基坑施工安全,一级放坡开挖的基坑,应按照要求验算边坡的稳定性。边坡坡度应根据岩土工程条件、边坡留置时间、边坡堆载等情况经过计算确定。

地质条件较好、开挖深度较浅时,可采用竖向一次性开挖的方法;地质条件较差,或开挖深度较大,或挖掘机性能受到限制时,可采用分层开挖的方法。典型开挖方法如图2.4.1所示。

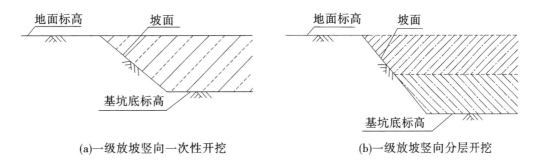

(a)一级放坡竖向一次性开挖　　　　(b)一级放坡竖向分层开挖

图 2.4.1 一级放坡基坑土方开挖

(2)多级放坡开挖

场地允许并能保证土坡稳定时,较深的基坑可采用多级放坡开挖。由于地域的不同,多级放坡开挖的要求差异较大。各级边坡的稳定性和多级边坡的整体稳定性应根据工程地质条件、边坡留置时间、边坡堆载等情况经计算确定。

地质条件较好、每级边坡深度较浅时，可以按每级边坡高度为分层厚度进行分层开挖，其典型开挖方法如图2.4.2(a)所示。地质条件较差，或每级边坡深度较大，或挖掘机性能受到限制时，各级边坡也可采用分层开挖的方法。其典型开挖方法如图2.4.2(b)所示。

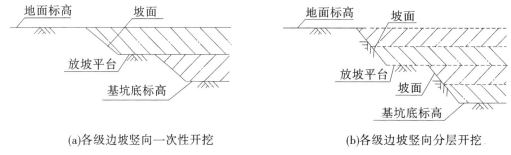

(a)各级边坡竖向一次性开挖　　　(b)各级边坡竖向分层开挖

图2.4.2　多级放坡基坑土方开挖

采用多级放坡时，放坡平台宽度应严格控制，不得小于1.5 m，在正常情况下放坡平台宽度一般不宜小于2.0 m。

2.4.2.2　有围护无内支撑基坑土方开挖

有围护无内支撑的基坑一般采用土钉墙、复合土钉墙、土层锚杆、重力式水泥土围护墙、板式悬臂围护墙、钢板桩拉锚等方式支护。

采用土钉墙支护、复合土钉墙支护或土层锚杆支护的基坑，应提供成孔施工的工作面宽度，其开挖应与土钉或锚杆施工相协调，开挖与支护施工应交替作业，如图2.4.3所示。对于面积较大的基坑，可采取岛式开挖方式，先挖除距基坑边8~10 m的土方，中部岛状土体应满足边坡稳定性要求。基坑边土方开挖应分层分段进行，每层开挖深度在满足土钉或土层锚杆施工工作面要求的前提下，应尽量减少，每层分段长度一般不应大于30 m。每层每段开挖后应限时进行土钉或土层锚杆施工。

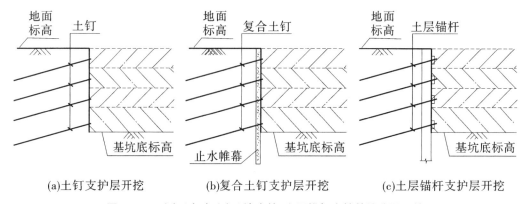

(a)土钉支护层开挖　　　(b)复合土钉支护层开挖　　　(c)土层锚杆支护层开挖

图2.4.3　土钉(复合土钉)墙支护、土层锚杆支护基坑分层开挖

2.4.3 有内支撑的基坑开挖

有内支撑的基坑开挖方法和顺序应尽量减少基坑无支撑暴露时间。应先开挖周边环境要求较低区段土方,再开挖环境要求较高位置土方。应根据基坑平面特点采用分块、对称开挖的方法,限时完成支撑或垫层。基坑开挖面积较大的工程,可根据周边环境、支撑形式等因素,采用岛式开挖、盆式开挖、分层分块(段)开挖的方式。

2.4.3.1 岛式开挖

基坑中部岛状土体高度不大于 4.0 m 时,可采用一级边坡;中部岛状土体高度大于 4.0 m 时,可采用二级边坡,但岛状土体高度一般不大于 9.0 m。一级边坡应验算边坡稳定性,二级边坡应同时验算各级边坡的稳定性和整体边坡的稳定性。

2.4.3.2 盆式开挖

基坑盆边宽度不应小于 8.0 m;盆边与盆底高差不大于 4.0 m 时,可采用一级边坡;盆边与盆底高差大于 4.0 m 时,可采用二级边坡,但盆边与盆底高差一般不大于 7.0 m。一级边坡应验算边坡稳定性,二级边坡应同时验算各级边坡的稳定性和整体边坡的稳定性。

2.4.3.3 分层分块(段)开挖

大面积基坑可采用分层、分块土方开挖的方式。分层的原则是每施工一道支撑后再开挖下一层土方,第一层土方的开挖深度一般为地面至第一道支撑底标高下方 0.5 m,中间各层土方的开挖深度一般为相邻两道支撑的竖向间距,最后一层土方的开挖深度应为最下一道支撑底至坑底。分块的原则是根据基坑平面形状、基坑支撑布置等情况,按照基坑变形和周边环境控制要求,将基坑划分为若干个周边分块和中部分块,并确定各分块的开挖顺序,通常情况下应先开挖中部分块再开挖周边分块。

狭长形基坑如地铁车站等应选择合适的斜面分层分段挖土方法。采用斜面分层分段挖土方法时,一般以支撑竖向间距作为分层厚度,斜面可采用分段多级边坡的方法,多级边坡间应设置安全加宽平台,加宽平台之间的土方边坡一般不超过二级;各级土方边坡坡度一般不宜大于 1∶1.5,斜面总坡度不宜大于 1∶3。

对基坑边界内的土方在平面上进行合理分块,确定各分块开挖的先后顺序,充分利用未开挖部分土体的抵抗能力,有效控制土体位移,以达到减缓基坑变形、保护周边环境的目的。一般可根据现场条件、基坑平面形状、支撑平面布置、支护形式、施工进度等情况,按照对称、平衡、限时的原则,确定土方开挖方法和顺序。

坑内设置分隔墙的基坑土方开挖也属于分块开挖的范畴。分隔墙将整个基坑分成了若干个基坑,可根据实际情况确定每个基坑先后开挖的顺序,以及各基坑开挖的限制条件。采用分隔墙的分块开挖方法有利于基坑变形的控制和对周边环境的保护。

2.4.4 基坑土方回填

基坑土方回填应符合设计要求,回填土中不得含有杂物,回填土含水率应符合相关要求。回填土方区域的基底不得有垃圾、树根、杂物等,并应排除积水。

2.4.4.1　人工回填

人工回填一般适用于回填工作量小,或机械回填无法实施的区域。人工回填一般根据要求采用分层回填的方法,分层厚度应满足规范要求。人工回填时应按厚度要求回填一层夯实一层,并按相关要求检测回填土的密实度。

2.4.4.2　机械回填

机械回填一般适用于回填工作量较大且场地条件允许的基坑。机械回填采用分层回填的方法,回填压实一层后再进行上一层土方回填压实。分层厚度应根据机械性能进行选择,并应满足规范要求。回填过程中的密实度检测应符合相关要求。若存在机械回填不能实施的区域,应以人工回填进行配合。

基坑回填一般采用挖掘机、推土机、压路机、夯实机、土方运输车等联合作业。运输车辆首先将土方卸至需回填土的基坑边,挖掘机或推土机按分层厚度要求进行回填,然后由压路机或夯实机进行压实作业。

2.5　基坑工程安全监测

2.5.1　基坑监测意义

在深基坑开挖过程中,基坑内外的土体将由原来的静止土压力状态向被动和主动土压力状态转变,应力状态的改变引起围护结构承受荷载并导致围护结构和土体的变形,当变形中任一量值超过容许范围时,将造成基坑的失稳破坏或对周围环境造成不利影响。深基坑开挖工程往往在建筑密集的市中心,施工场地四周有建筑物和地下管线,基坑开挖所引起的土体变形将在一定程度上改变这些建筑物和地下管线的正常状态,当土体变形过大时,会造成邻近结构和设施的失效或破坏。同时,基坑相邻的建筑物又相当于较重的集中荷载,基坑周围的管线常发生渗漏,这些因素又是导致土体变形加剧的原因。因此,在深基坑施工过程中,只有对基坑支护结构、基坑周围的土体和相邻的构筑物进行全面、系统的监测,才能对基坑工程的安全性和对周围环境的影响程度有全面的了解,以确保工程的顺利进行,在出现异常情况时及时反馈,并采取必要的工程应急措施,甚至调整施工工艺或修改设计参数。

《建筑基坑工程监测技术规范》(GB 50497—2009)第3.0.1条强制性条文规定:开挖深度超过5 m或开挖深度未超过5 m但现场地质条件和周围环境较复杂的基坑工程以及其他需要监测的基坑工程应实施基坑工程监测。

2.5.2　基坑监测项目

基坑工程根据结构破坏可能产生的后果,包括危及人民生命财产安全、产生社会影响的严重性等,判定其安全等级:当破坏后果"很严重"时应确定为一级;当破坏后果"严重"时应确定为二级;当破坏后果"不严重"时可确定为三级。基坑监测的内容应根据基坑的安全等级来确定(见表2.5.1)。

表2.5.1　建筑基坑工程仪器监测项目表

监测项目		基坑类别		
		一级	二级	三级
（坡）顶水平位移		应测	应测	应测
墙（坡）顶竖向位移		应测	应测	应测
围护墙深层水平位移		应测	应测	宜测
土体深层水平位移		应测	应测	宜测
墙（桩）体内力		宜测	可测	可测
支撑内力		应测	宜测	可测
立柱竖向位移		应测	宜测	可测
锚杆、土钉拉力		应测	宜测	可测
坑底隆起	软土地区	宜测	可测	可测
	其他地区	可测	可测	可测
土压力		宜测	可测	可测
孔隙水压力		宜测	可测	可测
地下水位		应测	应测	宜测
土层分层竖向位移		宜测	可测	可测
墙后地表竖向位移		应测	应测	宜测
周围建（构）筑物变形	竖向位移	应测	应测	应测
	倾斜	应测	宜测	可测
	水平位移	宜测	可测	可测
	裂缝	应测	应测	应测
周围地下管线变形		应测	应测	应测

基坑监测数据必须是可靠真实的,数据的可靠性由测试元件安装或埋设的可靠性、监测仪器的精度以及监测人员的职业道德来保证。监测数据真实性要求所有数据必须以原始记录为依据,原始记录任何人不得更改、删除。因为基坑开挖是一个动态的施工过程,只有保证及时监测,才可能及时发现隐患,及时采取措施,所以监测数据必须是及时的。监测数据需在现场及时计算处理,计算有问题可及时复测,尽量做到当天报表当天出。

2.5.3　基坑变形预警值

　　基坑工程应根据具体情况预先设定预警值。预警值应以监测项目的累积变化量和变化速率值两个值控制。基坑及支护结构报警值应根据监测项目、支护结构的特点和基坑等级确定。《建筑基坑工程监测技术规范》（GB 50497—2009）建议采用表 2.5.2 所示指标；周边环境监测报警值的限值应根据主管部门的要求确定，如无具体规定，可参考表 2.5.3 确定。建（构）筑物报警值应结合建（构）筑物结构类型等确定，并考虑其原有变形与基坑开挖造成的附加变形的叠加。当出现下列情况时，应立即报警；若情况比较严重，应立即停止施工，对支护结构和周边的保护对象采取应急措施：

　　1）当监测数据达到报警值；

　　2）基坑支护结构或周边土体的位移出现异常情况或基坑出现渗漏、流砂、管涌、隆起或陷落等；

　　3）基坑支护结构的支撑或锚杆体系出现过大变形、压屈、断裂、松弛或拔出的迹象；

　　4）周边建（构）筑物的结构部分、周边地面出现可能发展的变形裂缝或较严重的突发裂缝；

　　5）根据当地工程经验判断，出现其他必须报警的情况。

表 2.5.2　基坑及支护结构监测报警值

序号	监测项目	支护结构类型	一级			二级			三级		
			累计值 绝对值/mm	累计值 相对基坑深度(h)控制值	变化速率 (mm·d⁻¹)	累计值 绝对值/mm	累计值 相对基坑深度(h)控制值	变化速率 (mm·d⁻¹)	累计值 绝对值/mm	累计值 相对基坑深度(h)控制值	变化速率 (mm·d⁻¹)
1	墙(坡)顶水平位移	放坡、土钉墙、喷锚支护、水泥土墙	30~35	0.3%~0.4%	5~10	50~60	0.6%~0.8%	10~15	70~80	0.8%~1.0%	15~20
		钢板桩、灌注桩、型钢水泥土墙、地下连续墙	25~30	0.2%~0.3%	2~3	40~50	0.5%~0.7%	4~6	60~70	0.6%~0.8%	8~10
2	墙(坡)顶竖向位移	放坡、土钉墙、喷锚支护、水泥土墙	20~40	0.3%~0.4%	3~5	50~60	0.6%~0.8%	5~8	70~80	0.8%~1.0%	8~10
		钢板桩、灌注桩、型钢水泥土墙、地下连续墙	10~20	0.1%~0.2%	2~3	25~30	0.3%~0.5%	3~4	35~40	0.5%~0.6%	4~5
3	深层水平位移	围护墙 水泥土墙	30~35	0.3%~0.4%	5~10	50~60	0.6%~0.8%	10~15	70~80	0.8%~1.0%	15~20
		钢板桩	50~60	0.6%~0.7%	2~3	80~85	0.7%~0.8%	4~6	90~100	0.9%~1.0%	8~10
		灌注桩、型钢水泥土墙	45~55	0.5%~0.6%		75~80	0.7%~0.8%		80~90	0.9%~1.0%	
		地下连续墙	40~50	0.4%~0.5%		70~75	0.7%~0.8%		80~90	0.9%~1.0%	
4	立柱竖向位移		25~35		2~3	35~45		2~3	55~65		8~10
5	基坑周边地表竖向位移		25~35		2~3	50~60		2~3	60~80		8~10
6	坑底回弹		25~35		2~3	50~60		2~3	60~80		8~10
7	支撑内力		60%~70%f			70%~80%f			80%~90%f		
8	墙体内力										
9	锚杆拉力										
10	土压力										
11	孔隙水压力										

注：1. h—基坑设计开挖深度；f—设计极限值。
2. 累计值取绝对值和相对基坑深度(h)控制值两者的小值。
3. 若监测项目的变化速率连续3天超过报警值的50%，应报警。

表2.5.3　建筑基坑工程周边环境监测报警值

监测对象		项目	累计值		变化速率/(mm·d⁻¹)	备注
			绝对值/mm	倾斜		
1	地下水位变化		1000	—	500	—
2	管线位移	刚性管道 压力	10~30	—	1~3	直接观察点数据
		刚性管道 非压力	10~40	—	3~5	
		柔性管线	10~40	—	3~5	
3	邻近建(构)筑物	最大沉降	10~60	—	—	—
		差异沉降	—	2/1000	0.1H/1000	—

注:1. H 为建(构)筑物承重结构高度。

2. 第3项累计值取最大沉降和差异沉降两者的小值。

2.5.4　基坑监测频率

基坑监测工作应贯穿于基坑工程和地下工程施工全过程。监测工作一般应从基坑工程施工前开始,直至地下工程完成为止。对有特殊要求的周边环境的监测应根据需要延续至变形趋于稳定后才能结束。同时应考虑基坑工程等级、基坑和地下工程的不同施工阶段以及周边环境、自然条件的变化。当监测值相对稳定时,可适当降低监测频率。对于应测项目,在无数据异常和事故征兆的情况下,开挖后仪器监测频率的确定可参照表2.5.4。

表2.5.4　现场仪器监测的监测频率

基坑类别	施工进程		基坑设计开挖深度			
			≤5 m	5~10 m	10~15 m	>15 m
一级	开挖深度/m	≤5	1次/1 d	1次/2 d	1次/2 d	1次/2 d
		5~10		1次/1 d	1次/1 d	1次/1 d
		>10			2次/1 d	2次/1 d
	底板浇筑后时间/d	≤7	1次/1 d	1次/1 d	2次/1 d	2次/1 d
		7~14	1次/3 d	1次/2 d	1次/1 d	1次/1 d
		14~28	1次/5 d	1次/3 d	1次/2 d	1次/1 d
		>28	1次/7 d	1次/5 d	1次/3 d	1次/3 d

续表 2.5.4

基坑类别	施工进程		基坑设计开挖深度			
			≤5 m	5～10 m	10～15 m	>15 m
二级	开挖深度/m	≤5	1 次/2 d	1 次/2 d		
		5～10		1 次/1 d		
	底板浇筑后时间/d	≤7	1 次/2 d	1 次/2 d		
		7～14	1 次/3 d	1 次/3 d		
		14～28	1 次/7 d	1 次/5 d		
		>28	1 次/10 d	1 次/10 d		

注：1. 当基坑工程等级为三级时，监测频率可视具体情况要求适当降低；

　　2. 基坑工程施工至开挖前的监测频率视具体情况确定；

　　3. 宜测、可测项目的仪器监测频率可视具体情况要求适当降低；

　　4. 有支撑的支护结构各道支撑开始拆除到拆除完成后 3 d 内监测频率应为 1 次/1 d。

2.5.5　基坑监测报表

2.5.5.1　监测报表

在基坑监测前要设计好各种记录表格和报表。记录表格和报表应按照监测项目，根据监测点的数量分布合理地设计。记录表格的设计应以记录和数据处理的方便为原则，并留有一定的空间，以便对监测中观测到和出现的异常情况进行及时记录。监测报表一般形式有当日报表、周报表、阶段报表，其中当日报表最重要，通常作为施工调整和安排的依据。周报表通常作为参加工程例会的书面文件，对一周的监测成果作简要的汇总，阶段报表作为基坑施工某个阶段监测数据的小结。

监测日报表应及时提交给业主、监理、施工、设计、管线与道路监察等有关单位，并另备一份经工程建设或现场监理工程师签字后返回存档，作为报表收到及监测工程量结算的依据。报表中应尽可能配备形象化的图形或曲线，如测点位置图或桩墙体深层水平位移曲线图等。报表中呈现的必须是原始数据，不得随意修改、删除，对有疑问或由人为和偶然因素引起的异常点应该在备注中说明。

2.5.5.2　监测曲线

在监测过程中，除了要及时呈报各种类型的报表、绘制测点布置位置平面和剖面图外，还要及时整理各监测项目汇总表和相关曲线线型，包括：①各监测项目时程曲线；②各监测项目速率时程曲线；③各监测项目在各种不同工况和特殊日期变化发展的形象图。

在绘制各监测项目时程曲线、速率时程曲线以及在各种不同工况和特殊日期变化发展的形象图时，应将工况点、特殊日期以及引起变化显著的原因标在各种曲线和图上，以便较直观地看到各监测项目物理量变化的原因。上述这些曲线不是在撰写监测报告时才绘制，而是应该用 Excel 等软件或在监测办公室的墙上用坐标纸每天加入新的监测数据，

逐渐延伸,并将预警值也画在图上,这样每天都可以看到数据的变化趋势和变化速度,以及接近预警值的程度。

2.5.5.3 监测报告

在工程结束时应提交完整的监测报告,监测报告是监测工作的回顾和总结,监测报告主要包括如下几部分内容:①工程概况;②监测项目和各测点的平面和立面布置图;③所采用的仪器设备和监测方法;④监测数据处理方法、监测结果汇总表及有关汇总和分析曲线;⑤对监测结果的评价。

前三部分的格式和内容与监测方案基本相似,可以以监测方案为基础,按监测工作实施的具体情况,如实地叙述监测项目、测点布置、测点埋设、监测频率、监测周期等方面的情况,要着重论述与监测方案相比,在监测项目、测点布置的位置和数量上的变化及变化的原因等,并附上监测工作实施的测点位置平面布置图和必要的监测项目(深层沉降和侧向位移等)剖面图。

第四部分是监测报告的核心,该部分整理各监测项目的汇总表、各监测项目时程曲线,以及各监测项目的速率时程曲线;各监测项目在各种不同工况和特殊日期变化发展的形象图等,并在此基础上,对基坑及周围环境各监测项目的全过程变化规律和变化趋势进行分析,提出各关键构件或位置的变位最大值,与原设计预估值和监测预警值进行比较,并简要阐述其产生的原因。在论述时应结合监测日记记录的施工进度、挖土部位、出土量多少、施工工况,天气和降雨等具体情况对数据进行分析。

第五部分是监测工作的总结与结论,通过基坑围护结构受力和变形以及对相邻环境的影响程度对基坑设计的安全性、合理性和经济性进行总体评价,总结设计施工中的经验教训,尤其要总结根据监测结果,通过及时的信息反馈,对施工工艺和施工方案的调整和改进所起的作用。

任何一个监测项目从方案拟定、实施到完成后对数据进行分析整理,除积累大量第一手的实测资料外,能总结出经验和有规律性的东西,不仅对提高监测工作本身的技术水平有很大的促进,对丰富和提高基坑工程的设计和施工技术水平也是很大的促进。因此最好由亲自参与每天的监测和数据整理工作的测量员结合每天的监测日记写出初稿,再由既有监测工作和基坑设计实际经验,又有较好的岩土力学和地下结构理论功底的专家进行分析、总结和提高,这样的监测总结报告才具有监测成果的价值,不仅对类似工程有较好的借鉴作用,而且对该领域的科学与技术发展起到推动作用。

2.6 基坑工程施工安全专项方案实例

2.6.1 工程概况

2.6.1.1 工程位置

郑州市某基坑工程位于郑州市郑东新区康宁路与和谐路交叉口东北角,西临和谐路,南邻康宁路,东临站南路,北临二期用地。本工程由主楼和裙楼组成,主楼为框剪结构,地上二十五层,地下两层;裙楼为框架结构,地上五层,地下两层。钻孔灌注桩基础。本工程基坑平面大致呈矩形,南北长 117 m,东西宽 105 m,建筑设计室内地面±0.00 的标高为 89.3 m,周边路边标高在 87.8～88.5 m,平均值为 88.1 m,建筑周边基础垫层层底标高为 ±0.0 之下 12.7 m,基坑开挖深度在周边道路下 11.5 m 处。基坑侧壁安全等级为一级。

2.6.1.2　工程地质水文条件

根据勘察报告,场地内勘察期间地下水初见水位 7.9～9.6 m,混合水位在地面下 11.4～14.2 m,下部砂层水位 14.9～16.1 m,场地地下水受相邻基坑降水影响较大,基坑开挖需对地下水进行处理。

本工程土层主要力学性能指标如表 2.6.1 所示。

表 2.6.1　本工程土层主要力学性能指标

层号	土层	γ/(kN/m)	c/kPa	φ/(℃)	f_{ak}/kPa	平均厚度/m
(1–1)	素填土	16.0	7.0	10.0	—	0.76
(1)	粉土	17.7	14.0	25.0	130	1.73
(2)	粉土	17.8	13.0	25.0	150	2.32
(3)	粉质黏土	17.5	18.0	14.0	115	0.91
(4)	粉土	17.9	15.0	24.0	125	3.27
(5)	有机质黏土	17.5	18.0	14.0	100	1.56
(6)	粉土	18.3	15.0	24.0	130	0.98
(7)	有机质黏土	18.0	16.0	12.0	110	2.97
(8)	粉土	18.3	11.0	24.0	240	2.47
(9)	细砂	18.5	0.00	28.0	280	8.13

2.6.1.3　基坑边坡支护方案

本工程基坑开挖及边坡支护方案由××公司设计,支护结构确定为:东、西、南三面基坑上部 4.5 m 用 1∶0.3 放坡开挖,土钉墙支护,下部用桩锚支护结构施工;北部具有放坡空间,采用 1∶1.3 放坡加喷浆护坡形式。

基坑支护平面图、支护剖面结构图以及锚杆锚固立面结构图分别如图 2.6.1、图 2.6.2、图 2.6.3 所示。

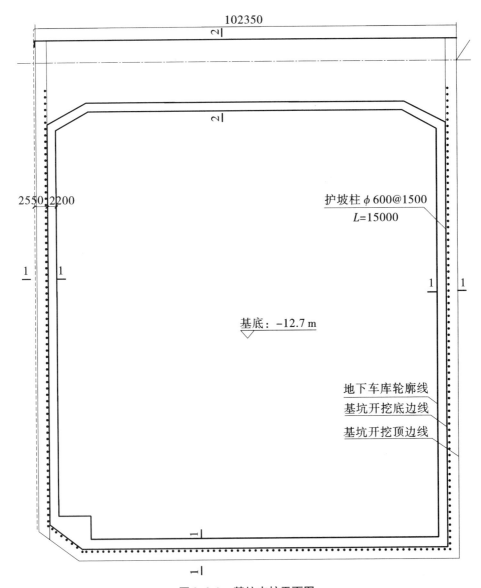

图 2.6.1　基坑支护平面图

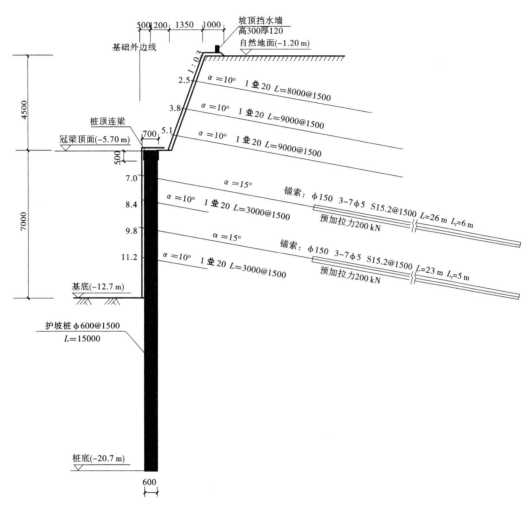

图 2.6.2 支护剖面结构图

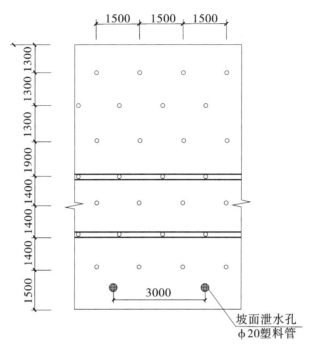

图 2.6.3 锚杆锚固立面结构图

2.6.2 编制说明

依照××公司设计的本工程基坑开挖及边坡支护设计图纸的设计要求,以及施工现场的实际环境,编制基坑开挖及边坡支护施工方案。

2.6.2.1 编制依据

1)业主提供的建筑和结构设计图纸、图纸会审资料、设计变更资料等。

2)本工程《岩土工程勘察报告》。

3)《建筑地基基础工程施工质量验收规范》(GB 50202—2002)。

4)《建筑地基基础设计规范》(GB 50007—2002)。

5)《锚杆喷射混凝土支护技术规范》(GB 50086—2001)。

6)《建筑施工土石方工程安全技术规范》(JGJ 180—2009)。

7)《建筑基坑支护技术规程》(JGJ 120—2012)。

8)《建筑基坑工程监测技术规范》(GB 50497—2009)。

9)《建筑桩基技术规范》(JGJ 94—2008)。

10)《建筑与市政降水工程技术规范》(JGJ/T 111—1998)。

11)《钢筋焊接及验收规程》(JGJ 18—2003)。

12)《建筑深基坑工程施工安全技术规范》(JGJ 311—2013)。

13）其他相关规范、规程。

2.6.2.2 编制原则

根据该工程的设计文件、工程地质报告，结合现场踏勘情况，并参考相关资料，针对工程特点、难点，结合施工特长、经验、技术、设备能力，本着"确保安全，质量为本，高效环保"的原则，编制方案。

1）施工方案满足工程施工安全、质量、工期、环保、文明施工的要求。

2）施工方案综合考虑周边环境、现场场地、地质条件、气候条件以及不同工序的相互协调配合等因素，合理组织人员、设备，保证工程如期完成。

3）采用新技术、新工艺，提高工程质量及工作效率，降低工程成本。

2.6.3 施工总体部署

2.6.3.1 施工程序

本工程施工现场基本满足"三通一平"，在土方开挖施工前 2 天内，组织人员、设备、材料陆续进场，并进行施工前的准备工作。基坑开挖前应施工不少于 6 个水位观测井，分别确定场地上层水位和下部砂层水位，根据水位深度按设计要求进行降水施工（降水施工方案另行编制）。

按设计要求土方开挖拟分三个阶段进行。每个阶段内均分层、分段进行开挖，根据基坑变形监测情况，在变形较大时采用分段跳挖方式以满足安全要求。

第一阶段：土方分层开挖至护坡桩顶设计标高以上约 1 m 处。在此阶段施工过程中，当土方开挖至第一道土钉支护深度设计标高下 50 cm 位置时，停止向下开挖，土方开挖可进行下一施工段的第一层开挖，对已经开挖至土钉设计标高的工作面进行修坡处理，然后组织人员测定土钉孔位，机械或人工成孔，成孔完毕后经验收合格即可进行土钉施工，在此期间，严禁基坑向下继续开挖，施工人员可对开挖边坡进行挂网喷护，与此同时土钉墙施工人员可对下一施工段的第一层支护面进行土钉墙施工，以此类推，逐层逐段开挖并支护。当第三道土钉施工完成后，可以进行护坡桩施工。

第二阶段：支护桩施工完成且强度达到一定程度后即可进行，本阶段分层开挖至设计基底标高以上约 2 m 左右。在此阶段施工过程中，当土方开挖至第一道锚索支护深度设计标高下 50 cm 位置时，停止向下开挖，土方开挖可进行下一施工段的第一层开挖，对已经开挖至锚索设计标高的工作面进行修坡处理，然后组织人员测定锚索孔位，机械或人工成孔，成孔完毕后经验收合格即可进行锚索施工，在此期间，严禁基坑向下继续开挖，施工人员可对开挖边坡进行挂网喷护，与此同时锚索施工人员可对下一施工段的第一层支护面进行锚索施工，以此类推，逐层逐段开挖并支护。

第三阶段：当主楼及裙楼灌注桩达到一定强度要求时即可进行，本阶段开挖至基底标高（预留 20 cm 厚土层，人工清底）。基坑开挖至设计标高后，对东、西、南三面施工最后一层土钉并挂网喷混凝土支护，对北面直接进行挂网喷混凝土支护。

2.6.3.2 施工组织

本工程采用项目经理制组织施工,工地设项目经理一名,全面负责人员组织、质量、进度、安全等工作,项目副经理与总工各一名,协助项目经理工作。

现场组织机构形式如图2.6.4所示。

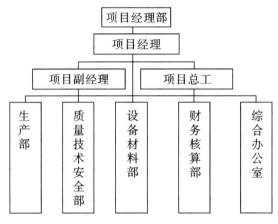

图2.6.4 现场组织机构形式

2.6.3.3 施工准备

(1)现场准备

1)设备进场前进行施工现场踏勘,了解场地情况及周围环境;

2)了解水源、电源位置及最大可供数量,并将水、电接入表箱后接至施工地点;

3)请业主进行地下障碍及管线交底;

4)根据现场总平面布置,选择合适的位置放置施工材料及设备。

(2)技术准备

1)组织技术、管理人员全面熟悉图纸,领会设计意图,明确施工质量要求;

2)参加图纸交底会议,做好图纸会审工作;

3)做好对机组人员的技术、安全交底工作。

(3)机械设备准备

1)机械进场前做好维修工作,保证设备机械性能完好;

2)机械设备进场后,应组织人员对机械设备进行调试,试运转,保证施工过程中机械设备可安全正常工作。

(4)材料准备

1)落实材料供货单位,并根据施工进度制定材料供货计划,确保备料充分。

2)对水泥、砂石、钢筋等材料进行取样试验,保证材料质量。

2.6.4　施工方案与技术措施

2.6.4.1　基坑降水施工

本基坑平面大致呈矩形,南北长 117 m,东西宽约 105 m,放坡后上口总周长约 477 m,南北长约 131 m,东西宽约 107 m,基坑开挖面积约 14000 m²。根据基坑降水设计图纸,本工程共设置管井 32 口,井底埋深在±0.00 下 24 m 处。管井布置东西方向间隔 22 ~ 28 m,东西间隔 18.5 ~ 24.5 m。具体平面布置如图 2.6.5 所示。

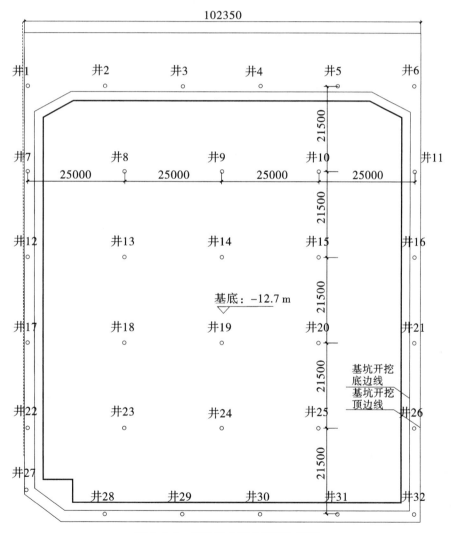

图 2.6.5　基坑降水管井平面布置图

(1)管井降水要求

1)在基坑开挖前应施工不少于 6 个水位观测井,分别确定场地上层水位和下部砂层

水位。基坑降水可根据水位观测结果的不同区别对待。

2)若施工期间场地周边水文地质条件不发生变化,上部弱透水层中的上层滞水可通过管井自渗入砂层,不需进行降水抽水;若水文地质条件发生变化,需进行降水抽水,管井抽水期间,应定期取样测试含砂量,含砂量不应大于0.01%。

3)管井施工应在基础工程桩施工完成后进行,管井成孔直径不小于650 mm,井管内径不小于300 mm。对砂层要求在井管外包裹80~100目(孔径150~180 μm)滤网。井管外滤料要求采用2~4 mm级配石英砂;管井深度22.8 m。

4)施工期间应连续降水,并在坑内设置水位临时观测井。使地下水位浸润线低于开挖基底标高1 m以下(含电梯井处)。

5)基坑工程使用期间,应控制基坑内外水头差,水力坡度应小于10%,防止发生管涌。

6)管井施工前应对照结构施工图,避开桩位、承台、基础梁及剪力墙位置;管井井位可根据现场情况作3 m以内的位置调整。

7)基坑降水应设置独立排水系统。排水沟不得采用刚性砌体,排水系统不得向土钉支护体发生渗漏。基坑上口及基坑坡角应设置排水沟,防止雨水渗入边坡或浸泡基底。

8)在基坑坡顶位置设置挡水墙,防止雨水灌入基坑,坑底设置排水沟及积水坑,以便及时排除坑内积水。

(2)主要施工工艺与技术措施

1)降水井设计。

降水井深度:22.8 m。

降水井井径:外径650 mm,内径350 mm。

滤料:2~4 mm石英砂。

降水井间距:东西方向间隔22~28 m,南北间隔18.5~24.5 m。

具体参数布置如图2.6.6、图2.6.7所示。

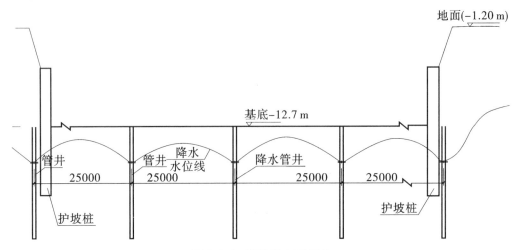

图2.6.6 基坑降水剖面图

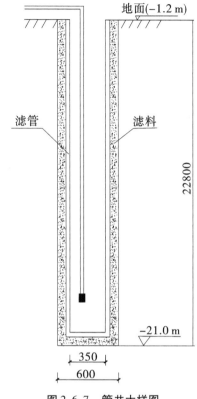

图 2.6.7　管井大样图

2)施工准备。

①审核和认定本施工方案。

②清除场地障碍,确保施工场地和道路畅通无阻。

③井点沟槽定位、放线、开挖。

④完成劳动力组织、材料、机具的进场工作。

⑤制定围护结构突发的变形、滑移、渗水等应急抢险措施。

3)管井降水施工工艺。

场地平整→测量施放井点→钻机对位→成孔→下放井管→充填滤料→洗井→下放水泵→抽水。工艺流程图如图 2.6.8 所示。

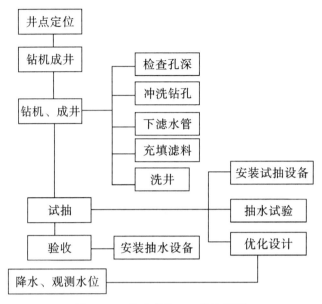

图 2.6.8 降水井施工工艺流程图

主要施工方法及技术措施

1）成孔：采用直径 φ650 mm 反循环钻机成孔，泥浆比重<1.05。下管前保证井底沉渣厚度不大于 20 cm，方可下放滤管。

2）井管安装：井管安放严格按现场技术交底进行，用 4 根竹片，10 号双铁丝捆绑；管口内壁不错位，选择透水性良好的滤管安装于含水层对应部位。

3）填砾：填砾前井管必须居中，使填砾厚度均匀，滤料应从井管两侧慢慢对称填入，以防滤料中途卡塞及井管错位，填至井口 1～2 mm 时用黏土填实。在填滤时如发生井口反砾现象，应及时停止填砾，查明原因进行处理。

4）洗井：洗井为关键性工艺，在滤料充填完之后，要立即进行洗井，洗井采用井管外注清水循环法工艺，抽、停交替，直至水清砂净为止。洗井结束前测量井深，清理井底，使井底沉淀小于 0.3～0.5 m。

5）下泵：下泵深度距井底 1.0～2.0 m。

6）井点保护：降水井施工完成后，降水井井管应高于自然地坪 20～50 cm，并加井盖予以保护，避免杂物落入井内，以免破坏。

7）观测记录：应及时、准确地记录观测井水位，依次检验施工方案的正确性。必要时对方案作适当调整，以确保基坑降水效果。

（3）井管降水过程中的应急技术措施

1）配备柴油发电机、抽水机组、管井管及降水用设备配件若干。

2）配备有经验的人员 24 小时值班，对每天降水情况记录和处理突发事件。

3）现场准备一部分抢险物资，如钢管、模板、草包等，万一出现险情作临时应急之用，做到人员、物资、设备三到位。

4）如土中出水量较大,可在坑壁击入带孔钢管设置排水孔将水引出,减小水压力。

5）在管井降水过程中,密切注意其降水幅度及地下水位标高,地下水位标高及降水幅度均可在深井管内查看,并配合水准仪进行测量,如降水幅度较大应作相应调整,防止临时设施因降水幅度太大而引起倾侧及水平位移,并在此区域增加喷锚、土钉墙等。

6）喷锚面层漏水,则用导管引流后用高强度混凝土浇平堵封,当水量较大时,除采用上述办法外,再结合坑外局部压密注浆等措施。

2.6.4.2 土方开挖施工

为加快工期进度,土方开挖时用反铲挖掘机从上到下分层开挖,最后再拉上线绳铲平清理基底,土方开挖考虑为整体开挖。土方开挖路线如图2.6.9所示。

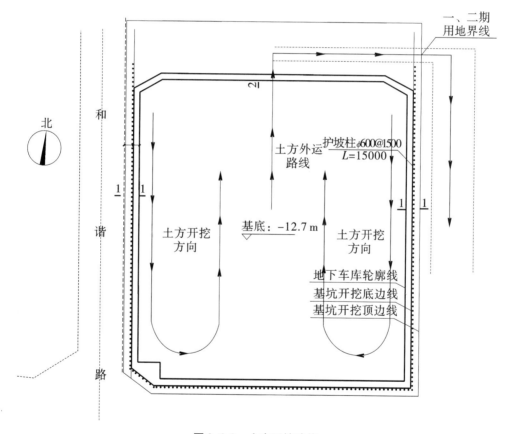

图2.6.9 土方开挖路线

（1）施工操作工艺

1）机械化开挖应根据工程规模、土质情况、地下水位高低、施工设备条件、进度要求等合理选用挖土机械,以充分发挥机械效率,节省费用,加速工程进度。

2）各种挖土机械应采用生产效率高的反铲挖掘机作业的方法进行挖土。

反铲挖掘机作业常采用坑端开挖和坑侧开挖两种方法。根据工程现场情况,采取分层开挖。运土汽车布置于反铲一侧,以减少回转角度,提高生产率。反铲可作"之"字形移动。

3)自卸汽车数量应按挖掘机械大小、生产率和工期要求配备,应能保证挖掘或装载机械连续作业。汽车载重量宜为挖掘机斗容量的 3~5 倍。

4)基坑边角部位,机械开挖不到之处,应用少量人工配合清坡,将松土清至机械作业半径范围内,再用机械运走。人工清土所占比例一般为 1.5%~4%,修坡以厘米作限制误差。大基坑宜另配一台装载机清土、送土、运土。

5)挖土机、运土汽车进出基坑运输道路,应尽量利用基础一侧或两侧相邻的基础以后需开挖部位,使其互相贯通作为车道,或利用提前挖除土方后的地下设施部位作为相邻的几个基坑开挖地下运输通道,以减少挖土量。

6)机械开挖应由深而浅,基底应预留一层 200 mm 厚用人工清底找平,以避免超挖和基底土遭受扰动。在距槽、基坑底设计标高 10 cm 槽帮处抄出水平线,钉上水平桩,然后用人工将暂留土层挖走,基底每 2 m 用废钢筋头或竹板打上控制桩,拉上麻线、铲平至设计标高,修底时严禁扰动下层老土,同时由两端轴线控制桩拉控制线,检查距槽边尺寸,根据图纸确定槽宽标准,以此修整槽边,最后清除槽底土方。槽底修理铲平后,进行质量检查验收,并及时进行签证。

(2)质量标准

1)保证项目。

基坑(槽)和管沟基底的土质必须符合设计要求,并严禁扰动。

2)允许偏差项目。

机械挖方工程外形尺寸的允许偏差及检验方法见表 2.6.2。

表 2.6.2 机械挖方工程外形尺寸的允许偏差和检验方法

项次	项目	允许偏差/mm		检验方法
		基坑(槽)、管沟	挖方场地平整	
1	标高	+0,−50	±50	用水准仪检查
2	长度、宽度(由设计中心向两边量)	+200,−50	+500,−150	用经纬仪、拉线和尺量检查
3	边坡坡度	设计要求		观察或用坡度尺检查

注:基坑(槽)、管沟机械开挖应配人工清底修坡。

(3)成品保护

1)开挖时应注意保护测量控制定位桩、轴线桩、水准基桩,防止被挖土和运土机械设备碰撞、行驶破坏。

2)基坑四周应设排水沟、集水井,场地应有一定坡度,以防雨水浸泡基坑和场地。

3)夜间施工应设足够的照明,防止地基、边坡超挖。

4)深基坑开挖的支护结构,在开挖全过程中要做好保护,不得随意拆除或损坏。

5)基坑周围顶部做混凝土硬化,防止雨水侵蚀基坑边坡。

（4）安全措施

1）开挖边坡土方,严禁切割坡脚,以防导致边坡失稳;当坡度陡于 1/5,或在软土地段,不得在挖方上侧堆土。

2）机械行驶道路应平整、坚实;必要时,底部应铺设枕木、钢板或路基箱垫道,防止作业时下陷;在饱和软土地段开挖土方,应先降低地下水位,防止设备下陷或基土产生侧移。

3）机械挖土应分层进行,合理放坡,防止塌方、溜坡等造成机械倾翻、淹埋等事故。用推土机回填,铲刀不得超出坡沿,以防倾覆。陡坡地段堆土需设专人指挥,严禁在陡坡上转弯。正车上坡和倒车下坡的上下坡度不得超过 35°,横坡不得超过 10°。

4）多台挖掘机在同一作业面机械开挖,挖掘机间距应大于 10 m;多台挖掘机械在不同台阶同时开挖,应验算边坡稳定,上下台阶挖掘机前后应相距 30 m 以上,挖掘机离下部边坡应有一定的安全距离,以防造成翻车事故。

5）机械施工区域禁止无关人员进入。挖掘机工作回转半径范围内不得站人或进行其他作业。挖掘机、装载机卸土,应待整机停稳后进行,不得将铲斗从运输汽车驾驶室顶部越过;装土时任何人都不得停留在装土车上。

6）挖掘机操作和汽车装土行驶要听从现场指挥;所有车辆必须严格按规定的开行路线行驶,防止撞车。

7）挖掘机行走和自卸汽车卸土时,必须注意上空电线,不得在架空输电线路下工作;如在架空输电线一侧工作时,垂直与水平距离分别不得小于 2.5 m 与 4～6 m(110～220 kV时)。

8）夜间作业,机上及工作地点必须有充足的照明设施,在危险地段应设置明显的警示标识和护栏。

9）雨期施工,运输机械和行驶道路应采取防滑措施,以保证行车安全,并设集水坑用水泵抽水,抽水水泵不少于 4 台。

（5）施工注意事项

1）机械化挖土应制定开挖路线、顺序、范围、底部各层标高、边坡坡度、排水沟、集水井位置及流向,弃土堆放位置等,严禁超挖,避免混乱,造成超挖、乱挖,应尽可能地使机械多挖,减少机械超挖和人工挖方。

2）在斜坡地段挖方时,应遵循由上而下、分层开挖的顺序,以避免破坏坡脚,引起滑坡。

3）做好地面排水措施,以拦阻附近地面的地表水,防止流入场地和基坑内,扰动地基。

4）在软土或粉细砂地层开挖基坑(槽),应采用轻型或喷射井点降低地下水位至开挖基坑底以下 0.5～1.0 m,以防止土体滑动或出现流砂现象。

5）基坑(槽)开挖完成后,应尽快进行下道工序施工,如不能及时进行施工,应预留一层 200～300 mm 以上土层,在进行下道工序前挖去,以避免基底土遭受扰动,降低承载力。

（6）基坑防护措施

本工程依据施工经验及现场土质情况,为了保证施工的安全,拟采取以下防护措施:

1）开挖土方时采用分阶段开挖,每阶段分层开挖的方式进行。

2）挖土放坡时采用东、西、南三面基坑上部4.5 m用1：0.3放坡开挖，土钉墙支护，下部用桩锚支护结构施工；北部具有放坡空间，采用1：1.3放坡加喷浆护坡形式进行。

3）由于基坑较深，为保证施工人员安全，基坑边采用钢管防护栏杆，每隔3 m左右设一钢管立杆，打入土内深度70 cm，并离基坑边口距离60 cm，防护栏杆上杆距地1.2 m，下杆离地0.6 m，水平搭设好扶手栏杆，挂好标牌，严禁任意拆除。

4）沿防护栏杆一线做300 mm高120 mm厚砖砌挡水檐，防止外部地表水流入基坑内。

5）基坑周边3 m以内严禁堆放重物，如砂、石材料等。

基础施工时每天派专人检查基坑边坡，当发现坡顶地面出现裂缝时及时采取灌浆处理。

6）加快施工进度，争取在雨季来临之前回填完毕。基坑内设排水明沟及积水坑，并配备4台污水泵，如遇较大降水可以保证及时排出。

（7）土方开挖应急相应预案

为了预防土方开挖危险事件的发生，最大限度地减少人员伤害，保证坍塌事故发生后抢险工作及时有序，本工程拟成立以项目经理为组长，项目副经理为副组长，项目部管理人员为救援成员的应急领导小组。

1）职权。

①组长：全面领导应急小组的工作，并对人力、物力、财力进行调配。

②副组长：总体协调各部门在紧急应变中的分工协作和统一指挥。

2）救援小组职责。

建设工程工地发生安全事故时，负责指挥工地抢救工作，向各抢救小组下达抢救指令任务，协调各组之间的抢救工作，随时掌握各组最新动态并做出最新决策，第一时间向110、120、企业救援指挥部、当地政府安监部门、公安部门求援或报告灾情。平时应急领导小组成员轮流值班，值班者必须住在工地现场，手机24小时开通。发生紧急事故时，在项目部应急组长抵达工地前，值班者即为临时救援组长，负责交通车辆的调配、紧急救援物资的征集及人员的餐饮供应，采取紧急措施，尽一切可能抢救伤员及被困人员，防止事故进一步扩大。对抢救出的伤员，视情况采取急救处置措施，尽快送医院抢救，门卫负责工地的安全保卫，支援其他抢救组的工作，保护现场。

3）救援器材

①医疗器材：担架、氧气袋、塑料袋、小药箱。

②抢救工具：一般工地常备工具即基本满足使用。

③照明器材：手电筒、应急灯、36 V以下安全线路、灯具。

④通信器材：电话、手机、对讲机、报警器。

⑤抢险工具：吊车、挖掘机、铲车各一台。

4）预案的实施。

①接到事故后5分钟内必须完成以下工作：

②立即报告公司主要领导，并迅速上报市建委。

③指挥小组根据事故或险情情况，立即组织调集应急抢救人员、车辆。组织抢救力

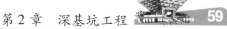

量,迅速赶赴现场。

④立即通知就近地方建设行政主管部门,组织调集应急抢救人员、车辆。组织抢救力量,做好增援准备。

5)应急处理措施。

①抢救方案:根据现场实际发生事故情况,最大可能地迅速调集人员、车辆投入开展抢救突击行动,调查现场情况,同时安排受灾群众的生活问题,必要时请求武警、消防部门协助抢险,请公安部门配合,疏散人群,维持现场秩序。

②伤员抢救:立即与急救中心和医院联系,请求出动急救车辆并做好急救准备,确保伤员得到及时医治。

③事故现场取证:救助行动中,安排人员同时做好事故调查取证工作,以利于事故处理,防止证据遗失。

④自我保护:在救助行动中,抢救机械设备和救助人员应严格执行安全操作规程,配齐安全设施和防护工具,加强自我保护,确保抢救行动过程中的人身安全和财产安全。

⑤项目安全员负责组织现场作业人员撤离危险区。

⑥项目施工员负责组织人员维护现场,防止外来人员进入危险区域。

⑦项目技术主管负责组织人员排除险情,以免造成深基础再次坍塌。

2.6.4.3　支护结构施工

(1)土钉墙施工

土钉墙设计要求如图 2.6.10、图 2.6.11、图 2.6.12 所示。

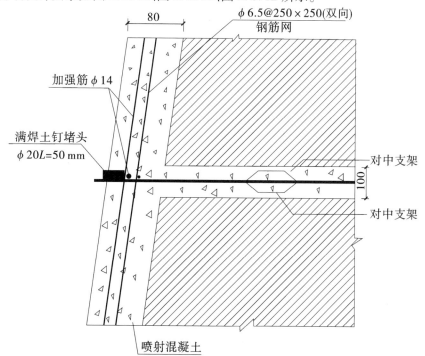

图 2.6.10　土钉面层构造详图

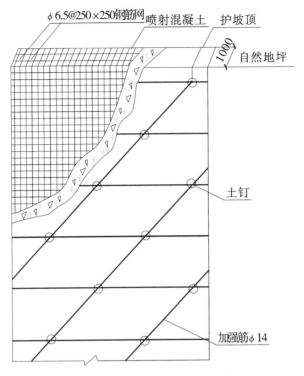

图 2.6.11 钢筋网及加强筋构造图

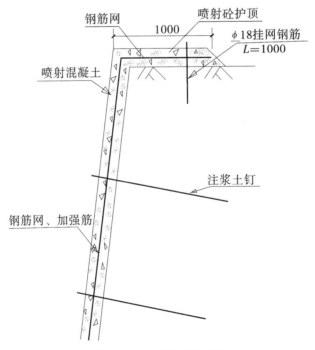

图 2.6.12 喷射砼护顶图

■土钉墙施工工艺流程

测量放线修整边坡→凿孔→安装土钉→注浆→挂网→焊接加强筋→喷射砼→养护。

■土钉墙施工方法

1)放线修坡:根据设计要求放出边坡,并人工修坡,要求平整。

2)凿孔:根据设计图纸,放出土钉孔的位置,然后再采用洛阳铲凿孔,按设计的孔位、孔径、孔长、孔的俯角进行凿孔,严格注意质量,逐孔按锚喷网支护规范进行记录及验收。误差要求:孔深±50 mm,孔径±5 mm,孔距±100 mm。

3)土钉安装:按照设计规定的各排土钉的长度、直径加工成合格的土钉,为使土钉体处于孔的中心位置,每隔2.5～3.0 m焊接一组对中支架将锚杆安在孔内,不可用重物去打。土钉钢筋焊接采用搭接焊接,双面焊5d。

4)注浆:注浆材料选用素水泥浆,水泥采用 P. C32.5,水灰比 0.5,灰浆搅拌时间不能少于 2 min。注浆采用由里向外注入,需将注浆管插入孔内距孔底约 0.25～0.5 m 处,在孔口用水泥袋封孔,注浆压力不低于 1.0 MPa,以确保孔内注满水泥浆。

5)挂钢筋网:在边坡坡面上,按设计要求铺上 ϕ6.5@250×250 钢筋网,网筋之间用扎丝梅花型扎牢,网片之间搭接要牢固,网格允许偏差±10 mm,钢筋网铺设时横筋及上下层竖筋采用绑扎搭接,搭接长度不小于 300 mm,搭接部分不做弯钩处理,接头截面错开率不小于 50%,网片与坡面间隙不小于 20 mm,保护层厚度不宜小于 30 mm。在地表距边坡顶部 0.8 m 处打一排 ϕ18 深约 0.8 m 的钢筋。基坑上边缘修成比较平缓的弧面,便于雨水流过;加强筋进行 10d 焊接。

6)焊接加强筋:在土钉端部之间用 ϕ14 钢筋焊接成菱形状加强筋,加强筋和土钉焊接在一起,压住钢筋网,使土钉、钢筋网和加强筋形成一个整体。另外,在土钉头部焊接一根长 50 mmϕ20 的钢筋,压住加强筋。

7)喷射砼面层:采用干法喷射砼,喷砼时,喷头与受喷面应保持垂直,距离宜为 0.6～1.0 m。用 P. C 32.5 水泥,中砂,石子最大粒径不应大于 10 mm,喷射厚度 50～80 mm,强度等级 C20。首先混凝土在地面上初步拌和,然后放入喷浆机均匀拌和。喷浆机边均匀搅拌和边通过喷浆管使用高压风浆料输送至喷头处,在喷头处加水喷在工作面上。输料管应能适应 1.5 MPa 以上的压力,并应具有良好的耐磨性能;喷射作业应分段分片依次进行,喷射顺序应自下而上,一次喷射厚度不小于 30 mm。喷射混凝土面层厚度采用钻孔检测,钻孔数量每 100 m^2 留取一组,每组不少于 3 点,混凝土 28 d 强度等级 C20。

8)试验:土钉须进行现场抗拔试验,抗拔试验应在专门设置的非工作土钉上进行直接破坏,来确定极限荷载。试验数量不少于土钉总数的 1%,且每层不少于 3 根。

9)养护:喷射混凝土终凝 2 h 后,应洒水养护,养护时间根据气温条件确定。

■土钉墙施工注意事项

1)喷射作业中,应有专人随时检查边坡变化情况。

2)喷射机、注浆泵、空压机等应进行密封性能和耐压试验,合格后方可使用。喷射砼施工作业中,要经常检查出料弯头、输料管和管路接头等有无磨薄、击穿或松脱现象,发现问题应及时处理。

3)处理机械故障时,必须使设备断电、停风。

4)喷射砼施工用的工作台架应牢固可靠,并应设置安全栏杆。

5)向锚孔注浆时,注浆罐内应保持一定数量的水泥浆,以防罐体放空,浆体喷出伤人。处理管路堵塞前,应消除罐内压力。

6)非操作人员不得进入正进行施工的作业区。施工中,喷头和注浆管前方严禁站人。

7)为了确保周边建筑物的安全,在基坑土方开挖过程中必须采用分层开挖方法,分层支护,当面板强度达到70%时方可开挖下一层。

（2）钻孔灌注护坡桩施工

钻孔灌注桩设计要求如图2.6.13所示。

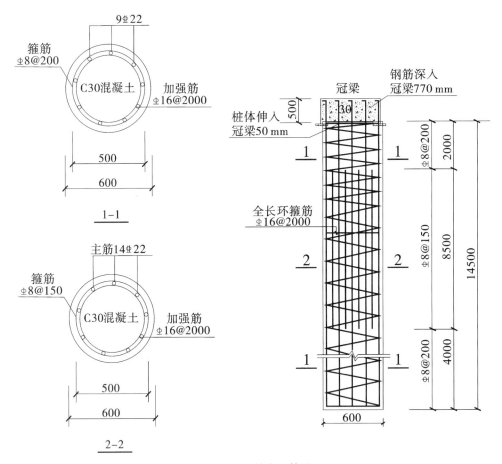

图 2.6.13　桩身配筋图

■钻孔灌注护坡桩施工方法

根据本工程地质条件,钻孔灌注桩采用旋挖钻和正循环钻成孔。钢筋笼采用现场制作,用吊车向孔内下钢筋笼,并配备混凝土运输车进行灌注混凝土,由于支护桩间距较小,施工采用隔桩跳打法。

具体施工工艺流程如图2.6.14所示。

1)准备工作。

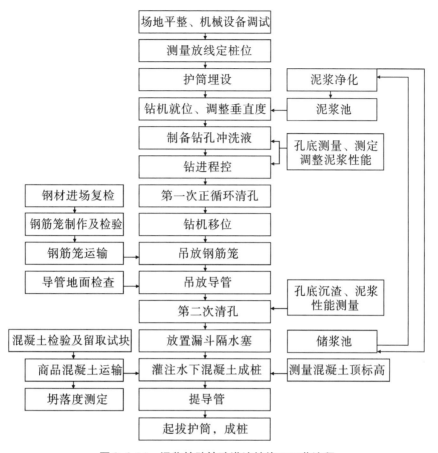

图 2.6.14 泥浆护壁钻孔灌注桩施工工艺流程

放出的桩位用测签作标识,深度为 300 mm,测定完毕经自检合格并填写测量复核签证,由经监理工程师复核签认后方可进行施工。

钻机就位前由测量员用全站仪对放出的桩位再次进行复核,确保桩位准确。钻机就位后,必须平整、稳固,确保在施工中不发生倾斜、移动,钻机加设扶正器。

2)埋设护筒。

护筒用 3 mm 厚钢板卷焊而成,护筒内径大于桩径 100 mm,长度 1.2 m。进出浆口开在护筒上端,规格约为 40 cm×40 cm,进出浆口底部不高于地表,不低于泥浆流槽底部。埋护筒之前,要先把桩位控制点从两个方向引到旁边约 80 cm 处,开始挖桩孔,直径比护筒略大,挖成后,从桩位控制点校验桩心位置,当误差小于 1 cm 时,再把桩位引至孔中,把护筒埋下去。调整护筒位置,使其中心与桩位对中,埋设误差不得大于 20 mm,周围需用黏性土从下往上填满捣实,以免护筒变形、漏浆、塌方。经测量人员复核后开钻。

3)钻机就位。

为确保孔位正确,减少偏差,钻机就位之前要详细复核桩位,埋设护筒,钻机就位之后保证钻架的平稳和牢固,钻机下如有薄弱土层要采取加固措施,确保施工中钻架不发生移位和倾斜,就位完成之后由专职质量员检验钻机垂直度就位照中情况,垂直度控制在0.5%以内,就位误差控制在 20 mm 以内。

4)泥浆制备。

在钻机附近合适位置开挖泥浆池,泥浆池池口尺寸为 5 m×4 m。泥浆制备选用原土造浆,按钻孔穿越土层情况进行配合比设计。

5)钻孔。

初钻时要低挡慢速钻进,使护筒刃脚处形成坚固的泥皮护壁,钻至护筒刃脚下 1 m 以后,方可按土质情况以正常速度正常钻压钻进;开钻时钻头要提离孔底面 50~80 cm,开动泥浆泵,使冲洗液循环 2~3 min,然后开动钻机慢转,同时慢慢将钻头放到孔底,轻压慢钻数分钟,至护筒刃脚下后逐渐增加钻压加快速度;正常钻进时要合理调整钻进参数,不得随意提动钻具,操作时随时掌握吊钻具钢丝绳的松紧度,减少钻杆、水龙头的晃动和磨损,在钻进过程中要根据不同地质条件随时检查和调整泥浆指标;在黏土中钻进,选用尖底钻头、中等转速、大泵量、稀泥浆的钻进方法。在易塌孔地层中(如砂土、软土等)钻进时,采用平底钻头、控制进尺速度、轻压慢速、大泵量、稠泥浆的钻进方法。钻进时遇砂层或松软土层而有塌方现象发生时,可以提起钻头,停泵,向孔中倒入黏土块,再放入钻头空钻,使胶泥挤入孔壁堵住塌孔,稳定住后再开泵继续钻进。

在坚硬土层中钻孔时,易引起钻具跳动、憋车、憋泵、钻孔偏斜等,操作时要特别注意,采用低挡慢速、控制进尺、优质泥浆、大泵量、分级钻进的办法,必要时钻具还要加导面,防止孔位偏斜;在加接钻杆时,要将钻头提离孔底 50 cm,使用冲洗液循环 3~5 min 以后,再拆卸加接钻杆。

测量钻孔深度时,在开钻前将标高抄到钻架上做出明显标记,提钻后利用测绳测量孔深,达到设计深度后停止向下钻进。

6)清孔。

钻孔完成后进行第一次清孔,利用泥浆泵通过钻杆向孔底输入较稀的泥浆以置换孔底的稠泥浆,并使稠泥浆携带着孔底的钻渣排出孔外的泥浆池中,如此循环,直到清孔完成为止。清孔完毕,检查泥浆比重,一次清孔的泥浆比重≤1.25。

第二次冲孔:下笼后为保证灌注前的泥浆指标符合规范要求及孔底沉渣符合规范有关规定,下完导管后进行二次清孔,二次清孔后的孔底沉渣厚度≤100 mm,二次清孔完成后,立即灌注水下混凝土。

7)钢筋笼制作和安放。

钢筋笼制作按设计图纸要求和钢筋混凝土施工的有关规范要求进行。钢筋笼在现场制作完成,电焊工均持证上岗。钢筋笼主筋接头采用闪光对焊,钢筋接头相互错开 1 m,同一断面接头数量不超过 50%,箍筋采用绑扎连接,钢筋笼保护层采用混凝土垫块每隔3 m 设置 1 组,一组 4 个。钢筋笼制作完毕后经质量员检查合格方可使用。护坡桩钢筋笼首选一节制作,若需分段制作时,在吊装时接长时采用电弧焊接,单面搭接焊,焊接长度不小于 10d。吊放钢筋笼入孔时不强行左右旋转,严禁高起猛落、碰撞和强压下放,当钢筋笼垂直缓慢地下放至安置定位杆的高度时,将其临时固定后安放定位杆,并在桩孔上方设置标记,当钢筋笼下放到底时,利用定位杆和标记来校对和控制钢筋笼的平面方向。

8）安放导管。

①导管下放前要在地面检查其连接的密封性，试水压力 0.6 ~ 1.0 MPa。

②导管下入孔内要居中，导管下端应距离孔底约 0.3 ~ 0.5 m。

③下放导管过程中，必须认真检查每道密封圈，有损坏的立即换掉。

④接导管前先清洗丝扣，接管时要上紧丝扣。

9）商品混凝土的运输与灌注。

桩身混凝土灌注在二次清孔完成后进行，并连续灌注直至桩完成。本工程采用商品混凝土。首先，应严把质量关，材料进场应附有质量证明，严格按程序报验和试验，合格后才能用于工程。其次，工程正常进行时，根据每天需用的混凝土量及时与商品混凝土站联系，确保连续供应，以便连续施工。

在灌注混凝土前，首先吊入隔水塞，隔水塞比导管内径小 20 ~ 25 mm，灌注混凝土前用 8 号铁丝吊挂在导管内，混凝土达到初灌量时剪断放塞，初灌时导管埋深不低于 1.2 m，连续灌注不大于 5.0 m，每次提升导管之前测一次导管内外混凝土面的高度，填写水下混凝土灌注记录表，绘制水下混凝土灌注曲线。混凝土灌注完成后缓慢将导管拔出，导管提离混凝土面之前要反复插实，避免空心桩。水下混凝土连续施工，不许间断，灌注过程须详细填写《钻孔灌注桩施工记录表》。对浇筑过程中的一切故障都要记录备案。

10）泥浆外运。

泥浆外运时要结合市政管理规定，对外运泥浆车制定切实可行的行走路线。泥浆车为封闭铁皮罐车，泥浆外运车出场前采取措施使其满足环保要求，不对道路造成污染。

■ 钻孔灌注桩设计要求

1）施工前，应查明和清除桩位处地下障碍物，采取措施确保钻孔灌注桩的施工质量。

2）钻孔灌注桩施工前，先试成孔 3 个，以优化施工参数，确保扩径量≤200 mm。

3）混凝土的充盈系数宜为 1.0 ~ 1.2，不大于 1.3。

4）施工允许偏差：垂直度不大于 1/200，桩位偏差不大于 50 mm，并注意不向坑内偏差和倾斜。

5）钢筋保护层厚度不小于 50 mm，允许误差不超过 20 mm，钢筋焊接宜采用对接焊接，若采用搭接焊接，单面焊 10d，双面焊 5d。

6）混凝土粗骨料直径不大于 25 mm，混凝土应连续浇灌。

7）钻孔灌注桩应间隔施工，并应在灌注混凝土 24 h 后进行邻桩成孔施工，孔底允许沉渣小于 200 mm，桩顶凿除浮浆后，桩顶标高处的混凝土应清洁并达到设计强度。

8）分段制作钢筋笼时，应采用焊接法连接，接头按照 50% 错开，钢筋笼就位后，顶面和地面标高误差不超过 50 mm。

9）施工期间要求进行成孔质量检查，每个灌注台班不得少于 1 组试块，施工完毕后进行桩身质量检查；采用低应变测法监测桩身完整性，数量不宜少于总桩数的 10%。

■ 事故的处理与预防措施

1）钻孔过程中塌孔。

①塌孔的征兆：钻孔内水位突然下降，孔内冒细密水泡，钻进中钻具接触塌陷就会长时间不进尺或进尺很慢，而钻头被埋住，钻机负荷增大发出异响。

②泥浆比重不够,护壁不可靠,特别是在较软或较复杂的土层中没有因地制宜地采用适当的泥浆而减弱护壁效果。

③水头高度不够,孔内水压降低,则孔壁四周的水头带土粒流向孔内,长时间会导致塌孔。

④护筒埋深不够,孔口坍塌。

⑤预防的方法和措施:在松散的砂层、亚砂层要选用适合该土层的高质量泥浆且保持足够的水头高度,并按要求埋置护筒,供水时不得将水直接冲射孔壁,在淤泥层和松软的砂层、亚砂层钻进进尺要适中,不能太快。

当钻到松散地层时,应控制泥浆的性能指标,防止漏浆、塌孔。当轻度塌孔时,可加大泥浆比重和提高水位;严重塌孔时,应将备用黏土回填,暂停钻孔,待孔壁稳定后低速钻进。当出现漏浆时,应立即加稠泥浆,增强护壁。

2)钻孔过程中的卡钻或掉钻。

①对于向下能钻动的上卡口可用上下提升法,并配钢丝绳左右拔移旋转,卡钻时不能强提,只宜轻提,不行时再用冲、吸的方法将钻锤周围的钻渣松动后再提。

②掉钻落物时,宜迅速用打捞叉、钩、绳套等工具打捞,若落体已被泥沙埋住,则用冲吸的方法先清除泥沙,使打捞工具接触落体后再打捞。

③混凝土灌注时预防措施。

首批混凝土必须足够确保能把导管埋住 1.0 m 以上,如果出现没封住导管进水则把拌和物及时清出,重新进行灌注;如在灌注过程中发生堵管,可用长杆冲捣或振动导管,处理无效时及时拔出导管和钢筋笼,吸出灌注的混凝土,重新清孔、吊放钢筋笼和灌注混凝土。

④钻进过程,经常检查泥浆的比重和排渣情况,结合地层情况,防止糊钻。当出现糊钻时,应调稀泥浆,以清洗钻头。

⑤钻进时,操作人员不得随意进尺,必须密切注意钻杆转动情况,判断是否斜孔。当出现斜孔时,应先判断斜孔的位置,然后吊住钻头进行扫孔,使钻孔纠直。

(3)冠梁施工

冠梁设计要求如图 2.6.15 所示。

1)冠梁施工前应首先对支护桩头进行处理,剔除桩头浮浆,校正桩头钢筋,桩头应超出冠梁垫层,深入冠梁 50 mm,钢筋保护层厚度为 50 mm。

2)纵向钢筋采用焊接,接头应相互错开,焊接接头连接区长度不小于 $10d$,同一连接区内纵向受拉钢筋接头数量不大于 50%。

3)灌注桩主筋深入圈梁 $35d$(即 770 mm)

开挖凿桩头至桩顶标高后,制作冠梁钢筋骨架,钢筋骨架做好并经验收后,支模板浇筑混凝土,混凝土强度等级为 C30,混凝土必须振捣密实。

(4)预应力锚索施工

■预应力锚索设计特点概述

1)锚索成孔直径 150 mm,使用 3 ~ 7ϕ5 S15.2 钢绞线,公称强度 1860 MPa,公称直径 $D = 15.2$ mm。

2)钢绞线严格按设计尺寸下料,每股长度误差不大于 50 mm,沿杆体轴线方向每隔

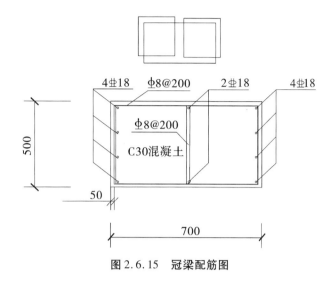

图 2.6.15 冠梁配筋图

2 m左右设置居中支架一个。

　　3)锚索采用二次注浆,浆液为P.O 42.5纯水泥浆,水灰比0.5。一次注浆压力0.3~0.5 MPa,二次注浆压力2.5~3.0 MPa。

　　■预应力锚索施工工艺流程(图2.6.16)。

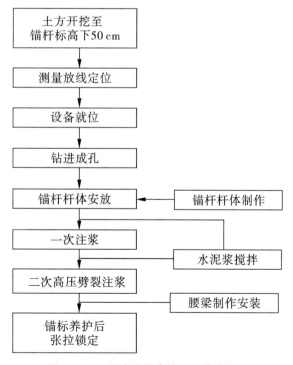

图 2.6.16 预应力锚索施工工艺流程图

1)锚孔施工(锚杆锚固结构详见图2.6.17):

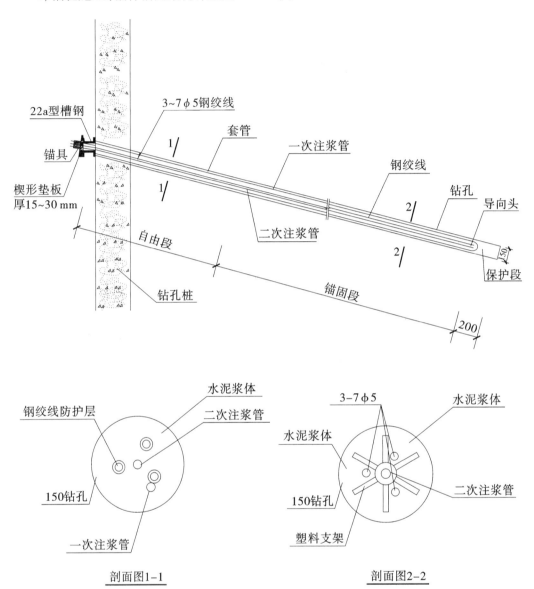

剖面图1-1   剖面图2-2

图 2.6.17   锚杆锚固结构图

锚孔定位:开挖后的基坑壁经过修整,按设计要求的标高和水平间距,用水准仪和钢尺定出孔位,做好标记。

成孔:选用硬质合金钻头回转钻进、锚索钻机双套管、人工洛阳铲成孔工艺,将专用锚杆钻机对准已放好的孔位,调整好角度,由质检员验收合格后开钻。

成孔施工符合下列要求:

预应力锚索孔深偏差±50 mm,孔距偏差±100 mm,孔径偏差±5 mm,钻孔底部的偏斜尺寸不大于锚固体直径的3%。

2）锚索制作与安放：

钢绞线严格按设计尺寸下料，每股长度误差不大于 50 mm。钢绞线按一定规律平直排列，杆索锚固段沿杆体轴线方向每隔 2 m 设置一个架线环，两个架线环之间用夹紧环与二次注浆管捆扎牢固形成一束结。锚索自由段用塑料管包裹，与锚固段相交处的塑料管管口用胶布封住。

组装锚索时同时安放两根注浆管，一次注浆管底端距锚索底端 0.2 m 左右，二次注浆管底端距锚索底端 0.8 m 左右。二次注浆管管底出口处用胶布封住，且从注浆管端 50 cm 处开始向上每隔 3 m 左右做出 1 m 长的花管，花管的孔眼直径为 8 mm，每段 6 个孔眼，花管做几段视锚固段长度而定，孔眼用胶布封住。

组装好的锚索（包括注浆管）在钻孔结束后立即放入孔内，安放时，防止锚索扭压、弯曲，并确保锚索处于钻孔中心位置，锚索插入孔内深度不小于设计长度的 95%。

3）注浆工艺：

注浆分两次进行，采用 P.O 42.5 水泥制浆，水灰比 0.5。一次注浆压力 0.3 ~ 0.5 MPa，二次注浆压力 2.5 ~ 3.0 MPa。注浆时，将配制好的浆液用注浆泵通过胶管压入一次注浆管中，浆液从注浆管底端喷出，随着浆液的灌入，逐步上拔注浆管，注意上拔注浆管底端必须始终埋入浆液液面下 2 m 左右，以保证锚固体的浆液连续且密实。注浆直到孔口溢出浆液为止，此时拔出第一次注浆管。二次注浆利用二次注浆花管进行高压劈裂注浆，注浆压力达到最高压力后，此时注浆作业结束，二次注浆管留在孔内。

注浆注意事项：

①浆液应随搅随用，并在初凝前用完。注浆作业开始时，先用稀水泥浆循环注浆系统 1 ~ 2 min，确保注浆时浆液畅通。

②对于一次注浆，当浆液硬化后，若发现浆液没有充满锚孔时，进行补浆。

③同一批锚孔注浆结束后，要清洗注浆管道循环系统。

④锚索注浆完成后外露部分要用胶布及防腐材料包缠好，防止钢绞线损伤或生锈。

4）腰梁制作与安装：

根据设计要求，如图 2.6.18 所示，采用 2×M22a 型槽钢做腰梁。2 根槽钢上下平行放置，用钢板垫块电焊连接，中间采用加强肋加固，与槽钢垂直方向焊接，间距同锚索，固定钢垫板与孔向垂直和孔中心保持一致。

腰梁要求通长设置，在转角处尽量不断开，保证其受力的连续性，槽钢之间的连接用钢板焊接，焊缝高度不小于 8 mm，焊缝均满焊，其他构造措施参见图纸。承压板安装要求平整牢固，板面应与锚杆受力轴线垂直。

考虑到施工规范允许的桩位偏差会使桩不在同一条直线上，为保证腰梁与桩有效接触，将垫板放置在腰梁和护坡桩间，使腰梁尽量保持在同一直线上。

腰梁在安装时应满足下列要求：

①腰梁、垫块与桩之间要求面接触，不允许点接触。必要时需对向外突鼓的桩进行人工凿平，对向内凹陷的桩用 300 mm×300 mm 钢板垫平，并应使钢板与腰梁牢固连接。

②腰梁安装要求高度一致，在水平方向尽量做到槽钢接头对应，但因受桩外露部分高低不平的限制，只能考虑单个槽钢的平整度，允许接头错位，但要求用钢板焊接牢固。

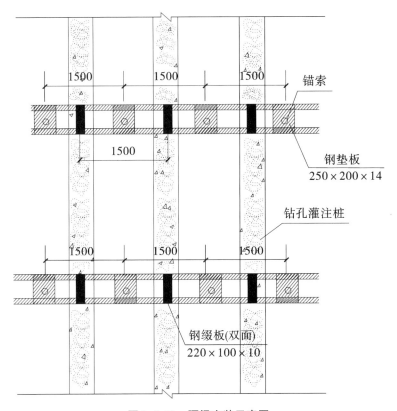

图 2.6.18　腰梁安装示意图

③要求锚头在通过槽钢腰梁中间时居中或稍偏离中央,但不允许接触腰梁。

5)预应力锚索张拉与锁定:

锚索的张拉与施加预应力(锁定)符合以下规定:

①预应力锚索张拉前,对张拉设备进行标定。

②张拉应在锚索施工龄期 10 d 后进行或浆体强度达到设计强度的 70% 后进行。

③锚索张拉顺序因为考虑对邻近锚杆的影响,采用隔一拉一。

④锚索正式张拉前,取 20% 的设计张拉荷载,对其预张拉 1~2 次,使其与锚具接触紧密,钢绞线完全平直。

⑤锚索分级张拉至 1.05 倍的设计施加预应力值并维持稳定后锁定。锁定后 48 h 内,应力损失超过 10% 时应进行补偿张拉。

⑥锚索应在锚固体和外锚头强度达到 15 MPa 后进行土层锚杆验收试验,检测单根锚索承载力(锚索承载力设计值为 300 kN),试验数量为锚杆总数的 5%,且每层不少于 3 根;预应力锚索工作期间应做锚索应力监测。

■锚索质量通病及应对措施

1)锚索成孔角度、孔深误差大。

预防措施:成孔前按设计要求的标高和水平间距,用水准仪和钢尺定出孔位,做好标

记。成孔轴线与设计轴线的偏差不大于 2%。孔深不小于锚索设计长度,锚孔的孔径不小于设计的孔径。

2)钢绞线长度误差大。

预防措施:钢绞线严格按设计尺寸下料,每股长度误差不大于 50 mm。在实际施工中要准确丈量所成孔的孔深,下料长度为孔深再加 1.2 m,以能够满足工程设计及所用设备的要求。

3)钢绞线不居中。

预防措施:杆索锚固段沿杆体轴线方向每隔 2.0 m 设置一个架线环,安放时,防止杆体扭压、弯曲,并确保拉杆处于钻孔中心位置。

4)注浆浆液不饱满。

预防措施:注浆分两次进行,严格控制每次注浆的注浆压力和注浆量。注浆时,将配制好的浆液用注浆泵通过胶管压入一次注浆管中,浆液从注浆管底端喷出,随着浆液的灌入,逐步上拔注浆管,注意上拔注浆管底端必须始终埋入浆液液面下 2 m 左右,以保证锚固体的浆液连续且密实。注浆直到孔口溢出浆液为止,此时拔出第一次注浆管。二次注浆利用二次注浆花管进行高压劈裂注浆,在达到最高压力后稳压片刻时间,此时注浆作业结束,二次注浆管留于孔内。

5)张拉时预应力损失过大,导致建立起来的预应力减少。

正式张拉前进行试张拉,在腰梁与锚具之间安装应力环,按张拉程序进行张拉,超张拉值取 10%,锁定后从应力环测建立起来的预应力,如预应力损失过大或预应力过高,则需要调整超张值,重新进行张拉,直至建立起来的预应力满足要求时,确定超张系数。张拉时按此超张系数进行张拉保证建立起来的预应力满足工程需要。

6)锚索成孔造成流沙。

在锚索成孔过程中可能由于渗漏、施工震动使土体液化,产生流沙,针对此种可能性,应提前准备速凝剂及堵漏材料,如出现以上情况,及时注浆,以最快的速度封闭土体,避免土体长时间暴露,以防边坡出现异常。

(5)放坡喷射混凝土支护施工

■放坡喷射混凝土支护施工工艺

1)挂网:

按要求用钢筋调直机把 $\phi6.5$ 圆盘钢筋调直,满足使用要求。在修好的边坡坡面上,按各坡面设计要求(图 2.6.19),铺上一层 $\phi6.5@300\times300$ 钢筋网,网筋之间用扎丝间隔绑扎,钢筋搭接要牢,网格允许偏差为 ±10 mm。钢筋网铺设时每边的搭接长度不小于 300 mm,网片与坡面间隙不小于 20 mm。

2)喷混凝土:

在上述工序完成后,喷射混凝土,厚度按设计要求,现场取样试验确定配合比,强度等级为 C20,要求表面基本平整,厚度不小于 50 mm。

■喷混凝土面层应注意问题:

1)在喷射混凝土前,面层内的钢筋网片要牢固固定在边壁上并符合规定的保护层厚度要求。钢筋网片用插入土中的钢筋固定,在混凝土喷射下不出现振动。喷射混凝土前,

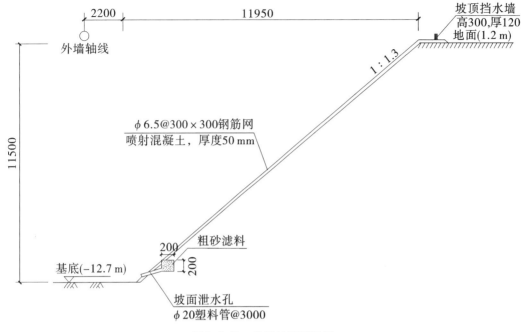

图 2.6.19　边坡坡面设计图

对机械设备、水管路和电路进行全面检查和试运转。

2)喷射混凝土配合比通过试验确定,并可通过外加剂来调节所需工作度和早强时间。

3)喷射混凝土的喷射顺序为自下而上,喷头与受喷面距离控制在 0.8~1.5 m 范围内,射流方向垂直指向喷射面,但在钢筋部位,应先喷填钢筋后方,然后再喷填钢筋前方,防止在钢筋背面出现空隙。

4)喷射混凝土终凝 2 h 后,要喷水养护,或喷涂养护剂。养护时间根据气温确定。

■ 喷射混凝土支护质量通病及应对措施

1)喷射面板厚度不均匀。

支护边坡土体修正平整。钢筋网编好后加垫块,保证钢筋网的厚度一致。喷射混凝土时,在喷射面上设置厚度标识,喷射混凝土时以厚度标识为基准,保证喷射厚度均匀。

2)喷射混凝土部分脱落。

由于桩间喷护采用的是直壁喷护,所以当喷射混凝土积累一定厚度时会发生脱落现象,所以在喷射混凝土时,可以采取分层喷护的方法,即喷护混凝土面板的厚度可分两次进行喷护,第一次先喷护 4~7 cm 厚,待第一层稳定后再进行第二层的喷护。

■ 土方开挖配合施工应注意问题

基坑支护过程中,土方开挖与边坡支护施工的配合对基坑边坡的安全至关重要,开挖时应充分利用时空效应原理,分层、分段、对称开挖,开挖与锚索、土钉施工相匹配,随挖随支护,严禁超挖。

每层土方开挖深度应不超过撑锚底标高下 500 mm,开挖至相应标高后应停止开挖,

进行支护撑锚的施工,待撑锚结构施工完毕且强度达到规范要求后方可进行下层土方的开挖,故基坑工程施工中,土方开挖应严格按照撑锚施工的要求实施。

2.6.5 基坑变形监测

为了确保相邻建筑物和公共设施的安全,根据《建筑基坑工程监测技术规范》(GB 50497—2009),基坑开挖及地下室施工期间,建设方委托具有监测资质的第三方单位进行监测。

第三方单位监测内容主要包括:

①支护结构坡顶水平位移、沉降;

②土体深层水平位移;

③锚索内力;

④基坑周边道路沉降;

⑤地下水位观测。

监测报警值:

①围护结构桩坡水平位移、沉降变化速率 2 mm/d 或连续三天变化值达到 1.4 mm/d,水平位移变化累计值 30 mm,沉降变化累计值 20 mm;

②围护桩后土体深层水平位移变化速率 2 mm/d 或连续三天变化值达到 1.4 mm/d,累计值 45 mm;

③锚索内力 210 kN;

④周边地面沉降变化速率 3 mm/d 或连续三天变化值达到 2.1 mm/d,累计值 30 mm;

⑤地下水位变化累计值达到 1.0 m 或变化速率达到 0.5 m/d。

监测点布置及测量除满足本设计要求外,还应严格按照国家相应规范、规程执行;

当监测值达到上述报警值时,应及时报警,并及时报送各方,以便分析原因,及时处理。

基坑监测方案由建设方选定的第三方专业监测机构另行编制。

施工中做好自检工作,对变形与位移进行自测,同时紧密与变形监测单位联系,在基坑开挖过程中实行信息化施工,以监测数据指导基坑过程施工,保证工程的顺利进行。

对变形与位移自测方案如下:

(1)监测内容

本次测试所采用的具体项目如下:

水平垂直位移的量测主要用于观测,用全站仪、水准仪等仪器测量基坑坑体周边及邻近道路的水平位移及沉降。及时索取监测单位对相邻建筑物进行沉降变形监测的数据,以应对基坑坑壁的不利变化。

(2)监测要求

1)在基坑开挖及支护期间,须做到一日一测。在基坑施工期间的观测间隔,可视测得的位移内力变化情况放长或是减短。

2)测得的数据应及时上报甲方、监理。

(3)监测重点对象

基坑坑体周边围墙及道路是本工程的重点保护对象。支护结构墙顶的水平和垂直位移报警值为支护墙顶位移 6 cm,地面沉降 10 cm,周边道路地面沉降 3 cm,邻近建筑地面沉降 1.5 cm。

(4)监测手段

固定观测人员进行地面、墙体裂缝及变形监视。

(5)监测周期

在基坑开挖过程中沉降监测每天一次,变形快速发展阶段每天两次。

(6)信息反馈

对每次取得的变形数据,及时上报项目部。所报内容必须有记录员和当班技术员签字。在重大变形发生时必须立即通过电话或当面向项目经理和总监汇报,以便果断采取应急措施。

2.6.6 质量管理体系与措施

2.6.6.1 质量保证体系

1)根据 ISO9001:2000 质量保证体系要求,公司及项目部严格按照贯标的"质量手册"、"程序文件"和"作业文件"要求执行。

2)建立一套完整的质量保证体系,健全质量管理网络。制定严格的质量管理办法,奖罚分明,保证施工质量。施工过程实行三级质量管理体制,即各工序班组自检、交接互检、现场质检员复检、项目部技术负责人抽检,层层把关,责任到人。本工程质量保证体系和质量控制网络如图 2.6.20 所示。

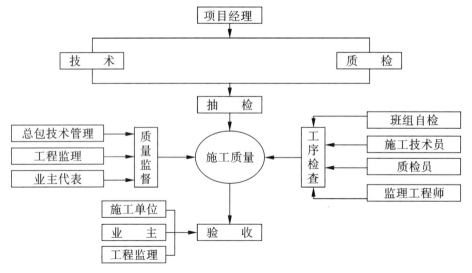

图 2.6.20 工程质量保证体系和质量控制网络图

2.6.6.2 质量保证组织措施

1）建立严格的质量保证制度,设置高效、认真负责的质量保证部门,建立工程监督制度。从管理上确保质量目标的实施,推行全面质量管理体系,运用科学的手段,实现质量目标。实行质量岗位责任制,制定质量管理办法及奖罚措施。

2）成立以项目经理、技术负责人,项目专职质量检查人员,班组不脱产的质量管理员三个层次的现场管理组织系统,并由技术负责人负责质量管理,系统地组织、督促和检查落实工作。做到现场质量工作"事事有人管、人人有专职"、"人管成线、群管成网"、"办事有程序、检查有标准"的质量管理系统。

3）成立信息反馈系统,实现管理业务标准化,管理流程程序化。质量管理的许多活动都是重复性的,具有一定的规律性。对原材料的复验、质量检查、施工工艺、技术革新等各方面的信息要及时收集、处理、传递和贮存。把业务处理过程中经过的各个环节、各管理岗位、先后工作步骤等,经过分析研究,分类归纳,加以改进,将处理方法制定成规章制度。

4）贯彻质量方针,提高全员质量意识。针对工程特点,根据质量目标,制定创优规划,组织协调各部门围绕质量目标开展工作。加强全员质量意识,深化"百年大计,质量第一"的思想,把岗前教育、岗位培训作为质量管理的措施,把质量管理工作变为职工的实际行动,做到"四个一样",即有人检查无人检查一样、隐蔽工程外露工程一样、突击施工和正常施工一样、坚持高技术高标准一样。坚持质量管理责任制,做到目标清、任务清,班组对个人、施工队对班组、项目部对施工队逐级考核,实行质量否决制。

5）严格执行质量标准。按照施工工艺要求对每一工序质量进行控制,严防不合格工序进入下一工序,每一工序找出质量控制要点进行重点控制。每一工序开工前由技术人员做好技术交底,施工中进行督促、检查,并自觉接受各级质检部门的工程质量监督。工序定人、定岗、定责,在工作中认真负责,各工序、各岗位之间实行项目"三工"、"三检"制度,使工程质量始终处于受控状态,"三工"即工前技术交底、工中检查指导、工后总结评比,"三检"即自检、互检、交接检。

6）建立原材料的采购审查制度。原材料采购需要制定采购计划,采购计划应根据总体计划、年度计划、季度计划要求制定,并经技术主管审查,由项目经理审核后方可执行。对所购材料和施工设备进行到货检验,对原材料进行物理力学试验,以检验其性能是否满足设计要求,严防不合格材料进入施工现场。

7）建立设备仪器检定制度。测量仪器、试验仪器、质检仪器等属于计量检测范畴的均按照《中华人民共和国计量法》的规定,结合企业制定的检测计划进行检定,合格后方可使用。

8）施工中,做好各类原始资料的收集、整理工作,建立施工技术档案,对所有原始记录、中间成果资料及最终成果资料进行质量控制,以完备的质量"三检制"和成果资料逐级审签制度保证工程资料的质量。

2.6.6.3 质量保证技术措施

（1）加强关键工序质量检查

加强关键工序质量检查，建立健全质量管理责任制，使项目部每位职工都有明确的责任，形成一个严密的质量管理体系。组织进行各工序质量自检、互检和上下工序间交接检查。

（2）建立健全各项管理制度

1）技术交底制度：

项目技术负责人向组（班）长及职能人员进行技术交底，并结合具体操作部位、关键部位的质量要求、操作要点、注意事项、新技术推广项目予以落实。组（班）长接到交底单后，应组织各人员开展技术要求、质量标准、注意事项等内容讨论会，使每人做到心中有数。

2）材料试验检验制度

按照国家、部分标准、规范、规程和设计要求，对材料进行试验和检验，并将试验结果存入工程档案。经检验不合格的材料严禁使用，超出进场限期的清理出场。混凝土试块应按现行规范要求制作、养护和试验。

3）技术复核制度。

4）质量检查验收制度：

在施工过程中，对每道工序都要办理签证和验收制度，并列入工程档案。对不符合质量要求的工序要认真进行处理，未经检查不能进入下道工序施工。

（5）技术档案制度：

从施工准备开始到交工为止，应加强技术资料的取证、记录和整理工作，各项技术资料要如实反映情况，经有关人员审定后严加管理，不得丢失损坏，保证在交工前存有完整的技术资料。

（3）建立健全工作责任制

1）项目经理。

①负责贯彻执行省市有关部门和公司制定的各项规章政策和制度。

②负责工程人员、设备的调配。

③负责与业主、监理单位协调。

④领导制定本工程施工的各项规章制度和施工管理办法。

⑤组织召开各种会议，对施工质量、安全文明生产负领导责任。

⑥安全文明生产的直接领导者。

2）项目副经理。

①协助项目经理做好各项管理工作，项目经理缺席时行使项目经理的权力。

②在项目经理领导下抓好施工进度安排并监督实施，负责原材料采购查检，协调工作班组有条不紊地施工。

③主持召开生产活动分析会和安全文明生产活动会。

④完成项目经理交办的其他工作。

3)项目技术负责人。

①对工程施工质量负责,监督各项技术措施的实施,认真贯彻执行国家规范、规程;行使质量一票否决权。

②组织工程施工技术攻关,负责推选新技术、新方法、新工艺和新材料的试验及应用。

③组织领导"QC"小组活动。

④指导监督各技术质检人员的工作,把好各工序、各环节的质量关。

⑤定期审查各种技术及质量报表,并提出指导性意见。

⑥主持编写工程竣工报告。

4)质检员。

①利用"QC"工作法对施工中各环节的工程质量负责,监督检查土钉、网片、锚索等的制作以及成孔、注浆、编网、喷混凝土等质量情况。

②监督全体施工人员认真执行施工规范及设计要求。对于质量不合格的施工环节,有权中止并组织处理。

③负责整个支护过程的各工序的验收工作。

④做好试块制作编号、送检工作。

⑤经常与业主、监理单位进行联系,做到及时签证。

5)技术员。

①对施工过程中各环节的技术负责,随时解决各环节可能发生的一切技术问题;重大技术问题应及时向技术负责人汇报。

②监督和检查各生产组的技术要求执行情况。

③严格监督施工全过程,杜绝违反技术规定的现象发生。

6)班长。

①在技术人员的指导下,组织全班人员优质高效地工作。

②指挥工人进行具体的支护操作,负责支护设备的检修和保养;能及时排除施工过程中可能发生的各种故障。

③及时发现支护过程中的事故苗头,排除施工过程中的事故隐患。

④对支护结构的质量及安全文明工作负全面责任。

7)电工。

①负责施工现场的电力系统的安装、检查和维修。

②经常检查动力线路设置情况,对发现的任何不符合电器操作规程的隐患及时处理。

③对机器设备的动作事故负全部责任。

8)资料员。

①对各工作班的施工技术资料,有权进行督促检查、整改和归档。

②对各种技术资料,须如实、认真和详细地整理,不得弄虚作假。

③负责工程竣工验收技术资料的移交工作。

2.6.7 安全管理体系与措施

2.6.7.1 安全目标

人员安全目标:杜绝死亡,无重大安全事故。

工程安全目标:确保基坑及毗邻建筑物、构筑物、道路、管线安全。

2.6.7.2 安全管理体系

1)施工现场设置安全生产、消防、保卫领导小组。领导小组由项目经理、项目技术负责人、项目安全员、工长等组成,安全员具体管理日常安全生产工作。

2)工程项目部应根据本工程特点、施工工艺、劳动组织和作业环境制定可行的安全技术措施实施方案和检查方案,落实安全生产责任制,保证安全责任落实到人。

2.6.7.3 安全管理组织措施

(1)安全生产管理制度

1)工程施工方案必须贯彻"安全第一"的思想。应根据工程特点、施工工艺、劳动组织和作业环境,对施工全过程安全生产做出预测,提出具有可行性、针对性的安全技术措施。

2)工程开工前,项目经理必须到现场,将工程概况、施工工艺、安全技术措施等情况向项目全体管理人员交底。

3)项目安全员应针对工程安全技术交底内容写出书面要求并保存,同时在工程开工前向全体施工人员交底。

4)各班组每天要根据施工工艺要求和作业环境及人员状况进行班前交底,并做好记录。

5)对新工艺、新技术、新设备、新施工方法及各工序间的转移都应制订相应的安全技术措施,提出安全操作要求,并对施工人员进行安全交底和安全培训。

6)对新工人要进行公司、项目、班组三个层次的安全教育。

7)应定期进行安全检查,了解安全生产情况,调查研究生产中的不安全问题,进行改进。

8)进入施工区域的所有人员必须戴安全帽;凡从事2.0 m以上、无法采取可靠防护措施的高处作业人员必须系安全带;特种作业人员必须持证上岗,并配备相应的劳保用品;严禁酒后上岗。

9)施工现场内要有安全标识,危险地区要设警示牌,且不得随意移动。施工作业面严禁住人,严禁吸烟、随地大小便。

10)施工现场的道路、上下水、材料堆放、临时和附属设施等平面布置,都应符合安全、卫生、防火要求,并加强管理,做到安全、文明生产。

11)施工人员应按操作规程使用设备机具,严禁违章操作,非专职人员不得擅自使用、拆卸和修理设备、机具。施工设备、机具应定期进行安全检查,并做好检查记录,发现

问题及时处理。

12)要遵守本地区、本工地有关安全、场容、消防、环卫、市容管理等有关规定,材料运输车辆要符合有关规定。

13)在施工现场的劳务队,应签订安全生产责任协议书,明确劳务队的安全负责人,并服从现场安全技术部门人员的管理。

14)施工现场发生安全事故后,工程项目部应立即组织抢救并保护好现场。同时立即上报公司质量安全部,严禁故意破坏现场、拖延上报、谎报或隐瞒不报。

15)工程施工方案经审批后,任何涉及安全的设施和措施不得擅自更改,如需要更改,必须报公司主管部门重新审批。

16)安全员须加强对施工现场的安全巡视工作,进行全方位检查。如用水用电是否安全、设备使用是否安全、基坑外侧地面是否存在裂缝、工作人员是否持证上岗、工作时是否佩戴防护用具等。

(2)安全用电管理制度

1)施工现场临时用电应执行《施工现场临时用电安全技术规范》(JGJ 46—2005)。临时用电必须建立对现场的线路、设施的定期检查制度,并将检查检验记录存盘备查。

2)现场配电系统必须实行分级配电。总配电箱、分配电箱、开关箱的安装和内部设置必须符合有关规定。各类配电箱外观应完整牢固、防雨、防尘,箱内电器必须完整无损,接线正确。各类接触装置灵敏可靠,固定牢固。施工现场及临时设施照明灯线路的敷设,除带护套缆线外,应分开设置。

3)所有电气设备的金属外壳以及电气设备连接的金属架,必须采取妥善的接地或接零保护。所有电器设备,一律安装漏电保护器,设备和线路必须良好,各种电动设备必须接零、接地,开关箱与用电设备实行"一机、一闸、一保险"。

4)施工现场使用的移动式施工机械设备及掌上型电动工具,要有防漏电措施,非电工不得安装、操作电器设备。

5)任何部门和个人,不得指派无电工上岗证的人员进行电气设备的安装、维修等工作。必须严格执行现场用电的有关规章制度,非专业人员不得擅自动用机电设备。要经常检查用电线路、设备的完好性和绝缘情况,电器系统要有专人负责,配备电器保护措施。施工队伍进场后,与甲方和总承包单位电气负责人交底。

6)操作人员使用各种电气设备时,必须认真执行安全操作规程,并服从电工的安全技术指导。

(3)中小型机具安全措施

1)手持电动工具。

①必须单独安装漏电保护器。

②防护罩安全有效。

③外壳必须接地或接零。

④橡皮线不准破损。

2)电焊机。

①有可靠的防雨措施。

②有良好的接地或接零保护。

③一、二次线接线处应有齐全的防护罩,二次线应使用线鼻子。

④配线不许乱搭乱拉,焊把绝缘良好。

2.6.7.4 安全管理技术措施

1)认真贯彻国家安全生产的方针政策和法规,施工现场用电严格按照《施工现场临时用电安全技术规范》(JGJ 46—2005)的有关规定执行。

2)所用电缆必须采用"三相五线"制,设置"三级漏电"保护。现场所有用电线路,严禁裸露,防止漏电,电工应经常检查漏电开关的可靠性。施工时,现场要有电工值班。

3)各种机电设备要加强日常维修和保养,严禁带病运转。

4)所有进入施工现场人员必须戴安全帽,禁止穿拖鞋、高跟鞋和光脚上班,严禁酒后作业,禁止非施工人员进入施工现场。

5)施工操作人员必须听从指挥,不得野蛮作业。所有操作人员必须持证上岗,各项操作必须严格按操作规程执行。

6)在各通道口、机电设施处醒目位置设置警示牌,提醒现场人员注意安全。

7)各种机械设备由专人操作,并定期对设备进行检查保养,每天开机前对设备的关键装置进行检查。

8)施工中使用电、氧焊设备时,必须远离易燃、易爆等物体,并且应有人负责警示;大风天应尽量避免使用氧焊设备,紧急情况时必须有专人负责警戒。

2.6.8 劳动力计划、材料计划及主要施工机械计划

2.6.8.1 劳动力计划

根据施工计划和施工阶段需要,合理安排劳动力并有计划地投入使用。选用劳务人员统一由项目部进行领导,进场时按照培训计划进行培训和教育,培训后经考核或考评确认达到培训要求后进入工地现场,由项目部统筹调度。

本工程主要劳动力投入计划见表2.6.3。

表2.6.3　工程主要劳动力投入计划

序号	分项工程	人数	备注
1	土方开挖	25	
2	土钉墙	30	
3	护坡桩	20	
4	预应力锚索	30	
合计		105	

2.6.8.2 材料计划

（1）主要建筑材料采购

采购材料进场必须附有出厂合格证明材料,并经送检复验合格方可投入使用;工程施工过程中,尚应根据实时用量制取其成品、半成品进行检验,以取得工程质量保证资料。

本工程主要材料计划见表2.6.4。

表2.6.4　工程主要材料计划表

材料名称	数量	使用部位	进场计划
钢筋	200 t	基坑支护	随施工需要分批进场
混凝土	1400 m³	基坑支护	随施工需要分批进场
钢绞线	40 t	预应力锚索	随施工需要分批进场
槽钢	35 m³	预应力锚索腰梁	随施工需要分批进场
砂石	1500 m³	支护混凝土喷锚	随施工需要分批进场

（2）试验计划

为做好这项工作,从原材料上把好质量关,制定如下试验取样计划（表2.6.5）。

表2.6.5　工程试验取样计划表

序号	试验名称	取样数量（组）	取样日期	使用部位	备注
1	钢筋原材料送检	按规范要求执行	使用前	钢筋笼,土钉,网片	
2	混凝土试块检测	按规范要求执行	留样	护坡桩、冠梁	
3	闪光对焊接头	按规范要求执行	预焊、抽样	钢筋笼	
4	单面搭接焊接头	按规范要求执行	抽样	钢筋笼	
5	预应力钢绞线	按规范要求执行	取样	锚索	
6	水泥浆强度检验	按规范要求执行	留样	锚杆锚索	

2.6.8.3 主要施工机械计划

本工程主要施工机械投入计划见表2.6.6。

表2.6.6　工程主要施工机械投入计划

序号	设备名称	规格	数量	用途	备注
1	挖掘机	CAT220	2 台	收坡道土方与吊车配合使用	
2	锚索钻机	HD-90	3 台	基坑锚索钻孔	

续表 2.6.6

序号	设备名称	规格	数量	用途	备注
3	钻机	SQ170	6 台	边坡支护桩及桩基施工	
4	注浆泵	HB80-D	4 台	土钉、锚索注浆	
5	搅拌机	BJW-60	4 台	搅拌水泥浆	
6	电焊机	BW-400	6 台	腰梁安装	
7	切割机	J3G3-400	2 台	锚索及土钉加工	
8	张拉机	YCQ-1500	2 台	锚索张拉锁定	
9	千斤顶	YDCW600	4 台	锚索张拉锁定	

2.6.9 确保工期的组织措施及施工进度计划

2.6.9.1 工程施工工期

本工程计划于 2012 年 2 月 22 日开始挖土,基坑支护随土方开挖同步进行,2012 年 6 月 20 日土方开挖全部完成。

具体施工工期详见基坑开挖及边坡支护进度计划横道图(图 2.6.21)。

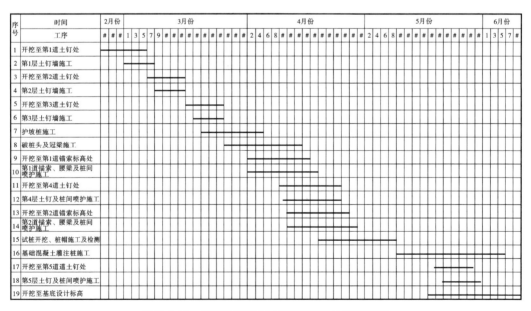

图 2.6.21 基坑开挖及边坡支护进度计划横道图

2.6.9.2 进度控制组织措施

项目进度控制建立以项目经理为责任主体,由项目计划人员、调度人员、作业队长及班组长参加的进度控制体系,建立目标容易落实、便于进行考核的进度控制体系。

1)项目部建立施工进度控制体系,项目经理根据项目施工的要求,对本工程行使计划、组织、指挥、协调、控制、监督六项职能。

2)通过项目进度控制体系的建设,建立进度控制流程。项目经理对项目的工期负责,负责项目的进度控制计划的认定与计划命令的下达;技术负责人负责进度计划的制订和修改,组织技术交底,向施工员传达计划意图并对项目经理负责;施工员负责领会进度计划的精神并给施工班组进行技术交底,下达实施任务,监督计划实施,反馈计划施行情况;施工班组负责进度计划的实施工作,对进度计划负直接责任。建立健全进度控制保证机制,保证计划的实施,针对计划的完成情况建立奖惩机制,包括奖罚制度、行政处罚与奖励机制,由施工员负责组织施工班组按进度计划施行,技术负责人负责监督,项目经理负责领导,施工班组向施工员负责,施工员向技术负责人负责,技术负责人向项目经理负责,出现进度偏差及时纠正,切实保障进度按计划进行。

2.6.9.3 进度控制技术措施

1)根据工程实际情况合理编制施工进度计划,并在施工进度计划的指导下,控制各工序的施工周期,形成各工序在时间、空间上的充分利用与紧凑搭接。在施工的同时,编制详尽的施工计划,具体到日,确保总体进度计划的落实,调整并落实总进度计划。做到短期保长期,从而保证工程的进度目标。加强全体施工人员的紧迫感和责任心,合理安排交叉作业,确保各控制点目标按期实现。

2)组建技术先进、管理一流的项目管理机构,加强施工统筹管理。发挥计划管理的龙头作用,采用施工进度总计划与周、日计划相结合的多级施工进度计划进行控制与管理。

3)做好施工准备及资源配置工作,及时做好材料的市场调查及采购工作,主要是钢材、水泥、混凝土的供应,杜绝出现停工待料现象。

4)针对本工程情况,做好预控工作,加强施工中的质量控制。减少因返工而引起的工期拖延。

5)合理调配工人,合理安排工作时间。

6)选择合理的施工方案,确定合理的施工顺序,在施工中及时协调管理,避免桩机施工相互干扰。

7)采用合理的季节施工技术措施,保证工程特殊情况下的施工。

8)积极配合建设单位、监理部门做好技术核定工作,发现问题及时与设计单位沟通解决,避免因变更图纸而造成停工。

9)协调好与周围单位及居民的关系,最大限度地减少外部因素对工程进度的影响。

10)层层实行工期风险与工资、奖金挂钩制度,增加职工的紧迫感。

11)在施工过程中,采用先进的施工方法和施工手段,充分发挥机械的高效率,不同作业之间合理地穿插工作,保证工程施工工期目标的顺利实现。

2.6.10 雨季施工常见问题及应急措施

2.6.10.1 雨季施工常见问题

雨季施工基坑支护工程最主要的不利因素为降水,郑州地区每年5月、6月为降水量较大时期,此时期内经常突降暴雨或连续降雨,降水量较大。基坑支护工程在施工过程中遇到暴雨将无法施工。暴雨对基坑支护半成品、成品危害较大,其主要问题为:

1)暴雨阻碍施工的正常进行,造成施工中断。

2)降水对基坑半成品危害较大,例如正在施工的土钉墙,突降暴雨对没有进行面板混凝土喷射的边坡冲刷严重。

3)基坑外雨水倒流基坑内,对坑壁造成一定影响;坑边积水自然蒸发较慢,沿坑边缝隙渗流到坑内。

4)意想不到的突发事故。

针对以上可能存在的问题,必须制订严密的应急预案,使施工过程中可能发生的意外事件处于受控状态,减少自然降水对基坑支护工程施工及基坑安全使用造成的不利影响。

2.6.10.2 雨季应急措施

1)所有机械设备要搭设防水棚,机电设备采取防雨、防淹措施,非专业人员不准乱动机电设备,做到安全可靠。

2)及时收集天气预报信息,尽量避免下雨时造成施工损失。

3)雨前所有库房、办公室、宿舍等均须全面检查,做好防雨工作。

4)雨期施工期间必须派专人昼夜值班,并准备好抢险材料和人力,时刻准备排除险情。

5)雨后对用电设备及电线、电杆做全面检查,发现问题及时处理。

6)雨后组织对用电机械设备、配电箱、电缆及施工材料做全面检查,发现问题及时处理。

7)雨后对基坑边坡的沉降和位移进行检测,并与雨前记录数据进行分析比较,发现问题及时采取措施处理,确保基坑雨后施工安全。

第3章 模板支架工程

3.1 模板支架工程安全现状

3.1.1 模板支架发展现状

随着我国城市化、工业化的进程飞速发展,大型建筑的形式和数量也越来越多,如城市高架桥、大型国际会展中心、大型体育馆等。这些建筑的共同特点是结构跨度较大、建筑高度较高以及荷载较重,结构形式为现浇钢筋混凝土结构。这些结构形式的建筑在施工过程中,现浇混凝土的支撑结构都需要采用高大模板支撑体系。

钢管模板支架体系以施工方便、通用性强、承载力高、整体刚度好等优点,已经成为当前我国施工中应用最广泛的一种。高支模架在现场施工中所受荷载较大、杆件较多,整体受力规律复杂,且在实际的支架搭设中,我们又没有专门的标准来作为指导,只能参照《建筑施工扣件式钢管脚手架安全技术规范》(JGJ 130—2011)、《建筑施工碗扣式钢管脚手架安全技术规范》(JGJ 166-2008)和实际工程经验来进行。作为施工阶段重要的工程设施,模板支架体系的安全与否直接决定了整个工程是否安全。然而,在实际工程中,模板支架工程作为一项临时工程,它的安全性往往容易被人们忽视。据统计,模板支架事故以占建筑事故25%以上的高发频率严重威胁着建筑工程的安全生产。

3.1.2 模板支架安全事故及原因分析

2000年11月27日,深圳盐城盐坝高速公路工程起点高架桥在混凝土浇筑过程中发生半幅桥面模板支架的坍塌事故,重伤10余人。坍塌桥面宽20~30 m,高20 m,坍塌长度约30~50 m,当时桥面施工情况为部分已浇灌混凝土,部分仍为钢筋铁丝网结构(如图3.1.1所示)。

导致盐坝塌桥的主要原因:①施工中立杆垂直高度误差偏大,部分扣件未能完全拧紧,同时水平杆件连接未采用搭接方式,削弱了支架整体稳定性;②坍塌的第七跨在支架设计中横向未设剪刀撑,纵向虽设置了剪刀撑,但数量不够,造成支架主体稳定性不足;③支架设计中对不利荷载因素及荷载分布状况认识不足,未采取相应的对策和措施,使支架整体稳定性存在安全隐患。

图 3.1.1　深圳盐坝高速公路高架桥坍塌现场

2000 年 10 月,南京电视台演播大厅双向预应力井式屋盖浇筑过程中,高达 36 m 的模板支架倒塌(如图 3.1.2 所示),死亡 6 人,重伤 12 人,轻伤 24 人。

图 3.1.2　南京电视台事故现场

导致事故的主要原因:①在施工过程中支架搭设不合理,特别是水平连系杆严重不够,三维尺寸过大以及底部未设扫地杆;②梁底模的木枋放置方向不妥,排立杆的水平连系杆不够;③屋盖下模板支架与周围结构固定与连系不足。

2005年9月5日,北京西西工程一高大厅堂,高度21.9 m,顶盖混凝土浇筑将要完成的时候,楼盖中部偏西南部位的模板支架突然发生凹陷坍塌(如图3.1.3所示),造成8人死亡、21人重伤的较大事故。酿成事故的主要原因是施工技术方案未报批就进行施工且施工、设计有很大的技术缺陷。

导致事故的主要原因:①模板支架施工方案未经审定就进行搭设;②报审的模板支架施工方案及设计计算存在严重问题;③缺乏严格的施工技术和安全管理;④存在严重的支架材料质量问题。

图3.1.3 西西工程项目事故现场

2007年8月13日,位于湖南省凤凰县的堤溪沱江大桥,在支架拆除的施工过程中由于拆除顺序及拆除时机不正确,导致石桥支架连环式坍塌、大面积毁坏(如图3.1.4所示),致使64人死亡、22人受伤、直接经济损失3974.7万元的特大事故。

图3.1.4 湖南省堤溪沱江大桥事故现场

2008年8月21日上午,雨台温铁路浙江黄岩金寺堂特大桥工程项目施工人员擅自拆除翼板部位支撑钢管时,支架失稳导致38号墩0号块梁板发生坍塌事故,240多吨的梁板掉落,埋住4人,其中2人死亡。

根据上述事故分析,可以将这些事故发生的原因总结为以下几个方面:

1)材料问题。许多厂家为了追求自己的更多利益,所生产的钢管壁厚达不到使用要求;许多支架的构件经过多次使用后磨损、锈蚀、开裂或弯曲等。

2)支架施工设计方案与设计计算方面的问题。支架施工设计缺乏合理的规范指导,设计方案不够完善,荷载计算或有误,或构造不全等。

3)组织问题。施工现场人员素质参差不齐导致管理相对混乱,操作人员在支架搭设时缺乏针对性的指导和监督,对支架的搭设和拆除不能严格地遵守设计要求,导致支架的安装质量不高。

4)管理问题。模板支撑系统工程是一项相对复杂的工程,根据以往的研究和工程事故的发生来看,模板支架的坍塌主要发生在混凝土的浇筑过程中。随着混凝土的不断浇筑,支架上部的荷载也不断地增大,由于施工人员在浇筑过程中的随意性,可能会不按照正常设计的施工工序进行,最终导致支架的失稳坍塌。

针对上述问题,我们应从材料、技术、管理、监测等方面进行控制来减少高大模板支架安全事故的发生。

3.2 模板工程及支撑体系形式与结构

3.2.1 模板工程形式

由于现代化建设的需要和施工经验的积累,模板及支架种类繁多。以下介绍属于超过一定规模的危险性较大的分部分项工程中的滑模、爬模和飞模等。

3.2.1.1 滑模

滑模施工是利用能沿着已浇灌好的混凝土表面滑动的模板装置连续成型结构物的混凝土现浇工艺(如图3.2.1和图3.2.2所示)。首先在地面上按结构物的平面和竖向尺寸要求,组装高0.9～1.4 m的侧向模板和操作平台,然后进行钢筋绑扎、混凝土浇灌,最后借助安装在支承杆上的液压装置提升模板和操作平台体系,如此循环作业以实现高大结构的施工。

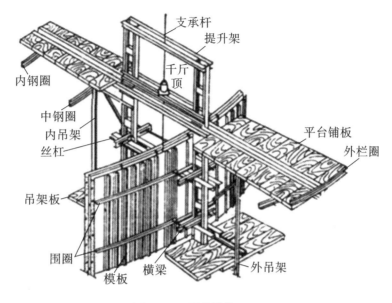

图 3.2.1　滑模结构图

图 3.2.2　滑模现场施工图

滑模施工要点如下：

1）安装模板时，模板应上口大、下口小，单面倾斜度控制在模板高度的 0.2% ~ 0.5%。

2）为防止在同一水平高度上支承杆的接头过多，第一批插入千斤顶的支承杆长度不得少于 4 种，并按长度大小顺序排列。

3）混凝土应分层均匀浇灌，每个浇灌层的厚度一般控制在 200 ~ 300 mm，各层浇灌的时间间隔应不超过水泥的初凝时间。

4）模板提升过程中，操作平台应保持水平，各千斤顶的相对高差应不大于 40 mm，相邻两个提升架上的千斤顶高差应不大于 20 mm。

5)混凝土的出模强度宜控制在 0.2～0.4 MPa,并按支承杆的稳定条件确定模板的滑升速度。

3.2.1.2　爬模

爬模系统(图3.2.3 和图3.2.4)一般由爬升模板、爬架和爬升设备三部分组成,有些爬模系统没有爬架,只有爬升模板和爬升设备。这种系统在施工剪力墙体系、筒体体系和桥墩等高耸结构中是一种很有效的工具。由于具备自爬能力,不需起重机械的吊运,这减少了施工中运输机械的吊运工作量。在自爬的模板上悬挂脚手架可省去施工过程中的外脚手架。

图 3.2.3　爬模设计图　　　　图 3.2.4　爬模现场施工图

爬模施工要点:

1)在液压千斤顶或倒链提升过程中,应保持模板平稳上升,模板顶面的高差不得超过 100 mm。在提升过程中,应经常检查模板与脚手架之间是否有钩挂现象,油泵是否工作正常。

2)提升到位后,安装附墙螺栓,并按规定垫好垫圈,拧紧螺帽,用测力扳手测定达到要求后,方可松掉倒链(或千斤顶)。严禁用塔吊提升爬架。

3)提升大模板时,其对应模板只能单块提升,严禁两块大模板同时提升。

4)拆除爬架、爬模要设专人指挥,严格按照所规定的拆除程序进行。

3.2.1.3　飞模

飞模又称台模,是一种将模板面层和支撑体系组合成型,一次搭设,多次重复使用的组合式"模-撑一体化"结构(图3.2.5 和图3.2.6)。由于台模可以借助起重机械从已浇筑完成的混凝土楼板下方"飞出"(吊运),转移到上层楼面重复使用,故称飞模。

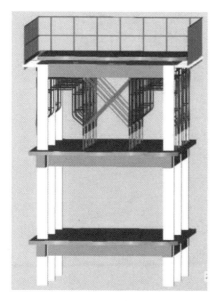

图 3.2.5　飞模设计图

图 3.2.6　飞模施工图

飞模主要由平台板、支撑系统（包括梁、支架、支撑、支腿等）和其他配件（如升降和行走机构等）组成（如图所示），适用于大开间、大柱网、大进深的现浇钢筋混凝土楼盖施工，尤其适用于现浇板柱结构（无柱帽）楼盖的施工。

飞模安全施工要点：

1)飞模必须经过设计计算,确保其承受全部施工荷载,并在反复周转使用时能满足强度、刚度和稳定性的要求。

2)堆放场地应平坦坚实,严防地基下沉引起飞模架扭曲变形。

3)高宽比大于 2 的飞模架宜设连杆互相牵牢,防止失稳倾倒。

4)装车运输时,应将飞模与车体系牢,严防飞模运输时互相碰撞和倾覆。

5)组装后及再次安装前,应设专人检查和整修,不符合标准要求者,不得投入使用。

6)拆下及移至下一施工段使用时,模架上不得浮搁板块、零配件及其他用具,以防坠落伤人。

7)起飞飞模用的临时平台,结构必须可靠,支搭坚固,平台上应设车轮的制动装置,平台外沿应设护栏,必要时还应设安全网。

8)在运行起飞时,严禁有人搭乘。

3.2.2　模板支撑体系形式

普通模板支架类型主要有:扣件式钢管支架(图 3.2.7)、碗扣式钢管支架(图 3.2.8 和图 3.2.9)和承插型盘扣式钢管支架(图 3.2.10)。

图 3.2.7 扣件式钢管支架施工现场

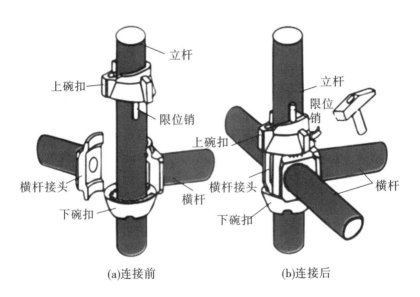

(a)连接前   (b)连接后

图 3.2.8 碗扣式钢管支架碗扣处连接示意图

图 3.2.9　碗扣式钢管支架施工现场

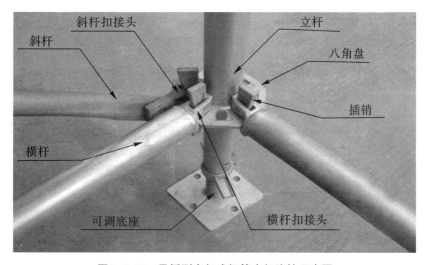

图 3.2.10　承插型盘扣式钢管支架连接示意图

3.2.3　模板支架的组成

　　模板支架系统由模板和支架两大系统组成。模板系统包括面板及直接支撑面板的小楞,其中面板分为侧模和底模,主要用于混凝土成型和支撑钢筋、混凝土及施工荷载。支撑系统主要是固定模板系统位置和支撑全部由模板传来的荷载。支撑系统又有钢管、底托、顶托、扣件组成。其中模板、钢管和扣件有着严格的技术要求。

3.2.3.1 模板

1）要保证结构的各部分形状、尺寸及相互间位置的准确。
2）应具有足够的强度、刚度和稳定性，能可靠地承受施工过程中产生的荷载。
3）构造简单、装拆方便，能多次周转使用。
4）模板接缝严密、不应漏浆。

3.2.3.2 支架钢管

1）钢管（图3.2.11）质量应符合现行国家标准《碳素结构钢》（GB/T 700—2006）中Q235-A级钢的规定。

图3.2.11 支架体系所用钢管

2）钢管宜采用 ϕ48×35 mm 钢管，每根钢管的最大质量不应大于 25 kg。
3）钢管应有质量合格证，表面应平直光滑，不应有裂缝、硬弯、毛刺、压痕和深的划道。
4）钢管外径与壁厚偏差小于 0.5 mm，钢管两端面切斜偏差不大于 1.7 mm。钢管外表面锈蚀深度不大于 0.5 mm。钢管的弯曲应符合规范要求。

3.2.3.3 扣件

1）扣件是采用螺栓紧固的扣接连拉件，有直角扣件、旋转扣件、对接扣件及根据防滑要求增设的非连接用的防滑扣件等几种。
2）扣件应采用可锻铸铁制成，新扣件应有生产许可证、法定检测单位的测试报告和产品质量合格证。
3）旧扣件使用前应进行质量检验，有裂缝、变形的严禁使用，出现滑丝的螺栓必须更换。
4）新旧扣件均应进行防锈处理。
5）扣件拧紧力矩应满足：①扣件螺栓拧紧扭力矩不得小于 40 N·m。②扣件在螺栓拧紧扭力矩达到 65 N·m 时，不得发生破坏。

图 3.2.12 所示为电子扭力矩测读仪,可以测量扣件螺栓的拧紧力矩。

图 3.2.12 电子扭力矩测读仪

3.3 模板工程及支撑体系施工安全

为了保证建筑施工中模板的安全施工,中华人民共和国住房和城乡建设部制定并发布了一系列行业标准,见表 3.3.1。

表 3.3.1 基坑工程主要规范一览表

序号	类型	规范名称	编号	备注
1	施工安全规范	建筑施工模板安全技术规范	JGJ 162—2008	
2		建筑施工扣件式钢管脚手架安全技术规范	JGJ 130—2011	
3		建筑施工碗扣式钢管脚手架安全技术规范	JGJ 166—2008	
4		建筑施工工具式脚手架安全技术规范	JGJ 202—2010	
5		建筑施工承插型盘扣式钢管支架安全技术规程	JGJ 231—2010	

3.3.1 模板支架施工技术要点

3.3.1.1 模板构造安装

1)模板及其支架的安装必须严格按照施工技术方案进行,其支架必须有足够的支撑面积,底座必须有足够的承载力。

2)模板的接缝不应漏浆;在浇筑混凝土前,木模板应浇水润湿,但模板内不应有积水。

3)模板与混凝土的接触面应清理干净并涂刷隔离剂,但不得采用影响结构性能或妨碍装饰工程的隔离剂。

4)混凝土浇筑前,模板内的杂物应清理干净。

5)对清水混凝土工程及装饰混凝土工程,应使用能达到设计效果的模板。

6）用作模板的地坪、胎膜等应平整光洁，不得产生影响构件质量的下沉、裂缝、起砂或起鼓。

7）对跨度大于 4 m 的现浇钢筋混凝土梁、板，其模板应按实际要求起拱；当设计无具体要求时，起拱高度应为跨度的 1/1000～3/1000。

3.3.1.2 模板拆除

1）现浇混凝土结构模板及支架拆除时的混凝土强度，应符合设计要求。当无设计要求时，应符合表 3.3.2 要求。

表 3.3.2 模板拆除时混凝土强度要求

构件类型	构件跨度/m	达到设计的混凝土立方体抗压强度标注值百分率/%
板	≤2	≥50
	>2,≤8	≥75
	>8	≥100
梁拱壳	≤8	≥75
	>8	≥100
悬臂构件	—	≥100

2）不承重的侧模板，包括梁、柱、墙的侧模板，只要混凝土强度保证其表面、棱角不因拆模而受损坏，即可拆除。一般墙体大模板在常温条件下，混凝土强度达到 1 MPa 即可拆除。

3）模板的拆除顺序：一般按后支先拆、先支后拆，先拆除非承重部分、后拆除承重部分的拆模顺序进行。

3.3.2 模板工程施工管理要点

3.3.2.1 方案管理

施工单位应依据国家现行相关标准规范，由项目技术负责人组织相关专业技术人员，结合工程实际，编制高大模板支撑系统的专项施工方案。其中专项方案包括编制说明及依据、工程概况、施工计划、施工工艺技术、施工安全保证措施、劳动力计划、计算书及相关图纸等内容。

3.3.2.2 审核论证

对于高大模板支撑系统专项施工方案，应先由施工单位技术部门组织本单位施工技术、安全、质量等部门的专业技术人员进行审核，经施工单位技术负责人签字后，再按照相关规定组织专家论证。

专家论证的主要内容包括:①方案是否依据施工现场的实际施工条件编制,方案、构造、计算是否完整、可行;②方案计算书、验算依据是否符合有关标准规范;③安全施工的基本条件是否符合现场实际情况。

施工单位根据专家组的论证报告,对专项施工方案进行修改完善,并经施工单位技术负责人、项目总监理工程师、建设单位项目负责人批准签字后,方可组织实施。

监理单位应编制安全监理实施细则,明确对高大模板支撑系统的重点审核内容、检查方法和频率要求。

3.3.2.3 验收管理

检查验收的对象主要包括高大模板支撑系统需要处理或加固的地基和基础,高大模板支撑系统的结构材料、进场的承重杆件和连接件。

采用钢管扣件搭设高大模板支撑系统时,还应对扣件螺栓的紧固力矩进行抽查,抽查数量应符合《建筑施工扣件式钢管脚手架安全技术规范》(JGJ 130—2011)的规定,对梁底扣件应进行100%检查。

在高大模板支撑系统应在搭设完成后,由项目负责人组织验收,验收人员应包括施工单位和项目两级技术人员,项目安全、质量、施工人员,监理单位的总监和专业监理工程师。验收合格,经施工单位项目技术负责人及项目总监理工程师签字后,方可进入后续工序的施工。

3.3.2.4 施工管理

(1)高大模板支架系统搭设的一般要求

1)高大模板支撑系统搭设前,项目工程技术负责人或方案编制人员应当根据专项施工方案和有关规范、标准的要求,对现场管理人员、操作班组、作业人员进行安全技术交底,并履行签字手续。安全技术交底的内容应包括模板支撑工程工艺、工序、作业要点和搭设安全技术要求等内容,并保留记录。

2)搭设高大模板支撑架体的作业人员必须经过培训,取得建筑施工脚手架特种作业操作资格证书(图3.3.1)后方可上岗。其他相关施工人员应掌握相应的专业知识和技能。作业人员应严格按规范、专项施工方案和安全技术交底书的要求进行操作,并正确佩戴相应的劳动防护用品(图3.3.2)。

(2)高大模板支架系统的搭设管理

1)高大模板支撑系统的地基承载力、沉降等应能满足方案设计要求。如遇松软土、回填土,应根据设计要求进行平整、夯实,并采取防水、排水措施,按规定在模板支撑立柱底部采用具有足够强度和刚度的垫板。

2)高大模板工程搭设的构造应当符合相关技术规范要求,支撑系统立柱接长严禁搭接;应设置扫地杆、纵横向支撑及水平垂直剪刀撑,并与主体结构的墙、柱牢固拉结。

3)搭设高度2 m以上的支撑架体应设置作业人员登高措施。作业面应按有关规定设置安全防护设施。

4）模板支撑系统应为独立的系统，禁止与物料提升机、施工升降机、塔吊等起重设备钢结构架体机身及其附着设施相连接；禁止与施工脚手架、物料周转料平台等架体相连接。

图 3.3.1　建筑施工特种作业操作资格证

图 3.3.2　工人戴安全帽、系安全带、穿防滑鞋施工图

（3）高大模板支架系统的搭设检查

施工过程中高大模板支架系统检查项目应符合下列要求：

1）立柱底部基础应回填夯实。

2）垫木应满足设计要求。

3）底座位置应正确,顶托螺杆伸出长度应符合规定。

4）立柱的规格尺寸和垂直度应符合要求,不得出现偏心荷载。

5)扫地杆、水平拉杆、剪刀撑等设置应符合规定,固定可靠。

6)安全网和各种安全防护设施符合要求。

由于搭设过程中的疏忽和不按照本要求进行搭设的行为容易造成模板支架的不安全状态。模板支架的不安全状态包括支架未设基础垫层(图3.3.3)、承重立杆不允许搭接(图3.3.4)、支架杆件未设扫地杆(图3.3.5)、梁下未设带顶托的立杆(图3.3.6)等。

图3.3.3 支架未设基础垫层

图3.3.4 承重立杆不允许搭接

图3.3.5 支架杆件未设扫地杆

图3.3.6 梁下未设带顶托的立杆

(4)混凝土浇筑

混凝土浇筑前,施工单位项目技术负责人、项目总监确认具备混凝土浇筑的安全生产条件后,签署混凝土浇筑令,方可浇筑混凝土。在框架结构施工中,柱和梁板的混凝土浇筑,应按先浇筑柱混凝土,后浇筑梁板混凝土的顺序进行。浇筑过程应符合专项施工方案要求,并确保支撑系统受力均匀,避免引起高大模板支撑系统的失稳倾斜。浇筑过程应有专人对高大模板支撑系统进行观测,发现有松动、变形等情况,必须立即停止浇筑,撤离作业人员,并采取相应的加固措施。

(5)拆除管理

高大模板支撑系统拆除前,项目技术负责人、项目总监应核查混凝土同条件试块强度报告,浇筑混凝土达到拆模强度后方可拆除,并履行拆模审批签字手续。高大模板支撑系统拆除过程中,严禁将拆卸的杆件向地面抛掷,应有专人传递至地面,并按规格分类均匀堆放。高大模板支撑系统搭设和拆除过程中,地面应设置围栏和警戒标识,并派专人看守,严禁非操作人员进入作业范围。

3.3.2.5 监督管理

施工单位应严格按照专项施工方案组织施工。高大模板支撑系统搭设、拆除及混凝土浇筑过程中,应有专业技术人员进行现场指导,设专人负责安全检查,发现险情,立即停止施工并采取应急措施,排除险情后,方可继续施工。

监理单位对高大模板支撑系统的搭设、拆除及混凝土浇筑实施巡视检查,发现安全隐患应责令整改,对施工单位拒不整改或拒不停止施工的,应当及时向建设单位报告。

建设主管部门及监督机构应将高大模板支撑系统作为建设工程安全监督重点,加强对方案审核论证、验收、检查、监控程序的监督。

3.4 模板支架工程安全监测实例

模板支架工程的安全监测,主要包括支架的应力监测和沉降监测,通过支架的应力和沉降反映支架的受力状态,以确保模板支架整体的安全性。一般的监测报告包括:监测目的、监测对象、监测设备及原理、监测点的布置、监测数据分析与处理、监测报告结论等。

3.4.1 基坑监测目的

监测箱梁混凝土浇筑过程中关键断面支架沉降,以及支架杆件应力变化过程,及时发现安全隐患,保障施工安全。

3.4.2 监测对象

以某市三环快速化项目为背景开展现场试验。试验架体位于北三环与中州大道交汇处。图3.4.1为试验场地位置图。

试验位置立交桥D匝道为预应力混凝土现浇箱梁,标准桥宽为8.80 m,采用单箱单室封闭箱形断面,箱梁顶板翼缘悬臂长2.0 m,跨中顶板厚度0.25 m,跨中底板厚0.25 m,斜腹板厚0.45 m,本次试验选择D匝道第7联20至23号桥墩之间的模板支架作为试验对象,三个断面取自20至21桥墩之间。

图 3.4.1　试验场地位置

3.4.3　监测原理及设备

静态应变测量系统由 CM-2B 型 80 点静态电阻应变仪和电阻应变计组成,见图 3.4.2。其监测原理是将电阻应变计贴在需要监控的杆件上,通过应变线与电阻应变仪相连。

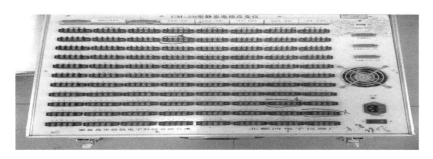

图 3.4.2　静态应变测量系统

试验主要设备及试验耗材见表 3.4.1。

表 3.4.1　试验主要设备及试验耗材

名称	数量	名称	数量
CM-2B 型 80 点静态应变仪	1 台	笔记本电脑	1 台
S2120-10AA 型电阻应变计	200 个	100 m 4 芯测量导线	10 盘
检片仪	1 台	万用表	1 个
配电盘	2 个	抛光机	2 台
电烙铁	4 个	剥线钳	3 个
DS1 型高精度水准仪以及专用支架、钢钢尺	一套		
纸杯、粉笔、酒精、环氧树脂、松香(焊锡)、502 胶水、一次性手套等	若干		

在浇筑混凝土之前,读取应变仪数据,记为初始值。在混凝土浇筑过程中,读取不同时刻应变仪的数据,分别与初始值相减,即得到不同工况下杆件应变值。按照应力 σ、应变 ε 关系,计算各杆件的应力值和轴力值,进而分析模板支架受力性能。应力、轴力计算公式如下:

$$\sigma = E \times \varepsilon \tag{3.4.1}$$
$$N = \sigma \times A \tag{3.4.2}$$

式中　σ——杆件应力,单位为 N/mm²;

N——杆件轴力值,"+"为受拉,"-"为受压;

E——杆件弹性模量,本文取 $E = 2.05 \times 10^5$ N/mm²;

ε——杆件应变,1×10^{-6};

A——杆件截面面积,本文取 $A = 424$ mm²(钢管壁厚为 3.0 mm)。

3.4.4　监测点的布置

在试验架体立杆、水平杆、剪刀撑代表位置处布设应变传感器,在混凝土浇筑过程中,测量应变发展过程,研究混凝土浇筑过程中支架关键部位内力最大值。试验架体纵剖面图和横断面图如图 3.4.2、图 3.4.3、图 3.4.4、图 3.4.5 所示。

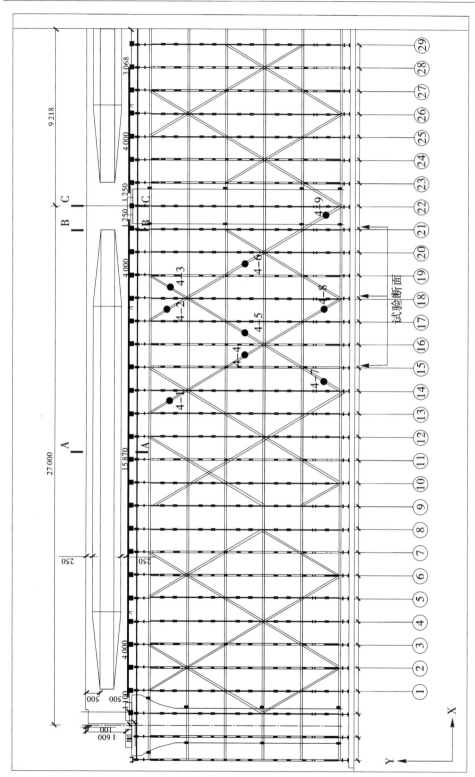

图3.4.2　试验架体D轴纵剖面布点图
（图中第15、18、21为试验断面）

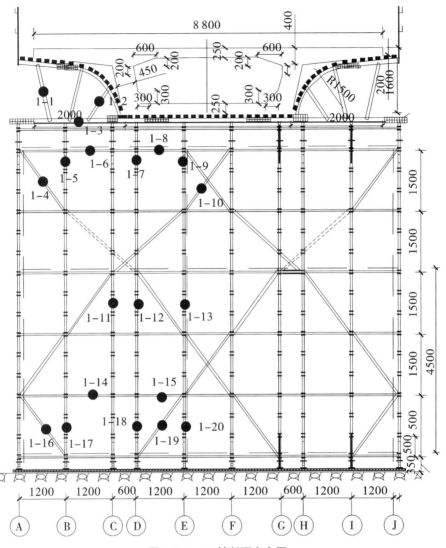

图 3.4.3　15 轴断面布点图

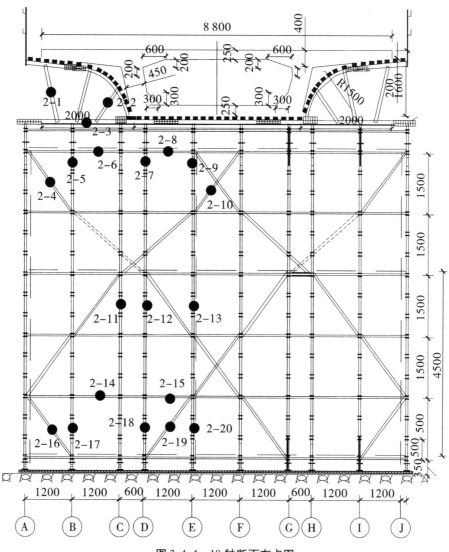

图 3.4.4 18 轴断面布点图

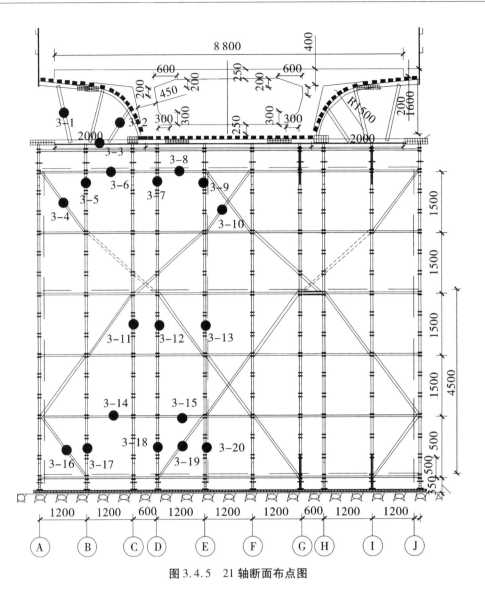

图3.4.5 21轴断面布点图

3.4.5 监测数据分析与处理

根据本次试验目的,以下只分析现浇钢筋混凝土箱梁浇筑完成时刻对应的支架最大内力结果。

试验开始前,从工地现场随机抽取100根脚手管,用游标卡尺对每一根脚手管的壁厚进行现场测量,得到支架钢管壁厚的平均值为3.2 mm,壁厚的变异系数为4.5%,符合设计要求。以下计算过程按支架钢管实测平均厚度进行。

根据现场实测数据,与初应变值相比较,算出应变差值,从而可以通过公式(3.4.1)、式(3.4.2)得出整个工况中各测点内力最大值。

根据公式(3.4.2)可以得到各钢管的极限承载力

$$N \leqslant \varphi \cdot f \cdot A \qquad (3.4.3)$$

利用实测轴力最大值和理论极限承载力值的比值可以得到各监测点处的钢管的承载力发挥系数,从而判断支架安全储备。

试验结果如表 3.4.2 所示(表中"+"表示拉力,"-"表示压力, 表中"×"点为试验过程中损坏的点位)。

表 3.4.2　试验结果

截面位置	测点编号	实测内力/kN	计算极限承载力/kN	承载力发挥系数	杆件位置
1	1-1	-36.82	-86.57	0.42	斜杆
	1-2	×	×	×	斜杆
	1-3	-32.55	-270	0.12	U 型钢
	1-4	-38.35	-49.47	0.77	剪刀撑
	1-5	×	×	×	立杆
	1-6	-23.56	-98.067	0.24	横杆
	1-7	-34.17	-75.66	0.45	立杆
	1-8	-38.96	-98.067	0.39	横杆
	1-9	-29.58	-75.66	0.39	立杆
	1-10	-19.17	-49.47	0.38	剪刀撑
	1-11	-20.4	-75.66	0.26	立杆
	1-12	-18.76	-75.66	0.24	立杆
	1-13	-30.19	-75.66	0.39	立杆
	1-14	6.63	145.5	0.04	横杆
	1-15	27.33	145.5	0.18	横杆
	1-16	-14.58	-49.47	0.29	剪刀撑
	1-17	-29.68	-75.66	0.39	立杆
	1-18	-24.37	-75.66	0.32	立杆
	1-19	-11.42	-49.47	0.23	剪刀撑
	1-20	-24.78	-75.66	0.32	立杆

续表 3.4.2

截面位置	测点编号	实测内力/kN	计算极限承载力/kN	承载力发挥系数	杆件位置
2	2-1	-24.27	-86.57	0.28	斜杆
	2-2	16.83	145.5	0.11	斜杆
	2-3	-45.36	-270	0.16	U 型钢
	2-4	-37.74	-49.47	0.76	剪刀撑
	2-5	-44.88	-75.66	0.59	立杆
	2-6	×	×	×	横杆
	2-7	-46.92	-75.66	0.62	立杆
	2-8	-20.91	-98.067	0.21	横杆
	2-9	-32.02	-75.66	0.42	立杆
	2-10	×	×	×	剪刀撑
	2-11	-45.9	-75.66	0.60	立杆
	2-12	-47.73	-75.66	0.63	立杆
	2-13	-47.43	-75.66	0.62	立杆
	2-14	14.68	145.5	0.10	横杆
	2-15	-27.13	-98.067	0.27	横杆
	2-16	-27.43	-49.47	0.55	剪刀撑
	2-17	-47.94	-75.66	0.63	立杆
	2-18	-16.93	-75.66	0.22	立杆
	2-19	33.15	145.5	0.22	剪刀撑
	2-20	-36.82	-75.66	0.48	立杆

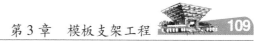

续表 3.4.2

截面位置	测点编号	实测内力/kN	计算极限承载力/kN	承载力发挥系数	杆件位置
3	3-1	-18.87	-86.57	0.21	斜杆
	3-2	9.69	145.5	0.06	斜杆
	3-3	-42.63	-270	0.15	U 型钢
	3-4	-35.7	-49.47	0.72	剪刀撑
	3-5	-41.71	-75.66	0.55	立杆
	3-6	-20.19	-98.067	0.20	横杆
	3-7	-16.83	-75.66	0.22	立杆
	3-8	-13.97	-98.067	0.14	横杆
	3-9	×	×	×	立杆
	3-10	-15.81	-49.47	0.31	剪刀撑
	3-11	-29.98	-75.66	0.39	立杆
	3-12	-33.55	-75.66	0.44	立杆
	3-13	-14.17	-75.66	0.18	立杆
	3-14	24.99	145.5	0.17	横杆
	3-15	17.95	145.5	0.12	横杆
	3-16	-20.29	-49.47	0.41	剪刀撑
	3-17	20.19	145.5	0.13	立杆
	3-18	-12.13	-75.66	0.16	立杆
	3-19	×	×	×	剪刀撑
	3-20	×	×	×	立杆
4	4-1	-21.42	-49.47	0.43	剪刀撑
	4-2	-23.25	-49.47	0.47	剪刀撑
	4-3	-22.64	-49.47	0.46	剪刀撑
	4-4	-16.12	-49.47	0.33	剪刀撑
	4-5	×	×	×	剪刀撑
	4-6	-18.36	-49.47	0.37	剪刀撑
	4-7	-12.34	-49.47	0.24	剪刀撑
	4-8	-13.57	-49.47	0.27	剪刀撑
	4-9	×	×	×	剪刀撑

3.4.6 监测报告结论

1）在箱梁混凝土浇筑过程中，大部分支架所有杆件承载力发挥系数均小于0.8，表明试验架体具有一定的安全储备。

2）支架中承载力发挥系数最大点位于支架最外侧剪刀撑（3个横截面的4号点处）。这提示着该位置处应加强剪刀撑两端结点约束刚度；或通过减少步距、缩短计算长度等措施，防止杆件受压失稳。

3）支架立杆和水平杆内力有"上大下小"的总体态势，立杆承载力发挥系数一般小于0.6；水平杆承载力发挥系数一般小于0.4；翼缘下方自平衡U型钢梁承载力发挥系数小于0.2。

4）支架纵向剪刀撑上部内力大于下部，且承载力发挥系数小于0.5。

3.5 模板支撑体系安全专项方案实例

《危险性较大的分部分项工程安全管理办法》第七条中规定专项方案编制应当包括以下内容。

1）编制说明及依据：相关法律、法规、规范性文件、标准、规范及图纸（国标图集），施工组织设计等。

2）工程概况：高大模板工程特点、施工平面及立面布置、施工要求和技术保证条件，具体明确支模区域、支模标高、高度、支模范围内的梁截面尺寸、跨度、板厚、支撑的地基情况等。

3）施工计划：施工进度计划、材料与设备计划等。

4）施工工艺技术：高大模板支撑系统的基础处理、主要搭设方法、工艺要求、材料的力学性能指标、构造设置以及检查、验收要求等。

5）施工安全保证措施：模板支撑体系搭设及混凝土浇筑区域管理人员组织机构、施工技术措施、模板安装和拆除的安全技术措施、施工应急救援预案，模板支撑系统在搭设、钢筋安装、混凝土浇捣过程中及混凝土终凝前后模板支撑体系位移的监测监控措施等。

6）劳动力计划：包括专职安全生产管理人员、特种作业人员的配置等。

7）计算书及相关图纸：验算项目及计算内容包括模板、模板支撑系统的主要结构强度、截面特征及各项荷载设计值和荷载组合，梁、板模板支撑系统的强度和刚度计算，梁板下立杆稳定性计算，立杆基础承载力验算，支撑系统支撑层承载力验算，转换层下支撑层承载力验算等。每项计算列出计算简图和截面构造大样图，注明材料尺寸、规格、纵横支撑间距。

8）附图包括支模区域立杆、纵横水平杆平面布置图，支撑系统立面图、剖面图，水平剪刀撑布置平面图及竖向剪刀撑布置投影图，梁板支模大样图，支撑体系监测平面布置图及连墙件布设位置及节点大样图等。

3.5.1　工程概况

3.5.1.1　工程简介

本工程位于河南省××市××新区秦岭路与平原大道交叉口,本工程总建筑面积 8117.55 m²,地上六层,室内外高差为 0.3 m,建筑总高度 32.2 m;建筑结构类型:框架;建筑类别:二类;抗震设防烈度:八度;耐火等级:二级;承台、框架柱、梁、板、楼梯为 C35,基础垫层为 C15,其他主体构件为 C25。

本工程 1–4 轴、B–D 轴为本工程的高支模部位(见表 3.5.1),该部位为普通实验室,屋顶模板支架下面标高为 ±0.000 的地面,屋面面层标高 32.000 m,屋面板板厚 120 mm,其 1–4 轴上有(4 道)框架梁,截面宽 0.4 m、高 1.2 m,梁跨为 11 m,梁两端框架柱为变截面柱,从上到下柱子截面依次增大;B–D 轴上有(3 道)框架梁,截面分别为 350 mm× 1000 mm、300 mm×800 mm、350 mm×1000 mm,梁跨为 27.7 m;其余框架支梁截面均为 250 mm×700 mm,梁跨为 11 m。在高支模施工前,除上述高支模部位未施工外,其余建筑域,包括 1–4/A–B 轴、1–2/D–F 轴、3–4/D–F 轴部位均已按计划施工完成。

表 3.5.1　主要高支模施工部位

序号	部位	支模高度/m	楼板厚度/mm	梁截面/(mm×mm)
1	1–4/B–D 轴 (±0.00 m～32.00 m)	32.00	屋面板厚 120	400×1200
2	1–4/B–D 轴 (±0.00 m～32.00 m)	32.00	屋面板厚 120	350×1000
3	1–4/B–D 轴 (±0.00 m～32.00 m)	32.00	屋面板厚 120	300×800
4	1–4/B–D 轴 (±0.00 m～32.00 m)	32.00	屋面板厚 120	250×700
5	1–4/B–D 轴 (±0.00 m～32.00 m)	31.88	屋面板厚 120	

3.5.1.2　施工平面布置

施工平面布置如图 3.5.1 所示。

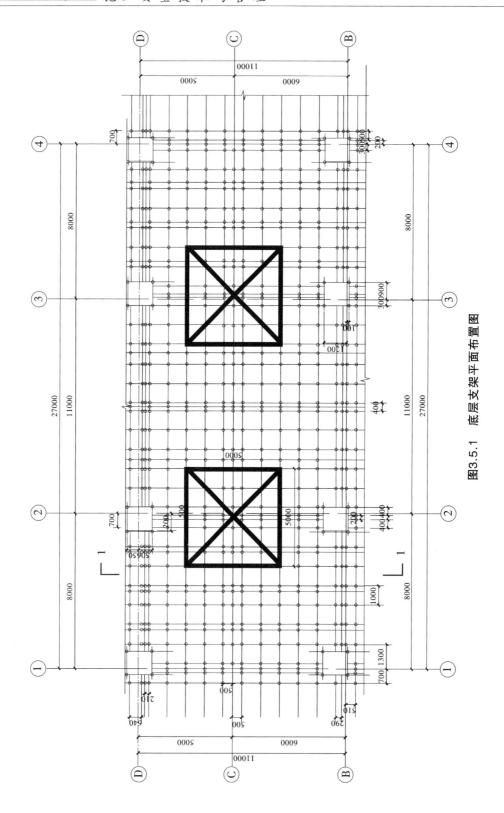

图3.5.1 底层支架平面布置图

3.5.1.3 施工要求

（1）材料准备

根据施工方案中的施工进度计划和工程预算,编制材料采购计划,并严格按计划进场。

1）材料进场必须经专人验收,不经过验收的材料不准入场。

2）材料进场后应按各种材料的规范要求进行抽检、取样送检,严禁未经试验或抽验不合格的材料用于本工程。

3）材料的使用应遵循"先进先用"的原则。

4）根据材料需用量计划,做好材料的申请和采购工作。

5）组织材料按计划进场,并做好保管工作。

（2）机械设备准备

机械的配备是施工的重要保证条件,根据工程的特点和现场的实际情况,现场主要采用塔吊作为桥北基地4#实验办公楼工程的垂直运输工具。

（3）劳动力准备

根据本工程的实际情况,增减现场的施工人员;特殊工种的施工人员应持证上岗。

3.5.1.4 技术保证条件

以项目经理为首的管理层全权组织施工诸要素,对工期、质量、安全、成本等综合效益进行高效率、有计划的组织协调和管理。同时,根据本工程目前的情况,选择有同类工程施工经验的专业工程师进行指导、专业的施工队伍承担本工程的施工任务。

本工程工期紧,任务重,质量要求高,做好各项技术准备工作十分重要。技术准备工作主要有如下几个方面。

（1）做好调查工作

掌握气象资料,以便有针对性地组织施工,制定降雨天气的专项施工措施。

（2）各种物资资源的调查

由于本工程施工所需物资品种多,数量大,因此应对各种物资的生产和供应情况、价格、品种等进行详细调查,以便及早进行供需联系,落实供需要求。

（3）熟悉图纸

施工图纸是施工的主要依据,施工前组织技术、管理人员,熟悉、审查图纸,领会设计意图,检查图纸中存在的问题,积极组织建设、设计、监理等单位及时进行图纸会审,并形成图纸会审纪要,在此基础上编制施工方案,各工序、工种深入交底,并落实到施工工长及作业班组。

3.5.2 编制依据

本工程施工组织设计编制依据如下:

1）《××省建筑科学研究院有限公司桥北基地4#实验办公楼工程施工图及施工图和设计修改通知单》及施工组织设计。

2）相关法律法规、规范性文件、标准、规范及图纸(国标图集):

《工程测量规范》(GB 50026—2007);

《建筑地基基础工程施工质量验收规范》(GB 50202—2002);

《建筑地面工程施工质量验收规范》(GB 50209—2002);

《钢筋焊接及验收规程》(JGJ 18—96);

《混凝土结构设计规范》(GB 50010—2010);

《建筑施工安全检查标准》(JGJ 59—2011);

《建筑施工扣件式钢管脚手架安全技术规范》(JGJ 130—2011);

《建筑施工模板安全技术规范》(JGJ 162—2008);

2009 年建设部 87 号文要求。

3.5.3 施工计划

3.5.3.1 施工进度计划

至 2013 年 7 月 9 日现场实际施工进度为 1-4/B-F -0.8 m 承台基础浇筑 2013 年 7 月 9 日完成,高支模±0.000 2013 年 7 月 15 日完成,高支模二层板 2013 年 8 月 29 日完成,高支模三层 2013 年 9 月 9 日完成,高支模四层 2013 年 10 月 8 日完成,高支模五层 2013 年 10 月 21 日完成,高支模六层 2013 年 11 月 6 日完成,高支模七层 2013 年 11 月 22 日完成,高支模八层 2013 年 12 月 8 日完成,高支模顶层 2013 年 12 月 20 日完成。

3.5.3.2 施工材料计划

施工材料计划具体见表 3.5.2。

表 3.5.2 施工材料计划表

序号	物资名称	规格型号	使用部位	单位	数量
1	商品混凝土	C35	一区正负零至顶层	m³	1680
2	商品混凝土	C15	基础垫层	m³	80
3	钢筋	C6	一区正负零至顶层	t	30
4	钢筋	C8	一区正负零至顶层	t	42
5	钢筋	C10	一区正负零至顶层	t	25
6	钢筋	C12	一区正负零至顶层	t	35
7	钢筋	C14	一区正负零至顶层	t	12
8	钢筋	C16	一区正负零至顶层	t	22
9	钢筋	C18	一区正负零至顶层	t	13
10	钢筋	C20	一区正负零至顶层	t	36
11	钢筋	C22	一区正负零至顶层	t	34
12	钢筋	C25	一区正负零至顶层	t	45
13	钢筋	C28	一区正负零至顶层	t	27

3.5.3.3　设备计划

设备计划具体见表 3.5.3。

表 3.5.3　设备计划表

序号	机械	规格型号	数量	国别产地	制造年份	定额功率/kW	备注
1	钢筋调直机	GT4/10	1	济南	2007	4.5	
2	钢筋切断机	GJ40	1	青岛	2006	7.5	
3	钢筋弯曲机	GJ40	1	青岛	2007	3.8	
4	钢筋对焊机	UN-75	1	济南	2007	75	
5	电焊机	BX3	3	济南	2009	1.5	
6	圆锯	MJ114	1	济南	2007	3	
7	圆刨	MB104A	1	济南	2005	3	
8	插入式振捣器	ZX50	4	济南	2006	1.5	
9	经纬仪	J2	1	江苏	2006		
10	水准仪	S3	1	江苏	2006		
11	扭矩扳手		8	河北	2007		
12	塔吊	5009	1	大汉	2010		

3.5.4　高支模施工

高支模施工主要包括模板安装及支撑架体的搭设施工。

3.5.4.1　工艺流程

高支模施工具体工艺流程详如图 3.5.2 所示。

3.5.4.2　技术参数

（1）模板支架参数

横距（m）:1；纵距（m）:1；步距（m）:1.6；立杆上端伸出至模板支撑点长度（m）:0.244、0.344、0.444；模板支架搭设高度（m）:32；采用的钢管（mm）:$\phi48\times3.5$；连接方式:扣件式；板底支撑连接方式:方木支撑。

（2）荷载参数

模板与木板自重（kN/m²）:0.5；混凝土与钢筋自重（kN/m³）:25.5；施工均布荷载标准值（kN/m²）:2。

（3）材料参数

面板采用胶合面板,厚度(mm)18;面板弹性模量 E (N/mm^2):6000;面板抗弯强度设计值 (N/mm^2):15。

板底支撑采用方木,木方弹性模量 E (N/mm^2):9000.000;木方抗弯强度设计值(N/mm^2):17.000;木方抗剪强度设计值(N/mm^2):1.700;木方的间隔距离(mm):80、63、46、30;木方的截面宽度(mm):50.00;木方的截面高度(mm):100.00。

（4）楼板参数

钢筋级别:三级钢 HRB400(20MnSiV、20MnSiNb、20MnTi);楼板混凝土强度等级:C35;每层标准施工天数(天):10;每平米楼板截面的钢筋面积(mm^2):360.000;楼板的计算宽度(m):11.00;楼板的计算厚度(mm):120.00;楼板的计算长度(m):27.00;施工平均温度(℃):20.000。

3.5.4.3 工程重点及关键技术

根据本工程大跨度、高支撑、梁截面高的施工特点,高支模施工的重点是高支模支撑体系的整体稳定性及高支模的模板体系。

1）相邻立杆不应在同一高度上接长,地面上第一根立杆应长短交替布置。

2）所有立杆最顶端只能使用 U 形顶托。

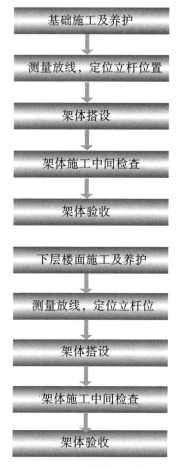

图 3.5.2 高支模施工工艺流程

3）所有对拉穿梁螺栓只允许采用 φ16 规格的,严禁使用 φ14 规格的。横纵向间距为 400～600 mm。

4）截面高度为 700 mm、800 mm 的梁,梁下增设一根承重立杆;高度为 1000 mm、1200 mm 的梁,下设两根承重立杆。

5）最顶端横杆到模板支撑点距离≤650 mm。

6）由于该高支模工程地面为分层压实的回填土,所以地基承载力取值为原地基承载力特征值的 0.4 倍。

7）为了防止下雨导致场地泡水造成工程事故,场地应铺设 150 mm 素混凝土垫层,进行地面排水,排水坡度为 2%,场地四周设排水沟,沟宽 300 mm,深 200 mm。

8）工程中浇筑混凝土时,严禁将泵管附着在支架上。

9）在进行混凝土浇筑时,应同时从两边对称、连续浇筑。

10）所有立杆上端伸出至模板支撑点长度应不大于 650 mm。

11）分别以 2、3 轴线和 C 轴线的交叉点作为中心建立两个竖向脚手架核心筒,核心筒规格为 5 m×5 m。核心筒四个立面均应尽量全面设置剪刀撑,每道剪刀撑竖向高度为

6.4 m,不可跳跃,钢管与地面呈 52°主角,夹角用回扣连接牢固。

12)核心筒的四角处立杆采用 $\phi48\times3.5$ 双钢管从上而下通长搭设。此两相邻立杆也不应在同一高度上接长。核心筒加固区在竖向剪刀撑顶部交点平面应设置水平剪刀撑。

13)高支模脚手架必须在竖向小于 4 m、水平向小于 6 m 范围内与周围的柱进行拉结,形成一个整体。

14)在方案选择上对于支撑高度大于等于 8 m 的超高支模体系,支撑体系的整体稳定性及相应的模板体系,采用扣件式脚手架体系能够满足施工要求。

15)为了避免架体承载力偏心受压而降低,在架体立杆顶部和底部均设可调支托,使立杆成为典型的轴心受压构件,充分发挥立杆的作用。

16)在每根立管下加 50 mm 厚通长脚手板,并在立杆下部 200 mm 处设置扫地杆。

17)沿架体高度连续设置剪刀撑,以加强支撑架体刚度。

18)满堂脚手架应在架体外侧四周及内部纵、横向每 5 m 由底至顶设置连续竖向剪刀撑。应在架体底部、顶部分别设置连续水平剪刀撑。

19)所有立杆在顶层步距采用加密设置,步距减小为 0.8 m。

20)为了确保工程安全,考虑到施工材料质量规格参差不齐,在计算时将规格为 50 mm×100 mm 的木方截面的规格降为 40 mm×90 mm。

21)为了保证场地条件满足地基承载力不小于 160 kPa 的要求,场地要严格进行分层素土夯实,确保密实度达到 0.95。

3.5.4.4　超高支模体系设计

对于 1-4 轴、B-D 轴(±0.00～32.00 m)范围内超高支模支撑体系采用扣件式脚手架进行支撑。

(1)超高支模体系设计

主要超高支模体系设计详见表 3.5.4。扣件式脚手架支撑体系效果见图 3.5.3。

表 3.5.4　主要超高支模体系

构件规格	模板及支撑体系		
梁 (400×1200)	模板	16 厚木胶合板	
	龙骨	梁底	次龙骨 40×90 mm 木方@ 80 mm;主龙骨使用 $\phi48$ 双钢管
		梁侧	次龙骨 40×90 mm 木方,$\phi48$ 钢管作主龙骨,设 $\phi16$ 对拉螺杆
	支撑体系	支撑采用扣件式脚手架,1000 mm(梁长方向)×1000 mm(梁宽方向),步距 1600 mm,立杆下端采用可调底座支撑,下放 50 mm 通长脚手板,立杆上端采用可调顶托进行高度调节,使得主龙骨所传递的承载力直接作用于立杆,顶托口卡住双钢管主龙骨,避免滑移,保证整个支撑体系的稳定性	

续表 3.5.4

构件规格	模板及支撑体系		
梁 (350×1000)	模板	16 厚木胶合板	
	龙骨	梁底	次龙骨 40 mm×90 mm 木方@63 mm,主龙骨使用 φ48 双钢管
		梁侧	次龙骨 40 mm×90 mm 木方,φ48 双钢管作主龙骨,设 φ16 对拉螺杆
	支撑体系	支撑采用扣件式脚手架 1000 mm(梁长方向)×1000 mm(梁宽方向),步距 1600 mm,立杆下端采用可调底托支撑,下放 50 mm 通长脚手板,立杆上端采用可调顶托进行高度调节,使得主龙骨所传递的承载力直接作用于立杆,顶托顶口卡住双钢管主龙骨,避免滑移。保证整个支撑体系的稳定性	
梁 (300×800)	模板	16 厚木胶合板	
	龙骨	梁底	次龙骨 40 mm×90 mm 木方@46 mm,主龙骨使用 φ48 双钢管
		梁侧	次龙骨 40 mm×90 mm 木方,φ48 双钢管作主龙骨,设 φ16 对拉螺杆
	支撑体系	支撑采用扣件式脚手架 1000 mm(梁长方向)×1000 mm(梁宽方向),步距 1600 mm,立杆下端采用可调底托支撑,下放 50 mm 通长脚手板,立杆上端采用可调顶托进行高度调节,使得主龙骨所传递的承载力直接作用于立杆,顶托顶口卡住双钢管主龙骨,避免滑移。保证整个支撑体系的稳定性	
梁 (250×700)	模板	16 厚木胶合板	
	龙骨	梁底	次龙骨 40 mm×90 mm 木方@30 mm,主龙骨使用 φ48 双钢管
		梁侧	次龙骨 40 mm×90 mm 木方,φ48 双钢管作主龙骨,设 φ16 对拉螺杆
	支撑体系	支撑采用扣件式脚手架,1000 mm(梁长方向)×1000 mm(梁宽方向),步距 1600 mm,立杆下端采用可调底座支撑,下放 50 mm 通长脚手板,立杆上端采用可调顶托进行高度调节,使得主龙骨所传递的承载力直接作用于立杆,顶托口卡住双钢管主龙骨,避免滑移,保证整个支撑体系的稳定性	
板 (120 mm 厚)	模板	16 厚木胶合板	
	次龙骨	40 mm×90 mm 木方	
	主龙骨	φ48 双钢管 1000 mm×1000 mm	
	支撑体系	支撑采用扣件式脚手架支撑架,钢管立杆沿双钢管方向@1000 mm,垂直双钢管方向@1000 mm,横杆步距 1600 mm,立杆下端采用可调底托支撑,下放 50 mm 通长脚手板,立杆上端采用可调顶托进行高度调节,使得主龙骨所传递的承载力直接作用于立杆,顶托顶口卡住主龙骨双钢管,避免滑移。碗扣式脚手架采用特制模块组装成架体,保证整个支撑体系的稳定性	

图 3.5.3 扣件式脚手架支撑体系效果图

1)本工程柱采用 16 mm 厚双面覆膜木胶合板,梁板模板选用 16 mm 厚的木净面胶合板。

2)梁板采用 40 mm×90 mm 方木背楞,中心间距<200 mm;主龙骨采用 $\phi48×3.5$ 钢管。

3)柱竖楞采用 40 mm×90 mm 方木,中心间距 200 mm,柱箍横楞采用两根 $\phi48×3.5$ 钢管,间距 500 mm,拉丝拉结,最底部一道不得大于 200 mm,超过 600 mm 的柱截面,在柱中增加一道拉丝,拉丝杆采用直径为 16 mm。

4)基础坐于地面的,准备好垫木或底座,垫木或底座与地面的接触面积不少于 0.2 m²。

5)当梁跨度大于 4 m 时梁底按跨度的 1‰~3‰ 起拱。

6)梁底模、侧模要加双面胶带,做到拼缝严密,不漏浆。

7)梁截面按规范要求施工,且截面等于设计梁截面或小于设计梁截面 2~3 mm。

8)梁底支撑顶杆端部均采用钢制顶托,顶托内采用 $\phi48×3.5$ 双钢管。梁底及梁两侧为扣件连接时,要加保险扣,即采用双扣件。

(2)模板安装准备工作

1)由测量组放出模板及预留洞的位置线。

2)混凝土接头在支模前应凿毛并清理干净。

3）按审批施工方案搭设支撑架。

4）由工程师或工长进行质量和安全技术交底。

（3）模板安装要点

1）梁模板安装应先安装底模，待钢筋绑扎完后再封侧模；当梁高大于等于 700 mm 时，梁侧模应加对拉螺栓。

2）保证拼缝严密，在混凝土浇筑过程中派专人看护模板，随时检查模板的支撑情况。

（4）脚手架搭设施工

1）支撑支撑体系的水平纵横拉杆严格按本方案设计的竖向间距位置，地面第一道水平纵横拉杆距地面为 200 mm。

2）立杆下垫木方垫板。

3）检查扣件螺栓的拧紧程度。

4）纵横方向均设置垂直剪刀撑，其间距为不大于 6 m；同时主梁两侧支撑立杆垂直面上必须设置剪刀撑，全面设置，不可跳跃，钢管与地面呈 45°至 60°夹角，夹角用回扣连接牢固。

5）高支模脚手架必须垂直向小于 4 m，水平向小于 6 m 范围内与周围的柱进行拉结，形成一个整体。

6）单块梁板的模板支撑体系的四周边缘，必须设置剪刀撑，防止边缘失稳，造成质量事故。

顶层支架平面布置见图 3.5.4，核心筒部位剖面见图 3.5.5。

3.5.4.5 高支模支撑体系控制措施

高支模支撑体系控制措施主要包括防失稳措施、搭设和拆除技术措施，对于支撑高度大于 8 m 的超高支撑体系必须经过专家论证，确保高支模施工的安全。

（1）防失稳措施

1）浇筑梁板混凝土前，应组织以项目总工程师及安全部门组成的专门小组，检查支撑体系中各种紧固件固定程度，确认符合要求后方可进行混凝土施工。

2）浇筑梁板混凝土时，应专人看护，发现紧固件滑动或杆件变形异常时，应立即报告，由值班施工员组织人员，采用事前准备好的 10 t 千斤顶，把滑移部位顶回原位，并加固变形杆件，防止质量事故和连续下沉造成意外坍塌。

3）板上部有布料机等大型机械时，必须在此部位下部进行加固处理，混凝土用泵送方法运输浇筑，泵管不能直接放置在模板上，必须在模板放置铁架作为管道支撑并加固才能作业，另垂直管道转弯处必须用螺栓固定。

4）楼面混凝土输送管敷设应尽量减少弯管的用量及缩短管线的长度，并且每层用铁架固定在柱侧，楼面用软弹性的材料如轮胎等作管的支垫，同时为解决混凝土输送泵水平力对模板支顶系统稳定的影响，在支顶各楼层周边加水平杆顶在周边梁侧。

5）进行混凝土浇筑前必须等下部支撑楼板混凝土强度达到要求时才可进行上部高支模部位混凝土浇筑。

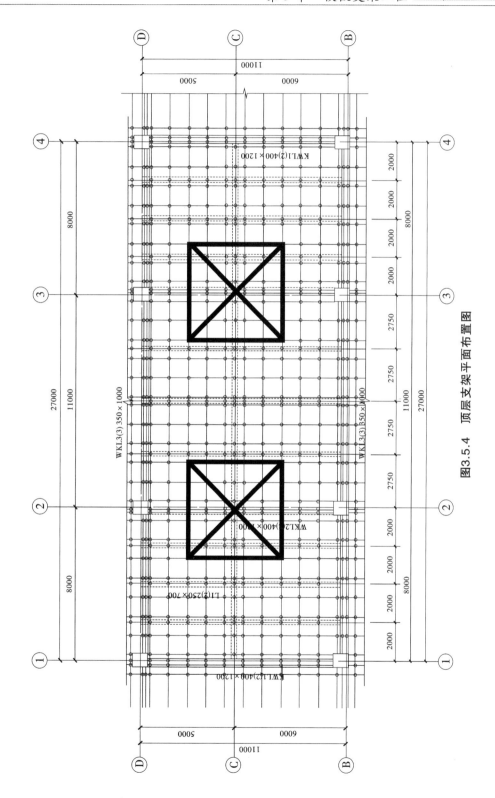

图3.5.4　顶层支架平面布置图

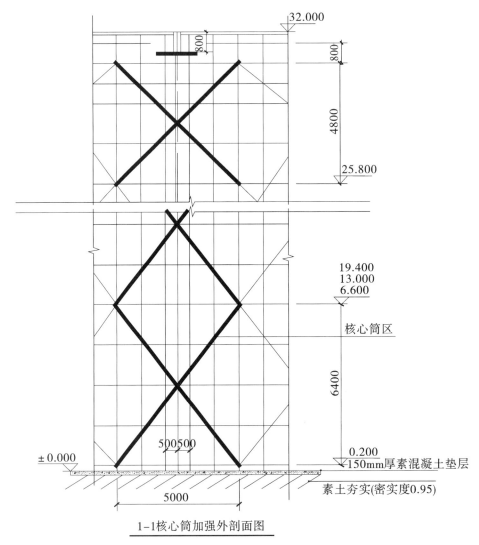

1-1核心筒加强外剖面图

图3.5.5 1-1核心筒加强处剖面图

（2）搭设技术措施

1）应遵守高处作业安全技术规范有关规定。

2）架子作业时,必须戴安全帽,系紧安全带,穿工作鞋,戴工作卡,铺脚手架不准马虎操作,操作工具及零件放在工具袋内,搭设中应统一指挥,相互配合,严禁在脚手架搭设过程中嬉笑打闹,材料工具不能随意乱抛乱扔,吊运材料工具的下方不准站人。

3）凡遇6级以上大风、浓雾、雷雨时,均不得进行高空作业。雨后施工,要注意防滑,对脚手架进行经常检查,凡遇大风或停工段时间再使用脚手架时,必须对脚手架进行全面检查,如发现连接部分有松动,立杆、大横杆、小横杆、顶撑有左右上下位移,铁丝解除,脚手板断裂、跷头等现象,应及时加固处理。

4）立杆应间隔交叉有同长度的钢管,将相邻立杆的对接接头位于不同高度上,使立

杆的薄弱截面错开,以免形成薄弱层面,造成支撑体系失稳。

5)扣件的紧固是否符合要求,可使用矩扳手实测,要 40~60 N·m,过小则扣件易滑移,过大则会引起扣件的铸铁断裂,在安装扣件时,所有扣件的开口必须向外。

6)所有钢管、扣件等材料必须经检验符合规格,无缺陷方可使用。

7)模板及其支撑系统在安装过程中必须设置防倾覆的可靠临时措施。

8)施工现场应搭设工作梯,作业人员不得爬支架上下。

9)高支模上高空临边要有足够的操作平台和安全防护,特别在平台外缘部分应加强防护。

10)模板安装、钢筋绑扎、混凝土浇筑时,应避免材料、机具、工具过于集中堆放。

11)不准架设探头板及未固定的杆。

12)模板支撑不得使用腐朽、扭裂、劈裂的材料。顶撑垂直、底部平整坚实并加垫木。木楔要顶牢,并用横顺拉杆和剪刀撑。

13)安装模板应按工序进行,当模板没有固定前,不得进行下一道工序作业。禁止利用拉杆、支撑攀登上落。

14)支模时,支撑、拉杆不准连接在门窗、脚手架或其他不稳固的物件上。在混凝土浇灌过程中,要有专人检查,发现变形、松动等现象。要及时加固和修理,防止塌模伤人。

15)在现场安装模板时,所有工具应装入工具袋内,防止高处作业时工具掉下伤人。

16)二人抬运模板时,要互相配合,协同工作。传送模板、工具应用运输工具或绳子绑扎牢固后升降,不得乱扔。

17)安装梁模板应设临时工作台,应作临时封闭,以防误踏或坠物伤人。

3.5.4.6 高支模支撑体系验收

1)脚手架应在斜裂阶段进行检查验收:基础排底完成后,脚手架杆件搭设前,每搭设10 m 高度时、达到标高时、遇到6 级以上大风大雨时、寒冷季节开动后以及停用1 个月以后,均须进行安全检查验收。

2)高支模脚手架检查验收时必须有工程施工负责人组织施工班组长检查验收完毕后再签写申验单,由工程技术负责人、项目安全部门进行检查,验收合格后再向监理和业主进行报验。

3)搭设完毕的脚手架必须经过验收合格后方可投入使用。

3.5.4.7 高支模拆除要求

1)高支模部位架子支撑拆除时间为顶层浇筑完成,混凝土强度达到设计要求后,从上到下逐层拆除支撑架子。

2)拆除脚手架时,应设置警戒区标志,由专职安全人员负责警戒。

3)模板拆除应严格遵守从上而下的原则,先拆除非承重模板,后拆除重模板,禁止抛掷模板。

4)高处、复杂结构模板的拆除,应有专人指挥和切实可靠的安装措施,并在下面标出作业区,严禁非操作人员靠近,拆下的模板应集中吊运,并多点捆牢,不准向下乱扔。

5)工作前,应检查所有的工具是否牢固,扳手等工具必须用绳链系挂在身上,工作时思想集中,防止钉子扎脚或从空中滑落。

6)拆除模板采用长撬杆,严禁操作人员站在拆除的模板下。在拆除楼板模板时,要注意防止整块模板掉下。

7)拆除间歇时尤其是用定型模板作平台模板时,更要注意,防止模板突然全部掉下伤人。应将已活动模板、拉杆、支撑等固定牢固,严防突然掉落,倒塌伤人。

8)已拆除的模板、拉杆、支撑等应及时运走或妥善堆放,严防操作人员因扶空、踏空坠落。

3.5.5 施工安全和质量保证措施

3.5.5.1 质量控制目标

确保工程质量达到合格,符合工程合同所确定的质量条款要求,满足该工程使用功能。

质量保证资料准确、齐全、系统完整,符合设计要求及现行建筑施工规范和国家质量检验评定标准规定。

3.5.5.2 质量保证组织措施

1)建立完整的质量保证体系,强化"项目管理,以人为本"的指导思想,为质量控制和保证提供坚实的基础。

2)对管理人员进行思想教育,增强质量意识。

3)根据质量目标,将质量层层分解,并且制定严格的质量管理奖罚制度,坚决做到"凡事有章可循,凡事有人负责,凡事有人监督,凡事有据可查"。

4)制定切实可行的施工方案,在制定施工方案上明确质量目标及质量控制的措施,使质量目标的实现得到有效的保证。

5)严把原材料、成品、半成品以及设备的出厂质量和进场质量关。

6)确保检验、试验和验收与工程进度同步,工程资料与工程进度同步,竣工资料与工程竣工同步。

3.5.5.3 质量保证技术措施

(1)编制施工方案

在组织施工时,施工方案中有不具体或不好操作的工程项目,必须由项目部专业技术负责人编制专项技术措施作补充,经项目总工程师审批后组织实施。

(2)技术交底

由项目部技术负责人进行书面的和口头对面的技术交底,真正做到管理人员和操作人员人人皆知,一旦出了质量问题能及时查明原因,并责任到人。使各级管理人员能按照技术交底检查监督和做好服务工作,确保工程质量目标的实现。

（3）建立技术会议制度

技术质量科组织召集由项目部各专业技术人员参加的施工技术质量会,总结和汇报技术质量工作,提出并解决问题,研究和优化技术措施。

（4）质量要素控制

施工质量控制体系主要是围绕"人、机、物、环、法"五大要素进行的,任何一个环节出了差错,则势必使施工的质量达不到相应的要求,故在质量保证计划中,对这施工过程中的五大要素的质量保证措施必须予以明确落实。

（5）施工质量阶段性控制措施

施工质量阶段性控制措施主要分为事前、事中和事后三个阶段,并通过这三阶段来对本工程各分部分项工程的施工进行有效的阶段性质量控制。

（6）施工过程质量控制和保证措施

1）材料质量的控制。

加强对原材料及成品、半成品的进场验收工作,材料进场必须有合格证、检验试验报告,由技术及质检人员检查验收,需做复试的由现场试验员现场取样送检复试,验收、复试合格后方能使用。

2）严格施工过程的质量检验。

当每一道工序施工完毕后,首先要进行施工班组的自检,经过班组自检合格后,由项目部质检员按照质量验评标准对每一道工序进行检验。若经质检员检查不合格,则返回到班组进行整改,并制定纠正和预防措施。若经质检员检查合格,则进行项中交接检工作。旨在:检查上道工序,保证本道工序,服务下道工序。若经项目部交接检合格,则认真做好交接检记录,然后报请监理工程师进行验收。若经项目部交接检不合格,则返回到施工班组,纠正和采取措施进行整改,重新进行项目部的自检、专检及交接检,将问题消灭在萌芽状态。若监理工程师认为不合格,则仍须返回到项目部进行整改,直至监理工程师确认合格为止,方可进行下道工序的施工。

（7）保证技术力量

挑选有丰富施工经验的优秀队伍和精良的设备投入工程施工。同时选派有施工经验、责任心强的工程技术人员参加项目施工,以确保技术工作顺利进行。

（8）强化监督检查

项目经理部、施工队伍设专职质检工程师。由经验丰富、坚持原则、不循私情、秉公办事的质检工程师严把工程质量关。

严格执行工程质量检查签认制度,凡须检查的工序经检查签认后才能转入下道工序施工。

主动配合支持监理工程师的工作,积极征求监理工程师的意见和建议,坚决执行监理工程师的决定。

（9）严格制度,狠抓落实

制度落实是创优达标的主要途径,在质量管理工作中,一定要做到质量管理工作规范化、制度化。坚持做到定期质量检查,对每次检查的工程质量情况及时总结通报,奖优罚劣,使工程质量通过定期检查得到有效控制。各级质检人员要明确岗位责任制和工作职责标准,坚持做好经常性的质量检查监督工作,及时解决施工中存在的质量问题。

(10)加强劳务施工队伍的管理

对承包范围内的工程,施工前认真做好技术交底,施工中循环检查,施工后总结评比。使广大职工熟悉和掌握有关的施工规范、规程和质量标准。在施工中,加强质量监督和技术指导,保证人人准确操作,确保工程质量。

3.5.5.4 安全保证措施

(1)一般规定

1)进入施工现场,必须戴好安全帽,做好个人安全防护。

2)2 m 及以上高空作业时,必须挂好、系好安全带。

3)木工机械禁止使用倒顺开关,专用开关箱电源线不得超过 30 m,用电设备一次电源线不得超过 3 m,外壳必须接保护零线,且绝缘良好。使用木工机械严禁戴手套;两人操作时相互配合,不得硬拉硬拽;机械停用时断电加锁。注意用电安全,经常检查电线电缆,破皮老化的必须及时更换。

4)严禁酒后上岗及无关人员操作机械设备,严格遵守安全操作规程。

5)用塔吊吊运模板时,必须由起重工指挥,严格遵守相关安全操作规程。模板安装就位前需有缆绳牵拉,防止模板旋转伤人;钢丝绳、尖头、卡环等设备要经常检查,及时排除安全隐患;吊装区域非操作人员严禁入内,吊装机械必须完好,钯杆下方不准站人。

6)各层支撑架均要安排专人负责检查验收,支模前必须搭好相关脚手架。

7)浇筑混凝土前必须检查支撑是否可靠、扣件是否松动。浇筑混凝土时必须由模板支设班组设专人看模,随时检查支撑是否变形、松动,并组织及时恢复。经常检查支设模板吊钩、斜支撑及平台连接处螺栓是否松动,发现问题及时组织处理。

8)模板在支撑系统未固定牢固前不得上人,未安装好的框架梁底模板不得放重物,安装好的模板上不得堆放超载的材料和设备。

9)模板装拆时,上下应有人接应,模板应随装拆随转运,不得堆放在脚手板上,若中途停歇,必须把活动部件固定牢靠。登高作业时,连接件必须放置在工具袋中,严禁放在模板或脚手板上,扳手等工具必须放置在工具袋中或系挂在身上,严防掉落。

10)安装柱、墙模板时,用钢管架临时固定,防止倾覆;梁板强度达到设计值后,模板拆除应派专人安排指挥,严禁擅自拆除。

11)操作面外侧设置 1.2 m 高护身栏杆,并挂密目安全网。

12)在拆除模板的过程中如发现混凝土有影响结构安全的质量问题时不得继续拆除,应经研究处理后方可再拆。

13)商品混凝土运输车进入现场,需派专人指挥行驶路线及进出方向,确保现场内施工人员的安全。

14)环保与文明施工:现场模板加工垃圾及时清理,并存放进指定垃圾站。做到工完场清。整个模板堆放场地与施工现场要达到整齐有序、干净无污染、低噪声、低扬尘、低能耗的整体效果。

(2)预防高空坠落措施

1）施工现场一切孔洞必须加设牢固盖板、围栏或安全网。

2）凡施工建筑物高度超过 4 m 时，必须随施工层在工作面外侧搭设 3 m 宽的安全网，首层必须支搭一道固定的安全网，到确无高空作业时方可拆除。

3）高处作业的安全标志、工具、电气和各种设备，必须在施工前加以检查，确认完好，方能投入使用。

4）高处作业时，发现有隐患，必须及时解决；危及人身安全时，必须停止作业。

5）施工现场有坠落可能的物件，应一律先行撤除或加以固定。高处作业中所用物料，均应堆放整齐。工具应随手放入工具袋内，作业中的过道、通道板和登高工具，应随时清扫，不得任意向下丢弃，传递物件禁止抛掷。

6）遇有 6 级以上强风等恶劣气候，不得进行露天攀登与悬空作业；暴风雨后，应对高处作业安全设施逐一检查，发现有松动、变形、损坏情况，应立即修理完善。

（3）预防物体打击措施

1）要经常清理作业层的建筑材料，以防止坠落伤人，清理的材料不能向下抛扔。

2）拆除脚手架与模板时，下方禁止有其他操作人员。

3）拆下的模板、脚手架等部件，临时堆放处离楼层边缘应大于 1 m，堆放高度不超过 1 m。

（4）预防触电措施

1）工程现场实行三相五线制，三级配电，二级保护。使用标准配电箱，动力箱与照明要分开。

2）支线架设要架空，不准把支线架在钢管脚手架上和其他导电体上，现场照明不准使用花线。

3）混凝土振动器的电源线，严禁在钢筋网上拖拉，以免钢筋丝穿进电源线，造成传电在钢筋上，发生重大触电事故。

4）按规范要求，现场值班电工每班不少于 2 人，特别是夜间值班。

5）未经专业安全技术培训，不准操作电工作业，电工必须持证上岗。

6）施工现场不准使用无箱家用电器的塑料插座、三角形塑料插座，必须使用末级配电箱。

7）现场电源接头用绝缘胶布包扎良好，不准用塑料包扎，接头不能放在潮湿的地上和水中。

8）配电箱内的破损电器要及时更换，接线不能搭设或采用线头直插，不准把出线直接接在漏电保护器上。

（5）预防坍塌措施

1）各种模板支撑，必须满足模板支撑设计方案要求，立杆、横杆间距必须满足要求，不能减少和扩大，防止混凝土施工时坍塌。

2）施工中必须严格控制建筑材料、模板、施工机械、机具或其他物料在堆料平台的堆放数量和重量，以避免产生过大的集中荷载，造成堆料平台的断裂坍塌。

3）拆除工程必须经上级部门技术负责人批准后方可动工，并制定有效、可行的安全措施。

4）拆除脚手架时,当拆除某一部分的时候,应该防止其他部分发生坍塌。

3.5.6 应急预案

3.5.6.1 准备工作

应急预案的准备工作包括应急准备,应急物资的准备、维护、保养,危险预防措施。

3.5.6.2 应急处理

（1）应急响应

一旦发生高空坠落事故由安全总监组织抢救伤员,打电话给急救中心,项目总工组织保护好现场,防止事态扩大。其他各专业工程师协助安全员做好现场救护工作,现场人员协助送伤员等外部救护工作,如有轻伤或休克人员,现场安全员组织临时抢救、包扎止血或做人工呼吸、胸外心脏按压,尽最大努力抢救伤员,将伤亡事故控制到最低限度,使损失降到最低程度。

（2）处理程序

1）查明事故原因及责任人。

2）制定有效的防范措施,防止类似事故发生。

3）对所有员工进行事故教育。

4）宣布事故处理结果。

5）以书面形式向上级报告。

3.5.7 劳动力计划

劳动力计划主要分两大类:施工管理层和施工劳务层。

3.5.7.1 施工管理层劳动力计划

在本工程施工管理上,执行全面质量、安全责任制,在部门设置上配齐从开工至交工所有的职能部门人员,以确保整个工程在施工全过程中具有连贯性,从而为全面管理、全面协调、全面控制创造有利条件。

3.5.7.2 施工劳务层劳动力计划

施工劳务层劳动力组织安排如下。

钢筋工:负责本工程的钢筋下料、加工、绑扎、焊接、安装等。

木工:负责支设梁板柱的模板安装,屋面梁下部顶丝的安装等。

架子工:负责满堂脚手架的搭设、加固、拆除等有关脚手架工作。

混凝土工:负责浇筑梁板柱的混凝土。

普工:配合以上工种的施工。

3.5.8　计算书及相关图纸

计算内容:1 ~ 4/B ~ D 轴(±0.00 m 至+32.00 m)(图 3.5.6)及主梁(图 3.5.7)400 mm×1200 mm 验算。

计算依据:《建筑施工扣件式钢管脚手架安全技术规范》(JGJ 130—2011)、《建筑施工模板安全技术规范》(JGJ 162—2008)。

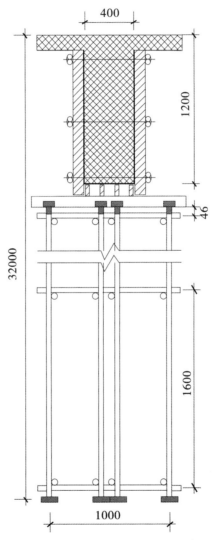

图 3.5.6　1 ~ 4/B ~ D 轴(±0.00 m 至±32.00 m)(单位:mm)

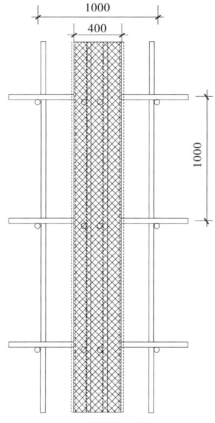

图 3.5.7 主梁截面(单位:mm)

3.5.8.1 参数信息

(1)模板支撑及构造参数

梁截面宽度 B(m):0.40;梁截面高度 D(m):1.20;混凝土板厚度(mm):120.00;立杆沿梁跨度方向间距 L_a(m):1.00;立杆上端伸出至模板支撑点长度 a(m):0.05;立杆步距 h(m):1.60;板底承重立杆横向间距或排距 L_b(m):1.00;梁支撑架搭设高度 H(m):32.00;梁两侧立杆间距(m):1.00;承重架支撑形式:梁底支撑小楞垂直梁截面方向;梁底增加承重立杆根数:2;采用的钢管类型:$\phi48\times3.5$;立杆承重连接方式:可调托座。

(2)荷载参数

新浇混凝土重力密度(kN/m³):24.00;模板自重(kN/m²):0.50;钢筋自重(kN/m³):1.50;施工均布荷载标准值(kN/m²):2.0;新浇混凝土侧压力标准值(kN/m²):5.4;振捣混凝土对梁底模板荷载(kN/m²):2.0;振捣混凝土对梁侧模板荷载(kN/m²):4.0。

(3)材料参数

木材品种:柏木;木材弹性模量 E(N/mm²):9000.0;木材抗压强度设计值 f_c(N/mm):16.0;木材抗弯强度设计值 f_m(N/mm²):17.0;木材抗剪强度设计值 f_v(N/mm²):1.7;面板材质:胶合面板;面板厚度(mm):16.00;面板弹性模量 E(N/mm²):

6000.0;面板抗弯强度设计值 f_m（N/mm²）:15.0。

(4)梁底模板参数

梁底方木截面宽度 b（mm）:40.0;梁底方木截面高度 h（mm）:90.0;梁底纵向支撑根数:4。

(5)梁侧模板参数

次楞间距（mm）:250;主楞竖向根数:3;穿梁螺栓直径（mm）:M16;穿梁螺栓水平间距（mm）:500;主楞到梁底距离依次是:50 mm、500 mm、1000 mm;主楞材料:圆钢管;直径（mm）:48.00;壁厚（mm）:3.50;主楞合并根数:2;次楞材料:木方;宽度（mm）:40.00;高度（mm）:90.00。

3.5.8.2 梁侧模板荷载计算

新浇混凝土作用于模板的最大侧压力,按下列公式计算,并取其中的较小值:

$$F = 0.22\gamma t\beta_1\beta_2 V^{1/2}$$

$$F = \gamma H$$

式中　γ——混凝土的重力密度,取 24.000 kN/m³;

　　　t——新浇混凝土的初凝时间,取 0.600 h;

　　　T——混凝土的入模温度,取 20.000 ℃;

　　　V——混凝土的浇筑速度,取 1.500 m/h;

　　　H——混凝土侧压力计算位置处至新浇混凝土顶面总高度,取 1.200 m;

　　　β_1——外加剂影响修正系数,取 1.200;

　　　β_2——混凝土坍落度影响修正系数,取 1.150。

分别计算得 5.354 kN/m²、28.800 kN/m²,取较小值 5.354 kN/m² 作为本工程计算荷载。

3.5.8.3 梁侧模板面板的计算

面板为受弯结构,需要验算其抗弯强度和刚度。强度验算要考虑新浇混凝土侧压力和振捣混凝土时产生的荷载;挠度验算只考虑新浇混凝土侧压力。面板计算简图如图 3.5.8 所示。

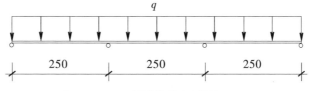

图 3.5.8　面板计算简图(单位:mm)

(1)强度计算

材料抗弯强度验算公式如下:

$$\sigma = M/W < f$$

式中 W——面板的净截面抵抗矩，$W=108\times1.6\times1.6/6=46.08 \ cm^3$；

M——面板的最大弯矩($N\cdot mm$)；

σ——面板的弯曲应力计算值(N/mm^2)；

$[f]$——面板的抗弯强度设计值(N/mm^2)。

按照均布活荷载最不利布置下的三跨连续梁计算：

$$M_{max}=0.1q_1l^2+0.117q_2l^2$$

式中 q 为作用在模板上的侧压力，包括：

新浇混凝土侧压力设计值 $q_1=1.2\times1.08\times5.35\times0.9=6.245 \ kN/m$；

振捣混凝土荷载设计值 $q_2=1.4\times1.08\times4\times0.9=5.443 \ kN/m$。

计算跨度：$l=250 \ mm$。

面板的最大弯矩：$M=0.1\times6.245\times250^2+0.117\times5.443\times250^2=7.88\times10^4 \ N\cdot mm$。

面板的最大支座反力：$N=1.1q_1l+1.2q_2l=1.1\times6.245\times0.25+1.2\times5.443\times0.25=3.35 \ kN$。

经计算得到面板的受弯应力计算值：$\sigma=7.88\times10^4/4.61\times10^4=1.7 \ N/mm^2$。

面板的抗弯强度设计值：$[f]=15 \ N/mm^2$。

面板的受弯应力计算值 $\sigma=1.7 \ N/mm^2$，小于面板的抗弯强度设计值 $[f]=15 \ N/mm^2$，满足要求。

（2）挠度验算

$$\nu=0.677ql^4/(100EI)\leq l/250$$

式中 q——作用在模板上的新浇筑混凝土侧压力线荷载设计值，这里 $q=6.245 \ N/mm$；

l——计算跨度，这里 $l=250 \ mm$；

E——面板材质的弹性模量，这里 $E=6000 \ N/mm^2$；

I——面板的截面惯性矩，这里 $I=108\times1.6\times1.6\times1.6/12\approx36.9 \ cm^4$。

面板的最大挠度计算值：$\nu=0.677\times6.245\times250^4/(100\times6000\times3.69\times10^5)=0.075 \ mm$；

面板的最大容许挠度值：$[\nu]=l/250=250/250=1 \ mm$；

面板的最大挠度计算值 $\nu=0.075 \ mm$，小于面板的最大容许挠度值 $[\nu]=1 \ mm$，满足要求。

3.5.8.4 梁侧模板支撑的计算

（1）次楞计算

次楞直接承受模板传递的荷载，按照均布荷载作用下的两跨连续梁计算(图 3.5.9)。

次楞均布荷载按照面板最大支座力除以面板计算宽度得到：

$q=3.350/(1.200-0.120)=3.102 \ kN/m$

本工程中，次楞采用木方，宽度 40 mm，高度 90 mm，截面抵抗矩 W，截面惯性矩 I 和弹性模量 E 分别为：

$W=1\times4\times9\times9/6=54 \ cm^3$

$I=1\times4\times9\times9\times9/12=243 \ cm^4$

$E = 9000.00$ N/mm^2

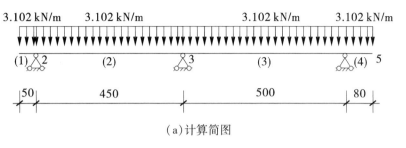

（a）计算简图

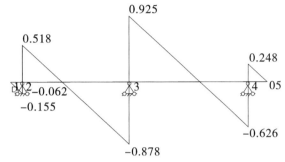

（b）剪力图（单位：kN）

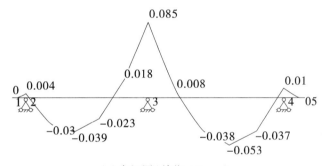

（c）弯矩图（单位：kN·m）

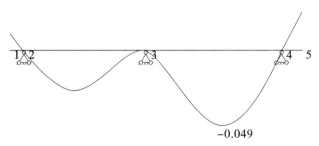

（d）变形图（单位：mm）

图 3.5.9　次楞计算

经过计算得到最大弯矩 $M = 0.085$ kN·m，最大支座反力 $R = 1.803$ kN，最大变形 $\nu = 0.049$ mm。

1）次楞强度验算。

强度验算计算公式如下：

$$\sigma = M/W < [f]$$

经计算得到，次楞的最大受弯应力计算值 $\sigma = 8.47 \times 10^4 / 5.40 \times 10^4 = 1.6$ N/mm²；

次楞的抗弯强度设计值：$[f] = 17$ N/mm²；

次楞最大受弯应力计算值 $\sigma = 1.6$ N/mm²，小于次楞的抗弯强度设计值 $[f] = 17$ N/mm²，满足要求。

2）次楞的挠度验算。

次楞的最大容许挠度值：$[\nu] = 500/400 = 1.25$ mm；

次楞的最大挠度计算值 $\nu = 0.049$ mm，小于次楞的最大容许挠度值 $[\nu] = 1.25$ mm，满足要求。

（2）主楞计算

主楞承受次楞传递的集中力，取次楞的最大支座力 1.803 kN，按照集中荷载作用下的三跨连续梁计算（图 3.5.10）。

本工程中，主楞采用圆钢管，直径 48 mm，壁厚 3.5 mm，截面抵抗矩 W 和截面惯性矩 I 分别为：

$W = 2 \times 5.078 = 10.16$ cm³

$I = 2 \times 12.187 = 24.37$ cm⁴

$E = 206000.00$ N/mm²

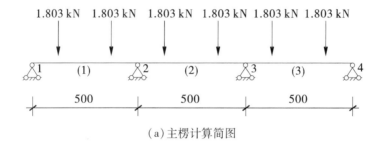

（a）主楞计算简图

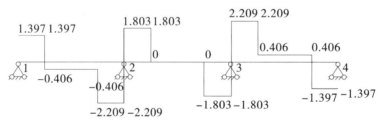

（b）主楞计算剪力图（单位：kN）

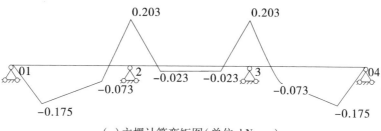

（c）主楞计算弯矩图（单位：kN·m）

（d）主楞计算变形图（单位：mm）

图 3.5.10 主楞计算

经过计算得到最大弯矩 $M = 0.203$ kN·m，最大支座反力 $R = 4.012$ kN，最大变形 $\nu = 0.067$ mm。

1）主楞抗弯强度验算。

$$\sigma = M/W < [f]$$

经计算得到，主楞的受弯应力计算值：$\sigma = 2.03 \times 10^5 / 1.02 \times 10^4 = 20$ N/mm^2；主楞的抗弯强度设计值：$[f] = 205$ N/mm^2。

主楞的受弯应力计算值 $\sigma = 20$ N/mm^2，小于主楞的抗弯强度设计值 $[f] = 205$ N/mm^2，满足要求。

2）主楞的挠度验算。

根据连续梁计算得到主楞的最大挠度为 0.067 mm；

主楞的最大容许挠度值：$[\nu] = 500/400 = 1.25$ mm；

主楞的最大挠度计算值 $\nu = 0.067$ mm，小于主楞的最大容许挠度值 $[\nu] = 1.25$ mm，满足要求。

3.5.8.5 梁底模板计算

面板为受弯结构，需要验算其抗弯强度和挠度。计算的原则是按照模板底支撑的间距和模板面的大小，按支撑在底撑上的三跨连续梁计算。面板计算简图如图 3.5.11 所示。

强度验算要考虑模板结构自重荷载、新浇混凝土自重荷载、钢筋自重荷载和振捣混凝土时产生的荷载；挠度验算只考虑模板结构自重、新浇混凝土自重、钢筋自重荷载。

本算例中，面板的截面抵抗矩 W 和截面惯性矩 I 分别为：

$W = 1000 \times 16 \times 16/6 = 4.27 \times 10^4$ mm^3

$I = 1000 \times 16 \times 16 \times 16/12 = 3.41 \times 10^5$ mm^4

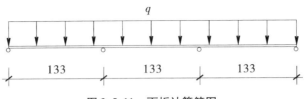

图 3.5.11　面板计算简图

（1）抗弯强度验算

按以下公式进行面板抗弯强度验算：

$$\sigma = M/W < [f]$$

钢筋混凝土梁和模板自重设计值：

$q_1 = 1.2 \times [(24.00 + 1.50) \times 1.20 + 0.50] \times 1.00 \times 0.90 = 33.588 \text{ kN/m}$

施工荷载与振捣混凝土时产生的荷载设计值：

$q_2 = 1.4 \times (2.00 + 2.00) \times 1.00 \times 0.90 = 5.040 \text{ kN/m}$

$q = 33.588 + 5.040 = 38.628 \text{ kN/m}$

最大弯矩及支座反力计算公式如下：

$M_{max} = 0.1q_1 l^2 + 0.117 q_2 l^2 = 0.1 \times 33.588 \times 133.333^2 + 0.117 \times 5.04 \times 133.333^2$
$\qquad = 7.02 \times 10^4 \text{ N} \cdot \text{mm}$；

$R_A = R_D = 0.4 q_1 l + 0.45 q_2 l = 0.4 \times 33.588 \times 0.133 + 0.45 \times 5.04 \times 0.133 = 2.094 \text{ kN}$

$R_B = R_C = 1.1 q_1 l + 1.2 q_2 l = 1.1 \times 33.588 \times 0.133 + 1.2 \times 5.04 \times 0.133 = 5.733 \text{ kN}$

$\sigma = M_{max}/W = 7.02 \times 10^4 / 4.27 \times 10^4 = 1.6 \text{ N/mm}^2$

梁底模面板计算应力 $\sigma = 1.6 \text{ N/mm}^2$，小于梁底模面板的抗弯强度设计值 $[f] = 15 \text{ N/mm}^2$，满足要求。

（2）挠度验算

刚度验算采用标准荷载，同时不考虑振动荷载作用。

最大挠度计算公式如下：

$$\nu = 0.677 q l^4 / (100 EI) \leqslant [\nu] = l/250$$

式中　q——作用在模板上的压力线荷载，$q = q_1/1.2 = 27.990 \text{ kN/m}$；

　　　l——计算跨度（梁底支撑间距），$l = 133.33 \text{ mm}$；

　　　E——面板的弹性模量，$E = 6000.0 \text{ N/mm}^2$。

面板的最大允许挠度值：

$[\nu] = 133.33/250 = 0.533 \text{ mm}$

面板的最大挠度计算值：

$\nu = 0.677 \times 33.588 \times 133.3^4 / (100 \times 6000 \times 3.41 \times 10^5) = 0.035 \text{ mm}$

面板的最大挠度计算值 $\nu = 0.035 \text{ mm}$，小于面板的最大允许挠度值 $[\nu] = 0.533 \text{ mm}$，满足要求。

3.5.8.6　梁底支撑的计算

本工程梁底支撑采用方木。

强度及抗剪验算要考虑模板结构自重荷载、新浇混凝土自重荷载、钢筋自重荷载和振捣混凝土时产生的荷载;挠度验算只考虑模板结构自重、新浇混凝土自重、钢筋自重荷载。

(1)荷载的计算

梁底支撑小楞的均布荷载按照面板最大支座力除以面板计算宽度得到:

$q = 5.733/1 = 5.733$ kN/m

(2)方木的支撑力验算

方木按照三跨连续梁计算。方木计算简图如图 3.5.12 所示。

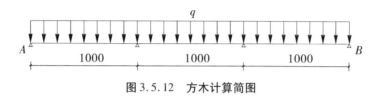

图 3.5.12　方木计算简图

本算例中,方木的截面抵抗矩 W 和截面惯性矩 I 分别为:

$W = 4 \times 9 \times 9/6 = 54$ cm^3

$I = 4 \times 9 \times 9 \times 9/12 = 243$ cm^4

■方木强度验算

计算公式如下:

最大弯矩　$M = 0.1ql^2 = 0.1 \times 5.733 \times 1^2 = 0.573$ kN·m

最大应力　$\sigma = M / W = 0.573 \times 10^6/54000 = 10.6$ N/mm^2

抗弯强度设计值　$[f] = 13$ N/mm^2

方木的最大应力计算值 10.6 N/mm^2,小于方木抗弯强度设计值 13 N/mm^2,满足要求。

■方木抗剪验算

截面抗剪强度必须满足:

$\tau = 3V/(2bh_0)$

其中最大剪力 $V = 0.6 \times 5.733 \times 1 = 3.44$ kN。

方木受剪应力计算值 $\tau = 3 \times 3.44 \times 1000/(2 \times 40 \times 90) = 1.433$ N/mm^2;

方木抗剪强度设计值 $[\tau] = 1.7$ N/mm^2;

方木的受剪应力计算值为 1.433 N/mm^2,小于方木抗剪强度设计值 1.7 N/mm^2,满足要求。

■方木挠度验算

计算公式如下:

$\nu = 0.677ql^4/(100EI) \leqslant [\nu] = l/250$

方木最大挠度计算值 $\nu = 0.677 \times 5.733 \times 1000^4/(100 \times 9000 \times 243 \times 10^4) = 1.775$ mm;

方木的最大允许挠度 $[\nu] = 1.000 \times 1000/250 = 4.000$ mm;

方木的最大挠度计算值 $\nu = 1.775$ mm,小于方木的最大允许挠度 $[\nu] = 4$ mm,满足要求。

（3）支撑托梁的强度验算

梁底模板边支撑传递的集中力：

$P_1 = R_A = 2.094$ kN

梁底模板中间支撑传递的集中力：

$P_2 = R_B = 5.733$ kN

梁两侧部分楼板混凝土荷载及梁侧模板自重传递的集中力：

$P_3 = (1.000-0.400)/4 \times 1.000 \times (1.2 \times 0.120 \times 24.000 + 1.4 \times 2.000) +$
$\quad 1.2 \times 2 \times 1.000 \times (1.200-0.120) \times 0.500 = 2.234$ kN

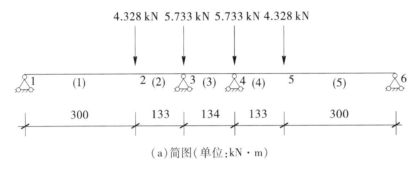

（a）简图（单位：kN·m）

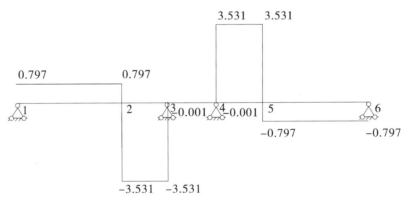

（b）剪力图（单位：kN）

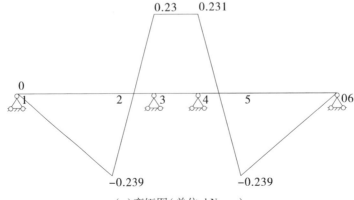

（c）弯矩图（单位：kN·m）

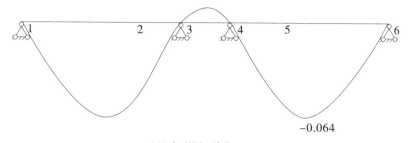

（d）变形图（单位：mm）

图 3.5.13　支撑托梁强度验算

经过连续梁的计算得到：

支座力 $N_1 = N_4 = 0.797$ kN，$N_2 = N_3 = 9.263$ kN；

最大弯矩 $M_{max} = 0.239$ kN·m；

最大挠度计算值 $V_{max} = 0.064$ mm；

最大应力 $\sigma = 0.239 \times 10^6 / 10160 = 23.5$ N/mm²；

支撑抗弯设计强度 $[f] = 205$ N/mm²；

支撑托梁的最大应力计算值为 23.5 N/mm²，小于支撑托梁的抗弯设计强度 205 N/mm²，满足要求。

3.5.8.7　梁跨度方向钢管的计算

梁底支撑纵向钢管只起构造作用，无须计算。

3.5.8.8　立杆的稳定性计算

立杆的稳定性计算公式：

$$\sigma = N/(\varphi A) \leqslant [f]$$

（1）梁两侧立杆稳定性验算

其中　N——立杆的轴心压力设计值，它包括：

横向支撑钢管的最大支座反力 $N_1 = 0.797$ kN；

脚手架钢管的自重 $N_2 = 1.2 \times 0.125 \times 32 = 4.792$ kN；

$N = 0.797 + 4.792 = 5.589$ kN；

φ——轴心受压立杆的稳定系数，由长细比 l_o/i 查表得到；

i——计算立杆的截面回转半径（cm）：$i = 1.58$；

A——立杆净截面面积（cm²）：$A = 4.89$；

W——立杆净截面抵抗矩（cm³）：$W = 5.08$；

σ——钢管立杆轴心受压应力计算值（N/mm²）；

$[f]$——钢管立杆抗压强度设计值：$[f] = 205$ N/mm²；

l_o——计算长度（m）。

根据《建筑施工扣件式钢管脚手架安全技术规范》（JGJ 130—2011），立杆计算长度 l_o

有两个计算公式：$l_o = k\mu h$ 和 $l_o = h + 2a$，

为安全计，取二者间的大值，即：

$l_o = \text{Max}[1.163 \times 1.7 \times 1.6, 1.6 + 2 \times 0.046] = 3.163$ m；

k——计算长度附加系数，取值为：1.163；

μ——计算长度系数，参照《建筑施工扣件式钢管脚手架安全技术规范》（JGJ 130—2011），$\mu = 1.7$；

a——立杆上端伸出顶层横杆中心线至模板支撑点的长度，$a = 0.046$ m。

得到计算结果：

$l_o / i = 3163.36 / 15.8 = 200$

由长细比 l_o / i 的结果查表得到轴心受压立杆的稳定系数 $\varphi = 0.18$；

钢管立杆受压应力计算值 $\sigma = 5589.25 / (0.18 \times 489) = 63.5$ N/mm²；

钢管立杆稳定性计算 $\sigma = 63.5$ N/mm²，小于钢管立杆抗压强度的设计值 $[f] = 205$ N/mm²，满足要求。

（2）梁底受力最大的支撑立杆稳定性验算

其中 N——立杆的轴心压力设计值，它包括：

横向钢管的最大支座反力 $N_1 = 9.265$ kN；

脚手架钢管的自重 $N_2 = 1.2 \times 0.125 \times (32 - 1.2) = 4.792$ kN；

$N = N_1 + N_2 = 9.265 + 4.613 = 13.877$ kN；

φ——轴心受压立杆的稳定系数，由长细比 l_o / i 查表得到；

i——计算立杆的截面回转半径（cm）：$i = 1.58$；

A——立杆净截面面积（cm²）：$A = 4.89$；

W——立杆净截面抵抗矩（cm³）：$W = 5.08$；

σ——钢管立杆轴心受压应力计算值（N/mm²）；

$[f]$——钢管立杆抗压强度设计值：$[f] = 205$ N/mm²；

l_o——计算长度（m）。

根据《扣件式规范》，立杆计算长度 l_o 有两个计算公式 $l_o = k\mu h$ 和 $l_o = h + 2a$，为安全计，取二者间的大值，即：

$l_o = \text{Max}[1.163 \times 1.7 \times 1.6, 1.6 + 2 \times 0.046] = 3.163$ m；

k——计算长度附加系数，取值为 1.163；

μ——计算长度系数，参照《建筑施工扣件式钢管脚手架安全规范》（JGJ 130—2011），$\mu = 1.7$；

a——立杆上端伸出顶层横杆中心线至模板支撑点的长度，$a = 0.046$ m。

得到计算结果：

$l_o / i = 3163.36 / 15.8 = 200$；

由长细比 l_o / i 的结果查表得到轴心受压立杆的稳定系数 $\varphi = 0.18$；

钢管立杆受压应力计算值 $\sigma = 13877.384 / (0.18 \times 489) = 157.7$ N/mm²；

钢管立杆稳定性计算 $\sigma = 157.7$ N/mm²，小于钢管立杆抗压强度的设计值 $[f] = 205$ N/mm²，满足要求。

考虑到高支撑架的安全因素,建议按下式计算:

$l_o = k_1 k_2 (h+2a) = 1.163 \times 1.084 \times (1.6+0.046 \times 2) = 2.133$ m;

k_1——计算长度附加系数按照表 3.5.5 取值 1.163;

k_2——计算长度附加系数,$h+2a=1.692$ 按照表 3.5.6 取值 1.084;

$l_o / i = 2133.091 / 15.8 = 135$;

由长细比 l_o / i 的结果查表得到轴心受压立杆的稳定系数 $\varphi = 0.371$;

钢管立杆的最大应力计算值 $\sigma = 13877.384 / (0.371 \times 489) = 76.5$ N/mm²;

钢管立杆稳定性计算 $\sigma = 76.5$ N/mm²,小于钢管立杆抗压强度的设计值 $[f] = 205$ N/mm²,满足要求。

模板承重架应尽量利用剪力墙或柱作为连接连墙件,否则存在安全隐患。

表 3.5.5　模板支架计算长度附加系数 k_1

步距 h/m	$h \leqslant 0.9$	$0.9 < h \leqslant 1.2$	$1.2 < h \leqslant 1.5$	$1.5 < h \leqslant 2.1$
k_1	1.243	1.185	1.167	1.163

表 3.5.6　模板支架计算长度附加系数 k_2

H/m	4	6	8	10	12	14	16	18	20	25	30	35	40
$h+2a$ 或 $u_1 h$/m													
1.35	1.0	1.014	1.026	1.039	1.042	1.054	1.061	1.081	1.092	1.113	1.137	1.155	1.173
1.44	1.0	1.012	1.022	1.031	1.039	1.047	1.056	1.064	1.072	1.092	1.111	1.129	1.149
1.53	1.0	1.007	1.015	1.024	1.031	1.039	1.047	1.055	1.062	1.079	1.097	1.114	1.132
1.62	1.0	1.007	1.014	1.021	1.029	1.036	1.043	1.051	1.056	1.074	1.090	1.106	1.123
1.80	1.0	1.007	1.014	1.020	1.026	1.033	1.040	1.046	1.052	1.067	1.081	1.096	1.111
1.92	1.0	1.007	1.012	1.018	1.024	1.030	1.035	1.042	1.048	1.062	1.076	1.090	1.104
2.04	1.0	1.007	1.012	1.018	1.022	1.029	1.035	1.039	1.044	1.060	1.073	1.087	1.101
2.25	1.0	1.007	1.010	1.016	1.020	1.027	1.032	1.037	1.042	1.057	1.070	1.081	1.094
2.70	1.0	1.007	1.010	1.016	1.020	1.027	1.032	1.037	1.042	1.053	1.066	1.078	1.091

3.5.8.9　立杆的地基承载力计算

立杆基础底面的平均压力应满足下式的要求:

$$p \leqslant f_g$$

地基承载力设计值:

$$f_g = f_{gk} \times k_c = 160 \times 0.4 = 64 \text{ kPa}$$

其中,地基承载力标准值 $f_{gk}=160$ kPa;脚手架地基承载力调整系数 $k_c=0.4$;

立杆基础底面的平均压力:

$$p=N/A=9.265/0.25=37.059 \text{ kPa}$$

其中,上部结构传至基础顶面的轴向力设计值 $N=9.265$ kN;基础底面面积 $A=0.25$ m²。

$p=37.059 \leqslant f_g=64$ kPa,地基承载力满足要求。

以下各截面演算同上。

第4章 起重吊装工程

随着我国对高层建筑需求量越来越大,建筑起重机在工程建设中得到广泛的应用。由于建筑机械质量和体积大,技术要求高,危险性大,一些从事建筑安装、拆卸、使用等环节的作业人员和管理人员安全意识不强,不按操作规程施工,从而导致许多重大建筑起重机械事故的发生,严重威胁着人民群众的生命安全,给国家财产造成了重大损失。图4.0.1为一些常见的起重机。

塔式起重机

轮胎式起重机

履带式起重机

图4.0.1 起重机种类

4.1 起重吊装工程施工安全技术

4.1.1 起重吊装的一般要求

在进行起重吊装这样危险性较大工程施工时,必须认真做好每一个安全环节,才能避

免安全事故的发生。

4.1.1.1 做好作业前的准备工作

在过去的工程施工过程中,有很多没有专项施工方案,仅仅凭借经验进行施工,造成监督检查无据可依,经常会导致安全事故的发生。因此在起重吊装施工作业前,必须编制吊装作业专项施工方案,使吊装作业有据可依、有章可循。

编制专项施工方案时应充分考虑施工现场的环境、道路、架空电线等情况。作业前应进行技术交底;作业中,未经技术负责人批准,不得随意更改。

作业前,应检查起重吊装所使用的起重机滑轮、吊索、卡环和地锚等,确保其完好,符合安全要求。

在起吊作业中,钢丝绳对安全起决定性作用,因此起吊前,应对起重机钢丝绳及连接部位和索具设备进行检查。

4.1.1.2 对作业人员的要求

安全教育是提高工作人员安全生产知识的重要方法。工作人员上岗前,应学习一般的安全知识。起重作业人员必须穿防滑鞋、戴安全帽。高处作业应配挂安全带,并应系挂可靠,高挂低用。

对特殊工种(起重工),还应进行专业的安全教育和技术训练。因此参与起重吊装的工作人员应经过严格培训,取得培训合格证后方可上岗。

4.1.1.3 作业场区内的安全措施

为防止吊装作业场区内高处物体坠落,造成人员伤亡,应设置吊装禁区,并设置明显标志,严禁非操作人员入内。夜间施工必须有足够的照明。

起重设备通行的道路应平整坚实,坡度平缓,承载力满足要求,以避免翻车而发生重大事故,并且道路要经常维修。

起重机靠近架空输电线路作业或在架空输电线路下行走时,必须与架空输电线始终保持不小于国家现行标准《施工现场临时用电安全技术规范》(JGJ 46—2005)规定的安全距离,如表4.1.1所示。当需要在小于规定的安全距离范围内进行作业时,必须采取严格的安全保护措施,并应经供电部门审查批准。

表 4.1.1 起重机与架空线路边线的最小安全距离

安全距离	电压/kV						
	<1	10	35	110	220	330	500
沿垂直方向/m	1.5	3	4	5	6	7	8.5
沿水平方向/m	1.5	2	3.5	4	6	7	8.5

4.1.1.4 构件的吊装

1）对吊装过程中的受力构件如绑扎所用的吊索、卡环、绳扣等的规格应按计算确定。选用卡环时，一般宜用自动或半自动的卡环作为脱钩装置。

2）高空吊装屋架、梁和斜吊法吊装柱时，应于构件两端绑扎溜绳。溜绳可控制屋架、梁、柱等升起时的摆动，构件摆动的角度越大，起重机相应增加的负荷也越大，所以应由操作人员拉好溜绳，控制构件的平衡和稳定，以避免超负荷起吊。

3）构件吊装和翻身扶直时的吊点必须符合设计规定。当没有设计给定时，应计算确定，以保证构件起吊稳定。

4）试吊。起吊是吊装作业中的关键工艺，吊装方法又取决于起重机械的性能、结构物的特点，所以在吊装大、重构件和采用新的吊装工艺时，必须先进行试吊，确定没有问题后，方可正式启动。

5）吊装时严禁斜拉或斜吊。斜拉或斜吊会造成吊钩滑车组与地面不垂直，使吊索超负荷及钢丝绳出槽，甚至会造成绳索被拉断和翻车事故。同时斜吊会使构件离开地面后发生快速摆动，从而发生安全事故。因此吊起的构件应确保在起重机吊杆顶的正下方，避免斜拉、斜吊。

6）对于地下埋设件或黏结在地面上的构件，由于无法确定其起吊的相关参数，起吊时可能会产生超载或造成翻车事故，所以严禁起吊埋于地下或黏结在地面上的构件。

7）当起吊构件重量较大时，采用两台起重机抬吊，称为双机抬吊。采用双机抬吊时，宜选用同类型或性能相近的起重机，单机载荷不得超过额定起重量的80%，负载分配应合理。起吊时应统一指挥，使两机相互配合，动作协调。

严禁超载吊装和起吊重量不明的重大构件和设备。

8）起吊过程中，在起重机行走、回转、俯仰吊臂、起落吊钩等动作前，起重机司机应鸣声示意。一次只宜进行一个动作，待前一动作结束后，再进行下一动作。

9）在吊装过程中，当因故（天气、下班、停电等）暂停作业时，对吊装中未形成空间稳定体系的部分，应采取有效的加固措施，以防止发生坍塌等安全事故。

4.1.1.5 严禁危险作业

1）当遇到大雨天、雾天、大雪天及六级以上大风天等恶劣天气时，为保证安全应停止吊装作业。在雨期或冬期，构件上常因潮湿或积有冰雪而容易使操作人员滑倒，因此，必须采取防滑措施。

2）严禁在吊起的构件上行走或站立，不得用起重机载运人员（图4.1.1）。

3）严禁在已吊起的构件下面或起重臂下旋转范围内作业或行走，以防止高处物体坠落造成安全事故。

4）高处操作人员使用的工具、垫铁、焊条、螺栓等应放入随身佩带的工具袋内，不可向下或向上抛掷。

5）高处吊装中的电、气焊作业，应严格采取安全防火措施，在作业处下面周围10 m范围内不得有人，图4.1.2所示为在进行高空吊装焊接作业时，火星四溅，且未采取措施，应当避免此类事情的发生。

图4.1.1 作业人员乘吊索升降

图4.1.2 高处焊接未采取防护措施

4.1.2 起重安全"十不吊"

在起重吊装安全生产过程中,经过对多起安全事故经验的总结,当出现下列情况之一时不得吊装:

1)超载或被吊物重量不清。

2)指挥信号不明确。

3)捆绑、吊挂不牢或不平衡可能引起被吊物滑动。

4)被吊物上有人或浮置物。

5)结构或零部件有影响安全工作的缺陷。

6)遇有拉力不明的埋置物件。

7)工作场地昏暗,无法看清场地、被吊物情况和指挥信号。

8)重物棱角处与捆绑钢丝绳之间未加衬垫。

9)歪拉斜吊重物。

10)易燃易爆物体。

4.1.3 混凝土结构吊装的安全技术

4.1.3.1 混凝土构件的运输

运输混凝土构件时要进行合理的组织,提高运输效率,并且要保证构件不损坏、不变形、不倾倒,以确保构件的质量和安全。

由于在运输过程中,构件振动较大,容易损坏,所以构件运输时的混凝土强度要符合设计规定。无设计要求时应符合《混凝土结构工程施工质量验收规范》(GB 50204—2002)的规定。

在上车运输或卸车堆放时,构件的垫点和装卸车时的吊点应按设计要求确定。叠放在车上或堆放在现场上的构件,应采用支架固定,以防止在运输途中倾倒。

运输大型构件时,因其不易转换方向,应根据其安装方向确定装车方向。并在支承处设置转向装置,以防止构件侧向扭转折断和避免构件在运输时滑动、变形或互碰损坏。

4.1.3.2　构件的堆放

合理地堆放构件可以提高吊装作业的工作效率。因此应做到:

1)构件应严格按施工组织设计中的平面布置图堆放,同时按构件的类型和吊装的顺序进行配套堆放,以避免二次搬运。

2)堆放构件的场地应平整坚实,且排水条件良好,以防止因地面下沉而使构件倾倒。为避免搁空而引起的翘曲,构件底部应设置垫木。重叠堆放的构件应采用垫木隔开,上下垫木应在同一垂直线上。

垫点应接近设计支承位置,等截面构件的垫点位置可设在离端部 $0.207L$(L 为构件长)处。异形平面垫点应由计算确定。

3)成垛堆放的构件,各层垫木的位置应靠近吊环的外侧,且构件堆放应有一定的挂钩绑扎操作净距。相邻堆垛间应留有 2 m 宽的通道。

堆放的高度,梁、柱不宜超过 2 层,大型屋面板不宜超过 6 层。

4.1.3.3　构件的翻身

目前在现场预制的钢筋混凝土构件,一般都采用砖模或土模平卧(大面朝上)生产,为便于清理构件底面和不使构件在起吊过程中断裂,应先用起重机将构件翻转 90° 使小面朝上,并移到吊装的位置上堆放。

柱翻身时,应确保本身能够承受自重产生的正负弯矩值。其两端距端面 1/5~1/6 柱长处应垫方木或枕木垛。

屋架或薄腹梁翻身时应验算抗裂度,不够时应加固。当屋架或薄腹梁高度超过1.7 m时,应在表面加绑木增加屋架的平面刚度,并在屋架两端设置方木或枕木垛,其上表面应与屋架低面齐平,且屋架间不得有黏结现象。翻身时,应做到一次扶植或将屋架转到与地面夹角达到 70° 后,方可刹车。

4.1.3.4　构件的绑扎和吊点的设置

构件的绑扎,是指使用吊装索具、吊具绑扎构件,并做好吊升准备的操作。当构件无设计吊环(点)时,应通过计算确定绑扎点的位置。绑扎应做到:在起吊时不发生构件永久变形、脱落、断裂等现象,且挂钩应简便安全。

绑扎吊升过程中,构件成垂直状态时应做到:

1)绑扎点应稍高于构件重心,使起吊时构件不致翻转;有牛腿的柱应绑在牛腿以下;

工字形断面应绑在矩形断面处,否则应用方木加固翼缘;双肢柱应绑在平腹杆上。

2)当柱平放起吊的抗弯强度满足要求时,可以采用斜吊绑扎法;当柱子平放起吊的抗弯强度不足,需将柱由平放转为侧立然后起吊时,可采用正吊(直吊)绑扎法。

3)吊装天窗架时,为保证天窗架不改变原设计受力情况,宜采用四点绑扎。

绑扎吊升过程中构件成水平状态时,应做到:

1)尽量利用构件上预理的吊环和预留的吊孔,没有吊环和吊孔时,若设计图纸指定了绑扎点,应按照设计图纸规定绑扎起吊;若未指定绑扎点,应按本点要求绑扎。

2)为便于安装,应使梁、板在起吊后能基本保持水平,因此,其绑扎点应设置在构件两端,两根吊索要等长,吊钩应对准构件中心。

3)物架绑扎宜在节点处或靠近节点处,以避免上弦杆遭到破坏。

吊点绑扎应做到安全可靠,且便于脱钩。

4.2　起重机械、吊索和吊具

4.2.1　起重机械及其安全使用

4.2.1.1　起重机械

进行作业的起重机械应符合下列基本要求:

1)起重机工作时的停放位置应与沟渠、基坑保持安全距离,且作业时不得停放在斜坡上。

2)作业前应将支腿全部伸出,并支垫牢固。调整支腿应在无载荷时进行,并将起重臂全部缩回转至正前或正后,方可调整。作业过程中发现支腿沉陷或其他不正常情况时,应立即放下吊物,进行调整后,方可继续作业。

3)起动时应先将主离合器分离,待运转正常后再合上主离合器进行空载运转,确认正常后,方可开始作业。

4)工作时起重臂的最大和最小仰角不得超过其额定值,如无相应资料时,最大仰角不得超过78°,最小仰角不得小于45°。

5)起重机变幅应缓慢平稳,严禁猛起猛落。起重臂未停稳前,严禁变换挡位和同时进行两种动作。

6)当起吊载荷达到或接近最大额定载荷时,严禁下落起重臂。

7)汽车式起重机进行吊装作业时,行走驾驶室内不得有人,吊物不得超越驾驶室上方,并严禁带载行驶。

8)作业完毕或下班前,应按规定将操作杆置于空挡位置,起重臂全部缩回原位,转至顺风方向,并降至40°~60°,收紧钢丝绳,挂好吊钩或将吊钩落地,然后将各制动器和保险装置固定,关闭发动机,驾驶室加锁后,方可离开。

4.2.1.2　起重机械的安全使用

施工过程中,应做到安全地使用起重机械。司机和指挥人员必须经过专门培训并经有关部门颁发合格证后方准上岗作业;操作人员对构件重量进行核定,起吊连接在固定件上的构件或地下不明重量的构件及与地面连接的构件,必须采取技术措施后再起吊。

4.2.2　吊索及安全使用

4.2.2.1　钢丝绳吊索

工程中吊索可采用 6×19 型钢丝绳,但宜采用 6×37 型钢丝绳制作成环式或 8 股头式(图 4.2.1),其长度应根据吊物的几何尺寸、重量和所用的吊装工具、吊装方法确定。使用时可采用单根、双根、四根或多根悬吊形式。钢丝绳的绕组方式如图 4.2.2 所示。

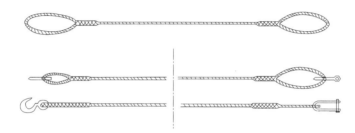

图 4.2.1　吊索

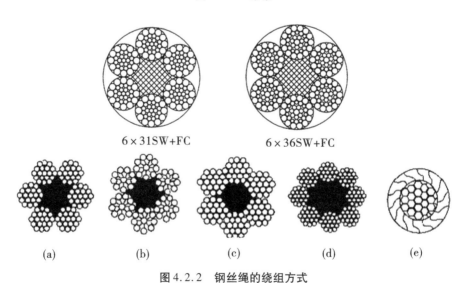

6×31SW+FC　　　　6×36SW+FC

(a)　　　(b)　　　(c)　　　(d)　　　(e)

图 4.2.2　钢丝绳的绕组方式

钢丝绳吊索在使用时不得超过其容许拉力,容许拉力应按下式计算:

$$[F] = F/K \tag{4.2.1}$$

式中　$[F]$——钢丝绳吊索的容许拉力(kN);

F——钢丝绳吊索的破断拉力(kN);

K——钢丝绳吊索的安全系数。

吊索的安全系数取值:当利用吊索上的吊钩、卡环钩挂重物上的起重吊环时,不应小于6;当用吊索直接捆绑重物,且吊索与重物棱角间采取了妥善的保护措施时,应取6~8;当吊重、大或精密的重物时,除应采取妥善保护措施外,安全系数应取10。

4.2.2.2 钢丝绳吊索的安全使用

1)使用过程中不得造成绳环的扭结。

2)钢丝绳使用中不准超负荷,不得有脱钩和扭曲,起吊时在棱角处要加垫保护。

3)钢丝绳穿绕滑轮时,其滑轮边缘不得有破损和裂口。

4)钢丝绳禁止与带电金属接触。

5)钢丝绳在卷筒上缠绕时要逐圈排列整齐,不准错叠。

6)吊装作业中钢丝绳的使用、检验和报废等应符合国家现行标准《重要用途钢丝绳》(GB 8918—2006)、《一般用途钢丝绳》(GB/T 20118-2006)和《起重机 钢丝绳保养、维护、安装、检验和报废》(GB/T 5972—2009)中的相关规定。

4.2.2.3 卡环的安全使用

1)卡环必须是锻造的,一般用20号钢锻造后经过热处理而制成。不准使用铸造的和补焊的卡环。

2)在使用时不得超过规定的荷载,不准横向使卡环受力,以免卡环变形,造成钢丝绳滑脱。

3)构件吊装完毕,摘除卡环时,不准从高处往下抛扔,以防止卡环碰撞变形和损伤裂纹。

4)使用中应经常检查,如发现严重磨损变形或疲劳裂纹时,应及时更换。

4.2.2.4 绳卡的安全使用

1)绳卡的大小要适合钢丝绳的粗细,U形环的内侧净距要比钢丝绳直径大1~3 mm,净距太大不易卡紧绳子。

2)使用钢丝绳卡时,一定把U形螺栓拧紧,直到钢丝绳被压扁1/3左右为止。由于钢丝绳在受力后产生变形,绳卡的钢丝绳在受力后要进行第2次拧紧,以保证接头的牢靠。

3)绳卡在使用后要检查螺栓丝扣是否损坏。暂不使用时,要涂上防锈油存放在干燥处。

4.2.2.5 吊钩的安全使用

1)吊钩必须用整块钢材锻制,不准用铸造件。表面应光滑,不得有裂纹、刻痕、剥裂、钝角等缺陷;更不准进行补焊修理。

2)不准用焊接钩、钢筋钩。

3)使用中吊钩不准歪扭,以免吊钩变形或脱落。

4)吊钩应注有载重能力并不准自由下滑。

5)必须设有防止脱钩的吊钩保险装置。

6)检查钩体是否有裂纹、变形和磨损等情况,出现上述情况必须马上更换。

7) 吊钩应有制造厂的合格证明书,表面应光滑,不得有裂纹、刻痕、剥裂、锐角等现象存在,否则严禁使用。

4.3　起重吊装工程施工安全管理

4.3.1　安全管理保障措施

4.3.1.1　组织保障

工程项目建立以项目经理为施工现场安全体系第一责任人,对该工程的安全工作负全面责任。设立安全领导小组,配置专职安全员,确保安全保证体系正常运行,为工程的安全实施提供组织保障。

4.3.1.2　人员入场安全教育控制措施

人员入场安全教育控制措施见图 4.3.1。

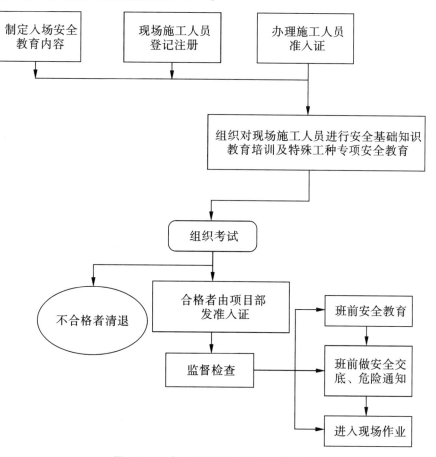

图 4.3.1　人员入场安全教育控制措施

4.3.1.3　施工机械安全管理控制措施

施工机械安全管理控制措施见图4.3.2。

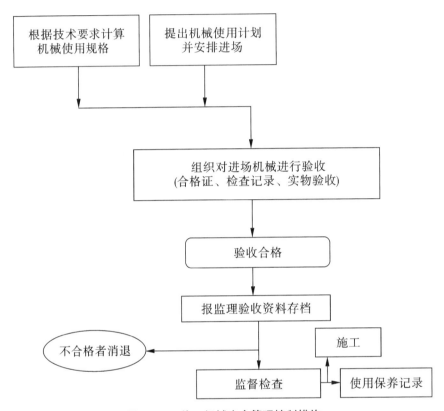

图4.3.2　施工机械安全管理控制措施

4.3.2　起重吊装施工安全控制技术

1)安装架设和拆卸过程中抗倾翻稳定性应根据塔式起重机构造形式和装、拆程序对各个阶段的危险状态进行校核。

2)起重视连接使用的普通螺栓材料应符合 GB 700—2006 的规定,高强度螺栓、螺母和垫圈的材料应符合 GB 1231—2006 或 GB 3632—2008 的规定。

3)起重机应保证在正常工作或开始倾翻时,平衡重不位移、不脱落。当使用散粒物料作平衡重时应使用平衡重箱,平衡重箱应能通畅排水,而散粒物料不掉落。

4)对主要受力构件的焊缝必须进行质量检查,使其达到设计要求。

5)离地面 2 m 以上的平台及走台应设置防止操作人员跌落的手扶栏杆。手扶栏杆的高度应不低于 1 m,并能承受 1000 N 的水平移动集中载荷。在栏杆一半高度处应设置中间手扶围杆。

6)起重机主要结构件由于腐蚀而使结构的计算应力提高,当超过原计算应力的 15%

时,则应予以报废。对无计算条件的当腐蚀深度达原厚度的10%时,则应予以报废。

7) 起重机主要受力构件如塔身、臂架等,在失稳或损坏后经更换或修复,检测其结构的应力不得低于原计算应力,否则应予以报废。

8) 起重机的结构件及其焊缝在出现裂纹时,应分析其原因。根据受力情况和裂纹情况采取加强或重新施焊等措施,阻止裂纹发展,对因材质不符合要求的应予以报废。

9) 钢丝绳直径的计算与选择应符合 GB/T 13753—2008 中 6.4.2 条的规定。在起重机工作时,承载钢丝绳的实际直径不应小于 6 mm。

10) 钢丝绳端部的固定应符合下列要求:

① 用钢丝绳夹固接时,应符合 GB 5976—2006 中的规定,固接强度不应小于钢丝绳破断拉力的 85%;

② 用编结固接时,编结长度不应小于钢丝绳直径的 20 倍,且不小于 300 mm,固接强度不应小于钢丝绳破断拉力的 75%;

③ 用楔与楔套固接时,楔与楔套应符合 GB 5973—2006 中的规定,固接强度不应小于钢丝绳破断拉力的 75%;

④ 用锥形套浇铸法固接时,固接强度应达到钢丝绳的破断拉力;

⑤ 用铝合金压制法固接时,应以可靠的工艺方法使铝合金套与钢丝绳紧密牢固地贴合,固接强度应达到钢丝绳的破断拉力的 90%;

⑥ 用压板固接时,压板应符合 GB 5975—2006 中的规定,固接强度应达到钢丝绳的破断拉力。

11) 吊钩禁止补焊,有下列情况之一的应予以报废:

① 用 20 倍放大镜观察表面有裂纹及破口;

② 钩尾和螺纹部分等危险断面及钩筋有永久性变形;

③ 挂绳处断面磨损量超过原高的 10%;

④ 心轴磨损量超过其直径的 5%;

⑤ 开口度比原尺寸增加 15%。

12) 起重机必须安装起重力矩限制器。当起重力矩大于相应工况下额定值并小于额定值的 110% 时,应切断上升和幅度增大方向的电源,但机构可做下降和减小幅度方向的运动。

13) 轨道式起重机必须安装夹轨器,夹轨器应能保证在非工作状态下起重机不能在轨道上移动。

14) 操纵系统的设计和布置应能避免发生误操作的可能性,保证在正常使用中起重机能安全可靠地运行。

15) 操作应轻便灵活,操作力及操作行程应符合下列要求:

① 手操作力不大于 100 N,操作行程不大于 400 mm;

② 脚踏操作力不大于 200 N,脚踏行程不大于 200 mm。

16) 电气设备必须保证传动性能和控制性能准确可靠,在紧急情况下能切断电源安全停车。在安装、维修、调整和使用中不得任意改变电路。

17) 保护零线和接地线必须分开,并不得用作载流回路。

18）起重机必须设置紧急断电开关，在紧急情况下，应能切断起重机总控制电源。紧急断电开关应设在司机操作方便的地方。

19）安全装置的指示信号或声响报警信号应设置在司机和有关人员视力、听力可及的地方。

20）两台起重机之间的最小架设距离应保证处于低位的起重机的臂架端部与另一台起重机的塔身之间至少有 2 m 的距离；处于高位起重机的最低位置的部件（吊钩升至最高点或最高位置的平衡重）与低位起重机中处于最高位置部件之间的垂直距离不得小于 2 m。

21）固定式起重机根据设计要求设置混凝土基础时，该基础必须能承受工作状态和非工作状态下的最大载荷，并应满足起重机抗倾翻稳定性的要求。

22）固定式起重机根据设计要求设置碎石基础时：

①若起重机轨道敷设在地下建筑物（如暗沟、防空洞等）的上面，必须采取加固措施。

②敷设碎石前的路面必须按设计要求压实，碎石基础必须整平捣实，轨枕之间应填满碎石。

③路基两侧或中间应设排水沟，保证路基没有积水。

23）在正常工作情况下操纵应按指挥信号进行。但对特殊情况的紧急停车信号，不论何人发出，都应立即执行。

4.4 起重吊装安全事故案例分析

4.4.1 起重吊装工程事故类型

4.4.1.1 断臂事故

由于制造质量问题或长期缺乏维护，臂节出现裂纹，超载或紧急制动而产生振动时容易发生此类事故，如图 4.4.1 所示。

4.4.1.2 倾翻事故

倾翻事故是由于场地地基松软，起重量限制器或力矩限制器等安全装置失灵，起重机整体倾倒或起重臂、平衡臂倾翻坠地，如图 4.4.2 所示。

塔式起重机安装和拆卸过程中，由于操作不符合规程也容易引发倾翻事故。塔吊运行时倾倒主要有两种原因：一是起吊超重，二是塔吊附墙构件失效。

4.4.1.3 脱、断钩事故

由于吊钩缺少防脱绳装置（图 4.4.3），钩口变形或者防脱绳装置失效等原因，造成钢丝绳脱落。

吊钩由于钢材制造缺陷或疲劳产生裂缝，当荷载过大或紧急制动时，吊钩断裂，发生断钩事故，如图 4.4.4 所示。

图4.4.1 塔吊倒塌

图4.4.2 汽车吊车倾覆

图4.4.3 吊钩防脱绳装置

4.4.1.4 脱、断绳事故

重物吊装中心选择不当、偏载起吊、钢丝绳跳出滑轮槽,造成疲劳断裂,也容易发生断绳事故。

断绳事故也容易引起倾翻事故,如图4.4.5所示。

图 4.4.4　吊钩断裂事故现场　　　　　　　图 4.4.5　吊车倾覆事故现场

4.4.1.5　基础事故

地质报告不准确,或场地狭小导致起重机基础四周侧压力不足,或者起重机置于斜坡上而发生起重机倾斜等事故。

4.4.2　起重吊装事故主要原因

1)建筑起重机械设备本身存在质量安全隐患。

主要是在生产起重设备时原材料不合格,甚至使用劣质钢材加工制造;厂家质保体系不健全,致使生产制造的塔身、臂架等主要钢结构焊接质量较差;企业自有的建筑起重机械主要部件和结构已老化,带病作业、超期服役现象严重。

2)建筑起重机械租赁市场不规范。

租赁企业出租的起重机械未经检验检测,保险限位装置不齐全或完全失效;企业技术力量薄弱,设备维护保养能力差,出租设备完好率偏低;租赁企业自身管理水平低下,对出租的起重机械性能指标、运行情况、维修改造情况不了解,使其安全性能难以保证。

3)建筑起重机械安装、拆卸行为不规范。

企业或个人无资质从事建筑起重机械安装、拆卸活动;未按照规定编审和实施起重机械安装、拆卸工程专项施工方案;施工总承包企业对分包的起重机械拆装工程未认真履行安全管理职责;监理企业未对起重机械拆装过程实施旁站监理。

4)建筑起重机械使用、管理不规范。

使用单位对起重机械缺乏专业管理,不重视日常维护保养;未建立健全设备安全检查制度,不能及时发现并消除安全隐患;起重机械操作人员未经培训考核,无证上岗;操作人员违章指挥、冒险作业,甚至人为破坏限位保险装置造成超载起吊。

4.4.3 案例分析

4.4.3.1 事故概况

2010年11月12日,某建筑材料有限公司一钢结构厂房安装工程现场发生一起吊装安全事故,造成1名地面施工人员死亡。事故现场实景见图4.4.6。

4.4.3.2 事故经过

2010年11月12日13时许,在某建筑材料有限公司一钢结构厂房的安装工程现场,某钢构公司的司索工费某,使用一段直径为17.5 mm的钢丝绳,捆绑好一根H型的钢结构立柱后,指挥汽车起重机司机沈某进行起吊作业。在25 t汽车起重机动车辆的起吊下,立柱一端离地面约10 m时(立柱另一端尚未离地),捆绑立柱的钢丝绳突然发生断裂,立柱脱落砸向地面。正在此吊装危险作业区内作业的嵇某,因躲避不及被立柱砸中头部和胸部而当场死亡。

图4.4.6 事故现场实景

4.4.3.3 事故原因分析

经现场勘察及调查取证,事故调查组认定为责任事故。

(1)直接原因

1)无证作业人员费某,在完全不了解《起重安全操作规程》的情况下,使用钢丝绳捆绑并起吊带有尖棱角的H型钢结构立柱时,未对钢丝绳与立柱棱角接触点做衬垫保护,致使在吊装过程中,钢丝绳受力后尖棱角处被切断而导致事故发生。

2)汽车起重机司机沈某虽为持证人员,明知费某已违反了操作规程,却未加以制止,也未拒绝起吊作业,致使安全隐患未及时得到消除,最终导致该起事故的发生。

3）嵇某在吊装危险区内,违规交叉作业。

（2）间接原因

1）安全管理紊乱。针对同一标的物（车间的钢结构部分）却签订了两份不同的工程分包合同,致使安全管理主体不明确,安全管理责任制无法真正落实。

2）该起事故的直接责任主体——钢构公司,安全意识淡薄,虽具备钢结构安装资质,却违反有关规定,将此项具有重大操作危险性的钢结构安装工程,承包给由公司内部无操作资格证书的职工所组成的施工队。

3）钢构公司未按照合同要求认真履行安全方面的约定,对施工现场未实施有效的安全管理,既未向现场施工人员进行安全交底,也未在项目施工过程中真正落实已由监理单位（杭州某建设项目管理有限公司）审批通过的专项施工方案。现场未划定吊装作业危险区域,未严格禁止危险区内的交叉作业。

4.4.3.4　钢丝绳断裂原因分析

钢丝绳抗拉伸能力非常强,但其抗剪切强度却要比抗拉强度低得多。要拉断钢丝绳需要施加几十吨的拉力,而切断一根钢丝绳通常只需要几十千克力。钢丝绳在弯曲受力时,对最小弯曲半径有明确要求。

根据事故断裂钢丝绳的折痕与立柱棱角的比对可确认:钢丝绳直接捆绕在立柱上,与立柱的四个棱角直接接触,未在钢丝绳与棱角间作衬垫保护。棱角均由钢板切割形成,且未经打磨倒角,表面为锯齿状,相当尖锐。

钢丝绳与立柱棱角直接接触,在起吊过程中,不但承受纵向拉力,还受到棱角对它的横向剪切力。加之事故现场所采用的捆绑方式,又极易引起吊点沿立柱纵向发生滑移,形成对钢丝绳的切割破坏。在如此综合受力状况下,钢丝绳发生断丝是必然的。现场钢丝绳照片如图4.4.7所示。

图4.4.7　现场取证照片

根据此次事故的调查笔录可了解到,钢丝绳在断裂前,已用同样的捆绑起吊方式起吊了四根相同的立柱。由于司索人员缺乏安全知识,在每次捆绑前未仔细检查钢丝绳是否完好,从而没有发现钢丝绳与棱角接触位置的断丝现象;加之被起吊的5根立柱尺寸相同,使得钢丝绳与立柱棱角接触的位置基本相同,从而随着起吊次数的增加,钢丝绳在这些位置的断丝不断增多,最终因断丝过多,钢丝绳无法承受起吊载荷而导致断裂。这起事故钢丝绳的6股粗绳中有4股被切断,断痕齐整;另外2股受拉断裂,断痕长短不一,以上分析可以得证。

第 5 章　脚手架工程

5.1　概述

5.1.1　脚手架的作用

脚手架是建筑工程施工中不可缺少的重要的临时设施,它主要是为了解决高部位施工而搭设的工作平台,为工人高部位作业提供保障,有时还用来堆放材料和工器具,也可用作运输通道。20世纪80年代之后我国脚手架工程得到了飞速发展,已开发出许多新型脚手架,目前工程中采用的脚手架多为金属制作的多功能组合脚手架,可以适应不同情况的施工需求。

脚手架工程在建筑业有着广泛的应用,它可以应用于砌筑工程、混凝土工程和装饰装修工程等场合。

5.1.2　脚手架的分类

脚手架的种类有很多,按不同的分类方式有不同的分类结果。

脚手架按搭设位置的不同有外脚手架和里脚手架之分,外脚手架搭设在外墙的外围,用于外墙体的砌筑或装饰,里脚手架搭设在建筑物的内部,用于内墙体的砌筑或装饰。

脚手架按用途的不同可以分为砌筑脚手架、装饰装修脚手架和支撑用的脚手架等。

脚手架按使用材料的不同可以分为木脚手架、竹脚手架、塑料脚手架和金属脚手架等。

脚手架按构造形式的不同可以分为多立杆式脚手架、框式脚手架、桥式脚手架、吊式脚手架、悬挑式脚手架(图5.1.1)、升降式脚手架和工具式脚手架(常用作楼层之间的操作平台)等。

脚手架按支承固定形式不同,分为落地式脚手架(图5.1.2)、悬挑式脚手架、附着升降脚手架(图5.1.3)等。

脚手架中钢管脚手架又分成扣件式脚手架、碗扣式脚手架、门式脚手架、盘扣式脚手架等。建筑施工中扣件式脚手架应用最为普遍。

图5.1.1　型钢悬挑脚手架　　　　　　　图5.1.2　落地式脚手架

附着升降脚手架(图5.1.3)施工方法较为特殊,需在地面搭设脚手承重架,由两片脚手承重架组成一榀,承重架通过升降轨道与建筑物连接在一起,通过手动(或电动)葫芦和升降轨道,承重架随主体结构的施工进度同步升降。

附着升降脚手架的施工特点:该脚手架预先组装一定高度(一般为4个标准层)的脚手架,将其附着在建筑物的外侧,利用自身的提升设备,从下至上提升一层,施工一层主体;当主体施工完毕后,再从上往下装修一层下降一层,直至将底层装修完毕。

图5.1.3　附着升降脚手架

5.1.3　脚手架应满足的基本要求

为了满足施工的要求,确保不发生安全事故,脚手架应满足如下一些基本要求:

1)脚手架要保证有足够的强度、刚度和稳定性,这就要求脚手架的材料和构造都要符合要求,连接要牢固,在各种荷载和气候条件下都能做到不变形、不倾斜、不摇晃。

2)脚手架要保证有足够的宽度(通常宽度为1.5~2 m,若只用于堆料和工人操作,宽度通常为1~1.5 m,若还用于运输,则宽度要为2 m以上),能满足工人操作、材料堆放和运输等的要求。

3)脚手架应该搭设简单、拆装方便,并能多次周转使用。

4）要严格控制脚手架的使用荷载,确保有较大的安全储备,均布荷载情况下不大于 2.7 kN/m²,集中荷载作用下不大于 1.50 kN。

5）要加强对脚手架的管理和维修,严格把好质量关。

6）做到因地制宜、就地取材,尽量节约材料。

5.2 脚手架工程施工安全

施工中扣件式脚手架的应用最为广泛,本书着重介绍扣件式脚手架安全技术。

扣件式钢管脚手架属于多立杆式外脚手架的一种,在各类脚手架中其应用最为广泛。扣件式钢管脚手架装拆方便、搭设灵活、强度高、承载力大、坚固耐用、搭设高度高、能多次周转使用、能适应建筑物平面和高度的变化,具有很强的通用性,其加工方便,一次投资费用低,使用较为经济。

5.2.1 扣件式钢管脚手架的组成

扣件式钢管脚手架主要由扣件和钢管组成的骨架以及脚手板、防护构件等共同组成,主要的钢管杆件有立杆、大横杆、小横杆、斜撑和剪刀撑等。

5.2.1.1 扣件

扣件是钢管与钢管之间的连接件,它应该采用可锻铸铁或铸钢制作,采用螺栓紧固,其质量和性能应符合现行国家标准《钢管脚手架扣件》(GB 15831—2006)的规定。采用其他材料制作的扣件,应经试验证明其质量符合该标准的规定后方可使用。其基本形式有三种:直角扣件、对接扣件和旋转扣件(图 5.2.1、图 5.2.2),直角扣件用于两根垂直交叉的钢管之间的连接;对接扣件用于两根钢管的对接连接;旋转扣件用于两根平行或斜交的钢管之间的连接。

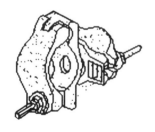 

(a)旋转扣件   (b)直角扣件   (c)对接扣件

图 5.2.1 扣件形式

图5.2.2　扣件实物

扣件重量间接地反映其截面尺寸,因此也是影响扣件抗滑极限承载力的重要参数。根据规范的规定:单个直角扣件的重量是 13.2 N(1.35 kg),旋转扣件的重量是 14.6 N(1.49 kg),对接扣件的重量是 18.4 N(1.88 kg)。

由于扣件外形较复杂,实际工程中不易直接测定其壁厚等尺寸,可选择扣件重量作为统计参数。郑州大学有关课题研究小组对郑州市 10 个建筑、市政工程工地脚手架扣件重量进行调查,每个工地直角扣件、旋转扣件、对接扣件各 30 个,调查成果如图5.2.3 ~ 图5.2.5 所示。

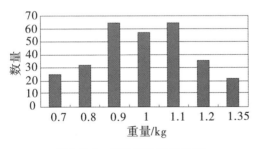

图5.2.3　直角扣件重量分布

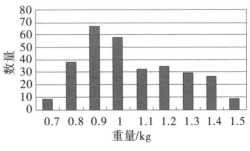

图5.2.4　旋转扣件重量分布

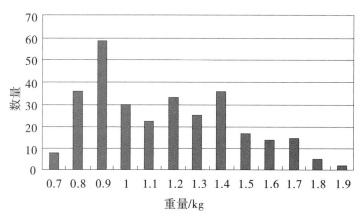

图 5.2.5 对接扣件重量分布

从图 5.2.3～图 5.2.5 可见,仅有 10% 左右现场使用的扣件重量达到规范规定的标准重量。这将影响扣件的抗滑移能力和极限承载力,从而影响整个脚手架体系的稳定性。

5.2.1.2 钢管杆件

脚手架钢管应采用现行国家标准《直缝电焊钢管》(GB/T 13793—2008)或《低压流体输送用焊接钢管》(GB/T 3091—2008)中规定的 Q235 普通钢管;钢管的钢材质量应符合现行国家标准《碳素结构钢》(GB/T 700—2006)中 Q235 级钢的规定。脚手架钢管杆件宜采用 $\phi 48.3 \times 3.6$ 的钢管。每根钢管的最大质量不应大于 25.8 kg,以便确保施工安全,保证运输方便。

在实际工程中,因为外界施工因素的影响,钢管构件往往达不到规范规定的标准,郑州大学有关课题研究小组对郑州市建筑、市政等 10 个工地的钢管壁厚进行随机抽检,每个工地 50 根,共 500 根。调查结果如图 5.2.6 所示。

从图 5.2.6 可知,由于钢管制作偏差及周转使用中的锈蚀和磨损现象等,钢管实际壁厚普遍偏小。实现工程中的钢筋壁厚集中在 2.5～3.5 mm。从图 5.2.6 还可以发现,壁厚分布大致服从正态分布。当按正态分布来进行统计分析时,可得 $\mu = 3.015$ mm, $\sigma = 0.2146$ mm。针对当前施工管理水平,取相应于 97% 的保障率来确定其概率密度曲线上的分位数,从而得到脚手架设计时钢管壁厚取值 2.7 mm 较为合适。

钢管杆件包括立杆、大横杆、小横杆、斜撑、抛撑和剪刀撑等,如图 5.2.7 所示。

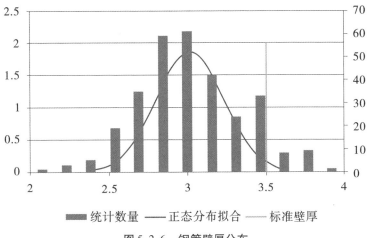

图 5.2.6　钢管壁厚分布

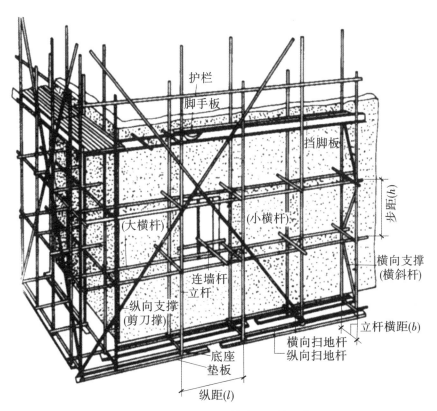

图 5.2.7　扣件式钢管脚手架的组成

5.2.1.3　脚手板

脚手板可以采用钢材、木材或竹子来制成,单独一块脚手板的质量不宜大于 30 kg,冲

压钢制脚手板(图5.2.8)通常是用2 mm厚的钢板压制而成,长度为2~4 m,宽度为250 mm,表面要采取相应的防滑措施。木制脚手板一般是由杉木或松木制成,厚度不宜小于50 mm,宽度为200~250 mm,长3~4 m,两端均应设置直径不小于4 mm的镀锌钢丝箍两道,以防止木脚手板端部发生破坏。竹脚手板由毛竹或楠竹制成,通常制成竹串片板及竹笆板,常用的规格为3000 mm×250 mm×50 mm,脚手板的两端必须绑扎牢固,脚手板不准有探头板并且不能有超过允许的变形和缺陷。

图5.2.8　钢制脚手板

5.2.1.4　连墙件

连墙件的作用是将立杆与主体结构连接在一起,防止脚手架外倾,可按二步三跨或三步三跨进行设置,设置的时候宜优先选用菱形(图5.2.9),也可以采用方形或矩形。

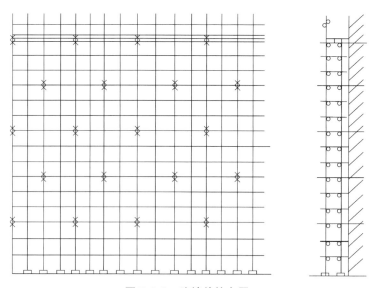

图5.2.9　连墙件的布置

连墙件布置的间距应满足表5.2.1的要求。

表 5.2.1　连墙件布置的最大间距

搭设方法	高度/m	竖向间距	水平间距	每根连墙件覆盖面积/m²
双排落地	≤50	$3h$	$3l_a$	≤40
单排悬挑	>50	$2h$	$3l_a$	≤27
单排	≤24	$3h$	$3l_a$	≤40

注:h——步距;l_a——纵距。

5.2.1.5　底座

底座是设置在立杆底部的垫座,它包括固定底座和可调底座两种形式,是用来承受脚手架立杆传递下来的荷载的,可以采用 8 mm 厚、150 mm 长的钢板作为底板,然后将外径为 60 mm、壁厚为 3.5 mm、高为 150 mm 的钢管焊接在底板上从而制成底座的。底座通常有内插式和外套式两种形式,规格尺寸可参见图 5.2.10。内插式的外径 D_1 比立杆内径小 2 mm,外套式的内径 D_2 比立杆外径大 2 mm。

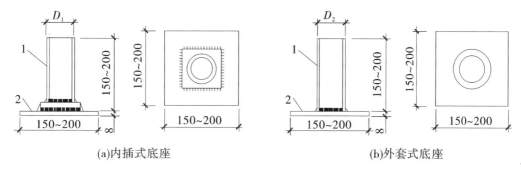

(a)内插式底座　　　　　　　　　　　　　(b)外套式底座

图 5.2.10　扣件式钢管脚手架底座

1-承插钢管;2-钢板底座

5.2.2　扣件式钢管脚手架的构造要求

5.2.2.1　搭设尺寸

扣件式钢管脚手架按立杆布置方式的不同有单排和双排两种搭设方式,单排脚手架仅在外墙外侧设一排立杆,其小横杆一端搁置在墙上,另一端与大横杆相连接,这种搭设方式稳定性较差;双排脚手架是在外墙外侧设两排立杆,使其自身构成空间桁架结构,这种搭设方式具有非常好的稳定性。

《建筑施工扣件式钢管脚手架安全技术规范》(JGJ 130—2011)规定了常用密目式安全立网全封闭式单、双排脚手架的设计尺寸,同时规定了脚手架的搭设高度,即:单排脚手架搭设高度不应超过 24 m,双排脚手架搭设高度不宜超过 50 m,高度超过 50 m 的双排脚手架,应采取分段搭设等措施。

5.2.2.2 纵、横向水平杆及脚手板的构造要求

(1)纵向水平杆的构造要求

纵向水平杆即大横杆应设置在立杆的内侧,且其单根杆的长度不小于3跨,当纵向水平杆需要接长的时候,应采用对接扣件连接,也可以采用搭接,同时还须遵守如下规定:

1)两根相邻纵向水平杆的接头不应设置在同步或同跨内,对于不同步、跨的两个相邻接头,其在水平方向上要错开不小于500 mm的距离,同时各个接头的中心至最近主节点的距离不应大于纵距的1/3(图5.2.11)。

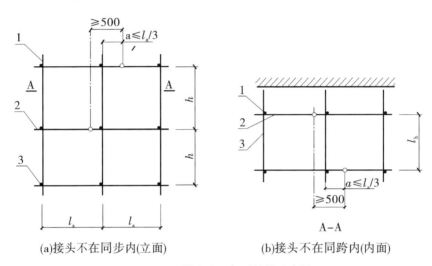

(a)接头不在同步内(立面)　　　　(b)接头不在同跨内(内面)

图5.2.11　纵向水平杆对接接头布置
1-立杆;2-纵向水平杆;3-横向水平杆

2)搭接长度不应小于1 m,应等间距设置3个旋转扣件进行固定,端部扣件盖板边缘至搭接纵向水平杆杆端的距离不应小于100 mm。

3)当使用冲压钢脚手板、木脚手板、竹串片脚手板时,纵向水平杆要作为横向水平杆的支座,用直角扣件将其固定在立杆上,当使用竹笆脚手板时,要采用直角扣件将纵向水平杆固定在横向水平杆上,布置时要等间距且间距不大于400 mm,如图5.2.12所示。

(2)横向水平杆的构造要求

在主节点处必须要设置一根横向的水平杆即小横杆并用直角扣件进行扣接,严禁将其拆除,对于作业层上非主节点处的横向水平杆,宜根据支承脚手板的需要等间距设置且最大间距不大于纵距的1/2。

当使用冲压钢脚手板、木脚手板或竹串片脚手板时,应采用直角扣件将双排脚手架横向水平杆的两端均固定在纵向水平杆上,若为单排脚手架,则将其一端插入墙内,且插入长度不小于180 mm,用直角扣件将其另一端固定在纵向水平杆上;当使用竹笆脚手板时,若为双排脚手架,则用直角扣件将其横向水平杆的两端固定在立杆上,若为单排脚手架,则将其一端插入墙内,且插入长度不小于180 mm,采用直角扣件将其另一端固定在立

杆上。

（3）脚手板的构造要求

作业层脚手板的铺设应该符合"铺满、铺稳、铺实"的原则，若为冲压钢脚手板、木脚手板或竹串片脚手板时，应将其铺设在三根横向水平杆上。若脚手板的长度小于 2 m，可将其支承在两根横向水平杆上，要注意使脚手板的两端与横向水平杆固定牢靠，严防倾翻。

脚手板的铺设可以采用对接平铺或搭接铺设的方式，采用对接平铺的方式时，脚手板接头处应设置两根横向水平杆，脚手板外伸长度应取 130 ~ 150 mm，且保证两块脚手板外伸长度之和不大于 300 mm［图 5.2.13(a)］；脚手板采用搭接铺设时，接头应支在横向水平杆上，搭接长度不小于 200 mm，且伸出横向水平杆的长度不小于 100 mm ［图 5.2.13(b)］。

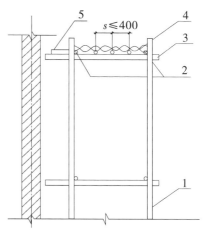

图 5.2.12　铺竹笆脚手板时纵向水平杆的构造

1—立杆；2—纵向水平杆；3—横向水平杆；4—竹笆脚手板；5—其他脚手板

(a)脚手板对接   (b)脚手板搭接

图 5.2.13　脚手板对接、搭接构造

竹笆脚手板应按其主竹筋垂直于纵向水平杆方向铺设，且应该对接平铺，四个角应采用直径不小于 1.2 mm 的镀锌钢丝将其固定在纵向水平杆上，作业层端部的脚手板探头长度应取 150 mm，板的两端均应固定于支承杆件上。

5.2.2.3　立杆的构造要求

脚手架的每根立杆底部均应设置底座或垫板，立杆顶端栏杆宜高出女儿墙上端 1 m，宜高出檐口上端 1.5 m。

脚手架必须要设置纵、横向扫地杆。纵向扫地杆应采用直角扣件固定在距钢管底端不大于 200 mm 处的立杆上，横向扫地杆应采用直角扣件固定在紧靠纵向扫地杆下方的立杆上。当脚手架立杆的基础不在同一高度上时，必须将高处的纵向扫地杆向低处延长两跨与立杆固定，高低差不应大于 1 m，靠边坡上方的立杆轴线到边坡的距离不应小于 500 mm，单、双排脚手架底层步距均不应大于 2 m。单排、双排和满堂脚手架的立杆接长除顶层顶步之外，其余各层各步接头必须采用对接扣件连接。

脚手架立杆的对接和搭接应符合下列规定：

1)当立杆采用对接接长时,立杆的对接扣件应交错布置,两根相邻立杆的接头不应设置在同步内,同步内隔一根立杆的两个相隔接头在高度方向错开的距离不宜小于500 mm,各接头中心至主节点的距离不宜大于步距的1/3。

2)当立杆采用搭接接长时,搭接长度不应小于1 m,并应采用不少于2个旋转扣件固定,端部扣件盖板的边缘至杆端距离不应小于100 mm。

5.2.2.4 连墙件的构造要求

连墙件设置时应靠近主节点,偏离主节点的距离不应大于300 mm,设置时要从底层第一步纵向水平杆处开始设置,当在该处设置有困难时,需采用其他可靠的措施予以固定。

开口型脚手架的两端必须设置连墙件,且连墙件的垂直间距不大于建筑物的层高,同时不大于4 m。连墙件中的连墙杆通常要水平设置,当不能水平设置时,应向脚手架一端下斜连接。高度24 m以上的双排脚手架,应采用刚性连墙件与建筑物相连接。

当脚手架下部暂不能设连墙件时应采取防倾覆措施。当搭设抛撑时,抛撑应采用通长杆件,并用旋转扣件将其固定在脚手架上,与地面的倾角应为45°~60°,连接点中心至主节点的距离不大于300 mm,抛撑应在连墙件搭设后再行拆除。

5.2.2.5 剪刀撑与横向斜撑的构造要求

双排脚手架需要设置剪刀撑和横向斜撑,单排脚手架需要设置剪刀撑。高度在24 m及以上的双排脚手架应在外侧全立面连续设置剪刀撑,高度在24 m以下的单、双排脚手架,均必须在外侧两端、转角及中间间隔不超过15 m的立面上,各设置一道剪刀撑,并应由底至顶连续设置。

单、双排脚手架剪刀撑的设置应符合下列规定:

1)每道剪刀撑的宽度不应小于4跨,且不小于6 m,斜杆与地面的倾角应为45°~60°;

2)剪刀撑斜杆的接长应采用搭接或对接的方式。

3)剪刀撑斜杆应该用旋转扣件将其固定在与之相交的横向水平杆的伸出端或立杆上,旋转扣件中心线至主节点的距离不大于150 mm。

双排脚手架横向斜撑的设置应符合下列规定:

1)横向斜撑应在同一节间由底至顶呈"之"字形连续布置。

2)高度在24 m以下的封闭型双排脚手架可不设横向斜撑,高度在24 m以上的封闭型脚手架,除拐角应设置横向斜撑外,中间应每隔6跨距设置一道剪刀撑(图5.2.14)。

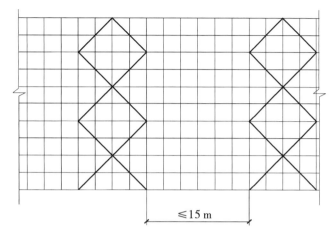

图 5.2.14 高度 24 m 以下剪刀撑布置

5.2.2.6 满堂脚手架的构造要求

满堂脚手架为满堂扣件式钢管脚手架的简称,指的是在纵、横两个方向,由不少于三排立杆并与水平杆、水平剪刀撑、竖向剪刀撑、扣件等构成的脚手架,该架体顶部作业层施工荷载通过水平杆传递给立杆,顶部立杆呈偏心受压状态。

满堂脚手架的立杆上应该增设防滑扣件并使其安装牢固,同时要与立杆和水平杆连接的扣件相顶紧,当立杆需要接长时,必须采用对接扣件进行连接,水平杆长度不宜小于3跨,搭设高度不宜超过 36 m,施工层不能超过 1 层。

满堂脚手架应在架体外侧四周及内部纵、横向每 6~8 m 由底至顶设置连续竖向剪刀撑,当架体搭设高度在 8 m 以下时,要在架顶部设置连续水平剪刀撑,当架体搭设高度在8 m 及以上时,要在架体底部、顶部及竖向间隔不超过 8 m 处分别设置连续的水平剪刀撑,水平剪刀撑宜设置在竖向剪刀撑斜杆相交的平面,剪刀撑的宽度为 6~8 m,用旋转扣件将剪刀撑固定在与之相交的水平杆或立杆上,旋转扣件的中心线到主节点的距离不大于 150 mm。

满堂脚手架的高宽比不宜大于3,当高宽比大于 2 时,应在架体的外侧四周和内部以6~9 m 的水平间隔和 4~6 m 的竖向间隔设置连墙件与建筑结构进行拉结,若条件不满足,无法设置连墙件时,要采取相应的措施,比如设置钢丝绳等进行固定。

满堂脚手架需要设置爬梯且爬梯踏步的间距不大于 300 mm,操作层支撑脚手板的水平杆间距不大于 1/2 跨距。

5.2.2.7 作业层、斜道的栏杆和挡脚板的搭设规定

栏杆和挡脚板均应搭设在外立杆的内侧;上栏杆上皮高度应为 1.2 m;挡脚板高度不应小于 180 mm;中栏杆应居中设置(图 5.2.15)。

5.2.3 扣件式钢管脚手架施工技术

5.2.3.1 施工前的地基处理及相应的准备

扣件式钢管脚手架在施工之前要做好相应的准备,准备工作主要是对各种构配件进行检查和验收,对场地进行平整和清理等。

在脚手架搭设之前,还要对地基进行处理。脚手架地基与基础的施工,必须根据脚手架所承受的荷载、搭设高度、搭设场地的土质情况与现行国家标准《建筑地基基础工程施工质量验收规范》(GB 50202—2002)的有关规定进行。

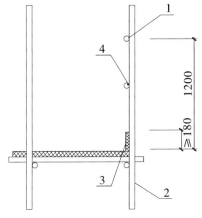

图 5.2.15 栏杆与挡脚板构造
1-上栏杆;2-外立杆;3-挡脚板;4-中栏杆

脚手架立杆垫板或底座底面标高宜高于自然地坪

50~100 mm,脚手架基础经验收合格后,应按施工组织设计或专项方案的要求放线定位,铺设垫板,安放立杆底座,并确保位置准确、铺放平稳,不得悬空。

5.2.3.2 脚手架的搭设

脚手架搭设时所遵循的原则如下:

1)脚手架的搭设必须要与施工进度相配合,一次搭设的高度不应超过相邻连墙件以上两步,否则,当无法设置连墙件时应采取撑拉固定等措施与建筑主体结构拉结。

2)应采用长度不少于2跨、厚度不小于50 mm、宽度不小于200 mm的木垫板,且垫板和底座要准确地放在定位线上。

3)搭设立杆时,应每隔6跨设置一根抛撑,直到连墙件安装稳定之后才能根据情况进行拆除。

4)当架体搭设至有连墙件的主节点时,在搭设完该处的立杆、纵向水平杆、横向水平杆后立即设置连墙件。

5)脚手架纵向水平杆应随立杆按步搭设,采用直角扣件与立杆固定,双排脚手架横向水平杆的靠墙一端至墙装饰面的距离不大于100 mm,单排脚手架的横向水平杆不应设置在下列部位:

①设计上不允许留脚手眼的部位;

②过梁上与过梁两端成60°角的三角形范围内及过梁净跨度1/2的高度范围内;

③宽度小于1 m的窗间墙;

④梁或梁垫下及其两侧各500 mm范围内;

⑤砖砌体的门窗洞口两侧200 mm(其他砌体为300 mm)和转角处450 mm(其他砌体600 mm)范围内;

⑥墙体厚度小于或等于180 mm;

⑦独立或附墙砖柱、空斗砖墙、加气块墙等轻质墙体;

⑧砌筑砂浆强度等级小于或等于M2.5的砖墙。

6）连墙件的安装要与脚手架的搭设同步进行，不能滞后安装，当脚手架施工操作层高出相邻连墙件以上两步时，应采取临时拉结的措施，确保脚手架稳定，直到上一层连墙件安装完毕后再根据情况进行拆除。

7）剪刀撑和横向斜撑的搭设要与立杆和纵、横向水平杆的搭设同步进行，不能滞后安装。

8）扣件的规格必须与钢管外径相同，对接扣件的开口应朝下或朝内，以防止雨水进入，各杆件端头伸出扣件盖板边缘的长度不应小于100 mm。

9）铺设在拐角和斜道平台口处的脚手板，需要用镀锌钢丝将其固定在横向水平杆上，以防止滑动。

10）扣件安装应符合下列规定：

①扣件规格应与钢管外径相同；

②螺栓拧紧扭力矩不应小于40 N·m，且不应大于65 N·m；

③在主节点处固定横向水平杆、纵向水平杆、剪刀撑、横向斜撑等用的直角扣件、旋转扣件的中心点的相互距离不应大于150 mm；

④对接扣件开口应朝上或朝内；

⑤各杆件端头伸出扣件盖板边缘的长度不应小于100 mm。

5.2.3.3 扣件的拧紧力矩

扣件式钢管脚手架使用过程中，立杆、水平杆、斜杆相互间用扣件连接，扣件螺栓的拧紧力矩对它们的连接起着关键的作用，规范规定扣件的拧紧力矩应为40～65 N·m。现场施工中，由于扣件数量巨大，螺栓的拧紧力矩通常小于标准值，导致扣件抗滑能力降低，影响架体安全。

郑州大学有关课题研究小组对郑州市建筑、市政10个工地共500个旋转扣件的拧紧力矩进行随机抽检并进行了抗滑移试验。抽检时针对工地已搭设完成、尚未加载的脚手架扣件进行复紧，并以复紧的起始力矩作为抽检结果。拧紧力矩的抽检结果如图5.2.16所示。

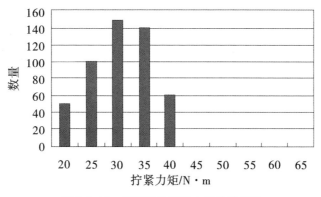

图5.2.16 旋转扣件拧紧力矩抽检结果

从图 5.2.16 可以看出,现场抽检得到的扣件拧紧力矩集中在 20～40 N·m,超过 40 N·m的约占 10%,远低于规范标准值。

经过抗滑移试验得出螺栓拧紧力矩应达到 40～50 N·m 比较合理,此时构件不易破坏,且具有较高的抗滑移能力。

5.2.3.4 扣件式钢管脚手架的拆除

脚手架的拆除作业必须按照从上到下的顺序逐层进行,严禁上下层同时作业。

连墙件要随脚手架一起逐层进行拆除,严禁先将连墙件整层或数层拆除后再拆脚手架,当分段拆除的高差大于两步时,需增设连墙件进行加固,当脚手架拆至下部最后一根长立杆的高度(约 6.5 m)时,应先在适当的位置搭设临时抛撑加固,然后再拆除连墙件。

当采取分段或分立面拆除时,对于不拆除的脚手架两端,应按规定设置连墙件和横向斜撑加以固定。运到地面的构配件应按规定及时进行检查、整修和保养,并按品种和规格分别存放。

5.3 悬挑式脚手架施工安全

5.3.1 悬挑式脚手架技术特点

悬挑式脚手架是指其垂直方向荷载通过底部型钢支承架传递到主体结构上的施工用外脚手架。建筑施工工程中一般采用截面双轴对称的工字钢悬挑。工字钢结构性能可靠,双轴对称截面,受力稳定性好,较其他型钢选购、设计、施工方便(图 5.3.1 和图 5.3.2)。

图 5.3.1 悬挑式脚手架

图 5.3.2 悬挑式脚手架

建筑施工中悬挑式脚手架通常按其构造分为三种计算模型:下撑式承力架构造计算模型(图 5.3.3)、上拉式承力架构造计算模型(图 5.3.4)、钢丝绳辅助吊拉悬挑承力钢梁构造计算模型(图 5.3.5)。在工程施工中钢丝绳辅助吊拉悬挑承力钢梁构造具有施工方便、易操作、可靠性好、安全稳定性高等特点,因此被广泛应用。

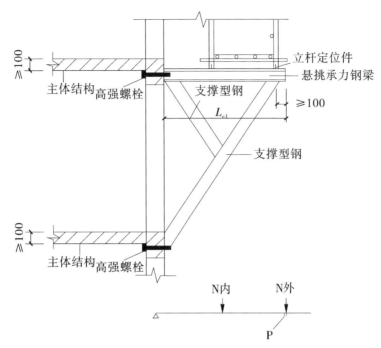

图 5.3.3 下撑式承力架构造及其计算简图

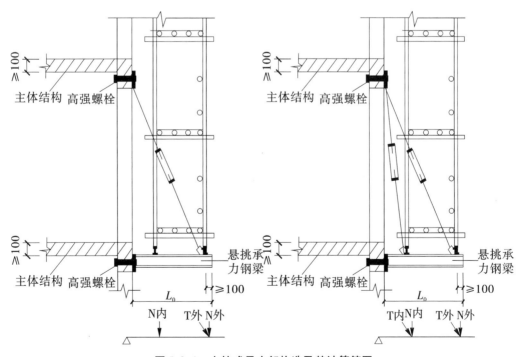

图 5.3.4 上拉式承力架构造及其计算简图

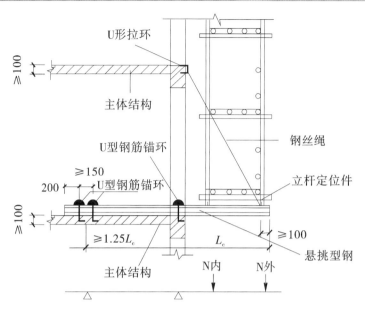

图5.3.5　钢丝绳辅助吊拉悬挑承力钢梁构造及其计算简图

5.3.2　悬挑式脚手架施工技术

悬挑式脚手架的产生是为了满足工人施工,但实际中往往因技术方面的操作不当引起安全事故的发生。为避免事故发生,现场中工人应该严格按照安全技术方案来布置脚手架(图5.3.6)。

图5.3.6　悬挑式脚手架施工现场

型钢悬挑式脚手架的技术要求:

悬挑式脚手架搭设宜采用双轴对称截面的工型钢作悬挑梁,一次悬挑高度不宜高于20 m,钢梁截面的高度不小于160 mm,尾部两处或两处以上需要固定在钢筋混凝土梁板

结构上,用于锚固的 U 形钢筋拉环或螺栓应采用冷弯成型,且直径不小于 16 mm,U 形钢筋拉环、锚固螺栓与型钢之间的间隙要用钢楔或硬木楔楔紧,每个型钢悬挑梁外端宜设置钢丝绳或钢拉杆与上一层建筑结构斜拉结,所用的钢丝绳和建筑结构拉结的吊环使用 HPB235 级钢筋,直径不小于 20 mm。其模型如图 5.3.7 所示。

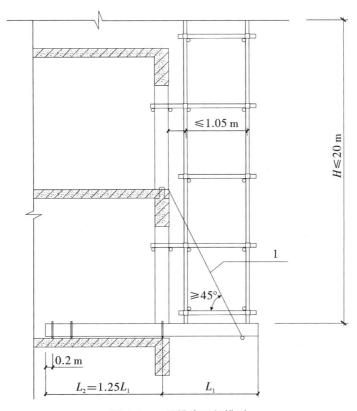

图 5.3.7 悬挑脚手架模型

悬挑钢梁的悬挑长度需按设计确定,其固定段的长度不小于悬挑段长度的 1.25 倍,在钢梁的固定端需要用 2 个(对)或 2 个(对)以上的 U 形钢筋拉环或锚固螺栓与建筑结构的梁板固定,U 形钢筋拉环或锚固螺栓应预埋至混凝土梁、板底层钢筋位置,并应与混凝土梁、板底层钢筋焊接或绑扎牢固,其构造做法如图 5.3.8 和图 5.3.9 所示。

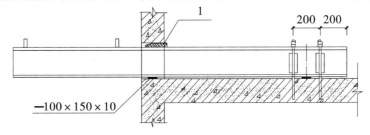

图 5.3.8 悬挑钢梁穿墙构造

1-木楔楔紧

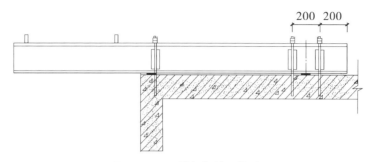

图5.3.9 悬挑钢梁楼面构造

悬挑式架中悬挑钢丝绳在计算模型中不参与受力计算,只是作为一种能量储配。在实际工程中通常采用花篮螺栓(图5.3.10)来调节钢丝绳的松紧程度以控制其实际参与受力的大小,从而有效地减小锚固段的锚杆或锚固钢筋的受力,达到保证楼板不被拉破的目的(图5.3.11)。

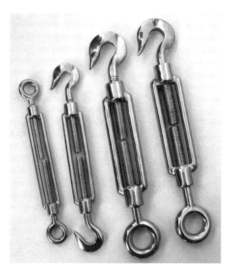

图5.3.10 花篮螺栓

图5.3.11 工人在拉紧钢丝绳

当悬挑钢梁与建筑结构采用螺栓钢压板连接固定时,钢压板的尺寸不应小于100 mm×10 mm(宽×厚),当采用螺栓角钢压板连接时,角钢的规格不应小于63 mm×63 mm×6 mm。

　　悬挑式脚手架施工中应该按照悬挑架架体立杆的纵距确定悬挑梁的间距,每一纵距设置一根,悬挑架外立面的剪刀撑应该按照自下而上的顺序连续设置,锚固型钢的主体结构混凝土强度等级不能低于 C20。

　　型钢悬挑梁悬挑端应设置能使脚手架立杆与钢梁可靠固定的定位点,定位点离悬挑梁端部不应小于 100 mm。锚固位置设置在楼板上时,楼板的厚度不宜小于 120 mm。如果楼板的厚度小于 120 mm 应采取加固措施。悬挑梁间距应按悬挑架架体立杆纵距设置,每一纵距设置一根。悬挑式脚手架的外立面剪刀撑应自下而上连续设置。悬挑梁不得放置于主体结构悬挑板(阳台)上(如图 5.3.12 所示)。

图 5.3.12　悬挑梁的构造

　　悬挑式脚手架沿架体外围还应设置密目式安全网全封闭。密目式安全网宜设置在脚手架外立杆的内侧,并应与架体绑扎牢固(如图 5.3.13)。

图 5.3.13　密闭式阻燃安全网

5.4　其他脚手架简介

5.4.1　碗扣式钢管脚手架

　　(1)碗扣式钢管脚手架的特点

　　碗扣式钢管脚手架是一种新型的承插锁固定式钢管脚手架,这种脚手架吸取了国外同类型脚手架的先进接头和配件工艺,具有接头构造合理、制作工艺简单、具有多种功能、适用范围广和装拆方便的优点,由于杆件是轴心相交的,所以这种脚手架受力稳定可靠、承载力大,避免了螺栓作业,零散扣件不易丢失和损坏。

　　但碗扣式脚手架的设置位置比较固定,杆件比较重,通常价格比较高。

　　(2)碗扣式钢管脚手架的组成

　　碗扣接头是碗扣式钢管脚手架的关键部件,它包括上碗扣、下碗扣、横杆接头和上碗扣的限位销等零部件。上、下碗扣和限位销都设置在立杆上,其中上碗扣能沿着立杆上下

串动并能灵活转动,主要起锁紧的作用;下碗扣和限位销都被焊接在立杆上;限位销起锁紧上碗扣的作用。在碗扣节点上能同时安装1~4根横杆,各横杆相互之间可以组成任意角度,所以碗扣式钢管脚手架能够搭设成各种形式。

碗扣式钢管脚手架在组装时要先处理好地基,然后放置垫座和安装立杆,安装接头时,先将上碗扣的缺口与限位销对齐,然后将横杆的接头插入下碗扣的圆槽内,将上碗扣沿着限位销滑落下来,并压紧和顺时针旋转上碗扣,利用限位销将其固定,最后用小锤轻敲,便可完成接头的连接。

5.4.2 门式钢管脚手架

(1)门式钢管脚手架的特点

门式钢管脚手架又称为框组式钢管脚手架或多功能门式脚手架,是一种在工厂生产、在现场搭设的脚手架,是目前国际上应用最为普遍的脚手架之一,不仅可以作为外脚手架,而且可以作为内脚手架或满堂脚手架,其搭设不需要计算,只需根据产品目录中所列的使用荷载和规定就可进行,具有结构合理、受力性能好、承载力高、装拆容易、安全可靠和经济适用等优点,但同时也具有构架尺寸不灵活、定型脚手板较重等缺点。

(2)门式钢管脚手架的组成

如图5.4.1所示,门式钢管脚手架以门架、交叉支撑、连接棒、挂扣式脚手板、锁臂和底座等组成基本结构,再以水平加固杆、剪刀撑和扫地杆予以加固,采用连墙件将其与建筑物的主体结构相连接。

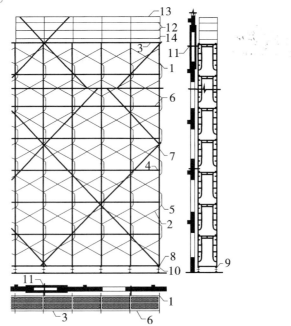

图5.4.1 门式钢管脚手架

1-门架;2-交叉支撑;3-挂扣式脚手板;4-连接棒;5-锁臂;6-水平加固杆;7-剪刀撑;8-纵向扫地杆;9-横向扫地杆;10-底座;11-连墙件;12-栏杆;13-扶手;14-挡脚板

门架是门式钢管脚手架的主要构件,用焊接钢管作为受力构件,包括立杆、横杆和加强杆等。脚手架的配件有连接棒、锁臂、交叉支撑、挂扣式脚手板、底座和托座,门架在垂直方向的连接采用的是连接棒和锁臂,在纵向采用的是交叉支撑。剪刀撑是成对设置在架体外侧或内部的交叉斜杆,用于将两榀门架连接起来;水平加固杆设置在架体层间门架两侧的立杆上,用于增强架体的刚度;挂扣式脚手板是一种定型钢制脚手板,在其两端设有挂钩,可将其扣紧在两榀门架的横梁上,供工人站立的同时能增强门架的刚度,所以,无论有无作业层都需要每隔 3~5 层设置一层脚手板。

5.4.3　升降式脚手架

5.4.3.1　升降式脚手架的特点及组成

　　(1)升降式脚手架的特点

　　升降式脚手架主要适用于高层和超高层建筑的结构和装饰装修工程的施工中,它不需要在建筑结构的外表面全高搭设,只需要根据实际施工情况在满足施工操作及安全的高度和范围内进行搭设。这种脚手架可以进行升降作业,当主体结构进行施工时,脚手架从下向上提升,待主体结构施工完毕,脚手架再从上到下降落,方便装修作业;地面不需要做支承脚手架的坚实地基,而且不占施工场地,所以具有良好的社会效益和经济效益,目前已被广泛采用。但这种脚手架一次性投资较大,费料耗工,脚手架及其承担的荷载要传给与之相连的结构,所以对这部分结构的强度有一定的要求,另外在脚手架的方案设计和施工过程中仍存在较多问题,脚手架的安全问题尤其值得注意。

　　(2)升降式脚手架的组成

　　升降式脚手架的构成包括架体结构、附着支承结构、升降设备和防坠设备等。架体结构由定型焊接段组合而成,底部安有支撑桁架;附着支承结构采用高强度穿墙螺栓与建筑主体结构相连接,升降设备目前常用的主要有电动环链葫芦、液压提升设备和卷扬机,这些设备的出现取代了早期的人工手拉环链葫芦,提高了施工的工作效率;防坠设备能使脚手架及时停止,最大可能地保证施工安全。

5.4.3.2　升降式脚手架的分类

　　升降式脚手架包括自升降式脚手架和整体升降式脚手架。

　　(1)自升降式脚手架

　　自升降式脚手架如图 5.4.2 所示。

　　(2)整体升降式脚手架

　　如图 5.4.3 所示,整体升降式脚手架是以电动倒链为提升机将整个脚手架沿着建筑外墙或柱向上提升的,这种脚手架非常适合于超高层建筑的施工,具有整体性好、升降方便和机械程度高等优点。

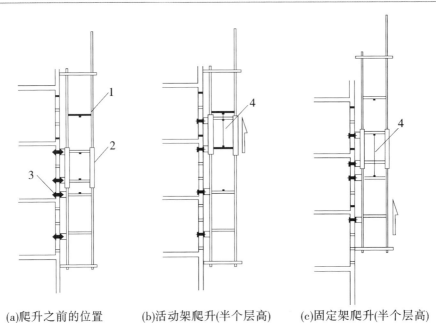

(a)爬升之前的位置　　　(b)活动架爬升(半个层高)　　　(c)固定架爬升(半个层高)

图 5.4.2　自升降式脚手架爬升

1-活动架;2-固定架;3-附墙螺栓;4-倒链

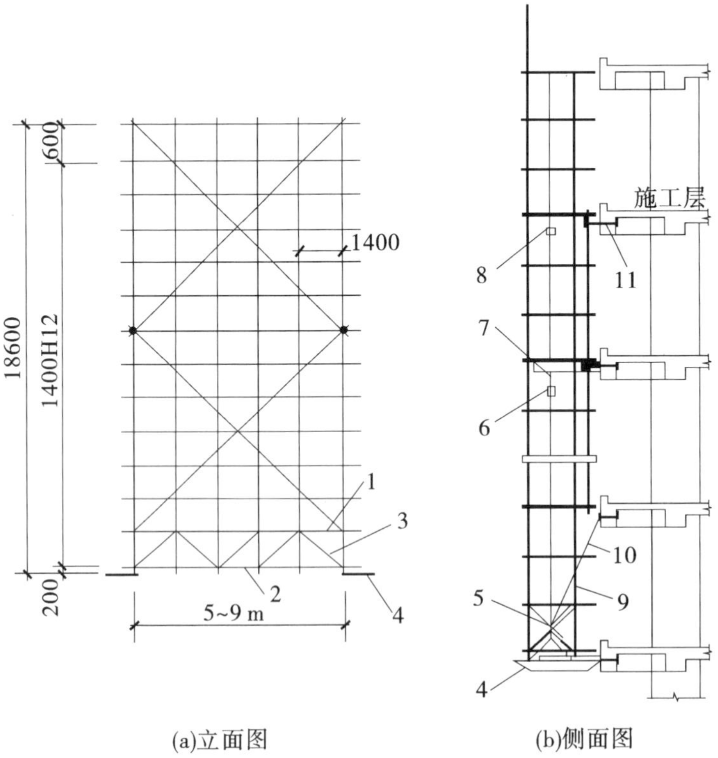

(a)立面图　　　　　　　(b)侧面图

图 5.4.3　整体升降式脚手架

1-上弦杆;2-下弦杆;3-承力桁架;4-承力架;5-斜撑;6-电动倒链;7-挑梁;
8-倒链;9-花篮螺栓;10-拉杆;11-螺栓

目前还有一种整体升降式脚手架叫液压升降整体脚手架,其总装配示意图如图 5.4.4所示。这种脚手架系统是利用建(构)筑物内部的支承立柱及其顶部的平台桁架,依靠液压升降装置实现脚手架的整体升降的,适用于高层或超高层建筑物或构筑物的施工,还可用于升降建筑模板,如图 5.4.5 所示为液压升降整体脚手架提升模板的示意图。施工时首先将模板和脚手架提升到预定的位置,然后开始铺设楼板的模板并浇注混凝土,接着绑扎墙体的钢筋,之后将模板和脚手架下降到合适的位置并浇注墙体的混凝土,完工后再次将模板和脚手架提升到新的预定位置重新开始操作,如此反复,直到整个主体完工。

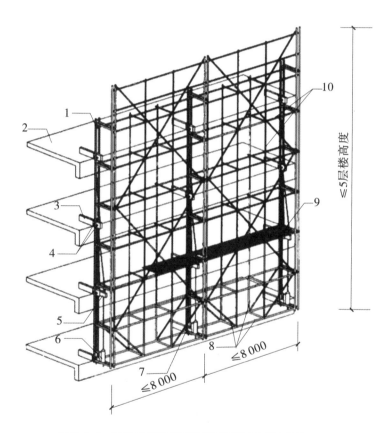

图 5.4.4 液压升降整体脚手架装配示意图(单位:mm)

1-竖向主框架;2-建筑结构混凝土楼面;3-附着支承结构;4-导向及防倾覆装置;5-悬臂(吊)梁;6-液压升降装置;7-防坠落装置;8-水平支承结构;9-工作脚手架;10 架体结构

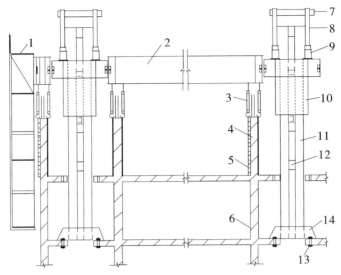

图 5.4.5　液压提升大模板示意图

1-吊脚手;2-平台桁架;3-手拉倒链;4-墙板;5-大模板;6-楼板;7-支承挑架;8-提升支承杆;9-千斤顶;10-提升导向架;11-支承立柱;12-连接板;13-螺栓;14-底座

5.4.4　里脚手架

5.4.4.1　里脚手架的特点

里脚手架搭设在建筑物的"里"面,待一层墙砌完之后需要将其转移到上一层楼面继续使用,通常可以用于在楼层上砌墙或室内装饰,如内粉刷等。

在使用的时候,这种脚手架需要不断地转移和拆装,具有轻便灵活、拆装方便、转移迅速、占地少和用料少等特点。

5.4.4.2　里脚手架的种类

里脚手架的种类较多,在无须搭设满堂脚手架时,通常将其做成工具式的,包括折叠式里脚手架、支柱式里脚手架和伞脚折叠式里脚手架等;按构造形式的不同可以分为扣件式里脚手架和框组式里脚手架等。

(1)折叠式里脚手架

折叠式里脚手架可应用于建筑层间隔墙、围墙和内粉刷的场合,通常可由角钢、钢筋或钢管等材料制成,图 5.4.6 为角钢折叠式里脚手架示意图,这种脚手架是由角钢制成的,在脚手架上铺脚手板,以方便施工,若为砌筑时用,其架设的间距不能超过 2.0 m,若为粉刷时用,则其架设的间距不能超过 2.5 m,搭设可以分为两步,第一步高为 1.00 m,第二步高为 1.65 m,且每一个脚手架质量为 25 kg。

钢筋和钢管折叠式里脚手架若用于砌筑时,其架设间距均不能超过 1.8 m,若用于粉刷时,其架设间距均不能超过 2.2 m,但每一个钢筋折叠式里脚手架的质量为 21 kg,而每一个钢管折叠式里脚手架的质量为 18 kg。

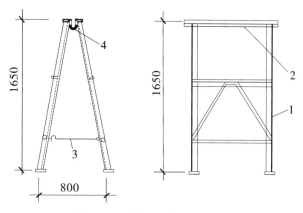

图 5.4.6　角钢折叠式里脚手架

1-立柱;2-横楞;3-挂钩;4-铰链

（2）支柱式里脚手架

支柱式里脚手架是由若干个支柱和横杆所组成的,在其上铺设脚手板,主要适用于砌筑工程或内粉刷工程,若用于砌筑时,其搭设间距不能超过 2.0 m,若用于粉刷或装饰装修时,其搭设间距不能超过 2.5 m。这种脚手架根据其组合方式的不同有套管式和承插式之分,图 5.4.7 为套管支柱式里脚手架的示意图,这种脚手架在搭设时将插管插入套管之中,以销孔之间的间距来调节高度,在插管顶端的凹槽内搁置方木横杆,用以铺设脚手板,通常架设高度在 1.57~2.17 m,单个架质量为 14 kg。

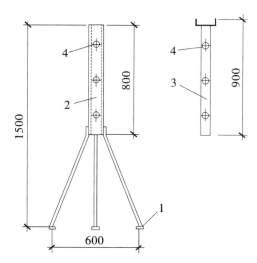

图 5.4.7　套管支柱式里脚手架

1-支脚;2-立管;3-插管;4-销孔

承插支柱式里脚手架的架设高度可以为 1.2 m、1.6 m 或 1.9 m,搭设第三步时需要加销钉以保证安全。通常每个支柱重 13.7 kg,每个横杆重 5.6 kg。

5.5 悬挑式脚手架安全专项方案实例

——某安置区项目一期工程二标段(7#~15#楼)悬挑脚手架施工方案

5.5.1 编制依据

1)施工图纸；
2)《建筑施工扣件式钢管脚手架安全技术规范》(JGJ 130—2011)；
3)《建筑结构荷载规范》(GB 50009—2012)；
4)《建筑施工安全检查标准》(JGJ 59—2011)；
5)《建筑施工高处作业安全技术规范》(JGJ 80—91)。

5.5.2 工程概况

项目一期工程由某有限公司投资兴建,位于某地;第二标段(A03-08-1地块)由7#、8#、9#、10#、11#、12#、13#、14#、15#住宅楼及所在区域的地下车库组成,总建筑面积约100000 m²。住宅部分地下1层,地上15层;地下室层高5.4 m,地上每层高2.9 m。

住宅为二类高层住宅,建筑耐火等级地上二级、地下一级。屋面防水等级为Ⅱ级。

5.5.3 搭设方案

5.5.3.1 总体思路

本工程的外墙外保温为后贴,后期装修阶段工期压力很大,提供尽量多的立面同时进行装饰作业,也是外架的搭设方案考虑的一个重点。

方案如下:主楼外架搭设采用型钢梁悬挑式双排脚手架。从-1层顶(正负零)标高开始搭设悬挑脚手架,悬挑至3层;4层~9层;10层~15层:共悬挑3次。上下悬挑层间架体不连接。

5.5.3.2 施工顺序

1层主体结构浇筑混凝土时,按照平面图位置预埋吊环,在1层结构接地面安装,然后进行悬挑双排架的搭设;根据主体进度,按照平面图位置预埋吊环,依照前述顺序施工。

5.5.4 方案设计

5.5.4.1 搭设方式与主要参数

1)脚手架用φ48×3.0钢管和扣件搭设成双排架,其横距为1.05 m,纵距为1.5 m,步距为1.2 m;(六层一挑)

2)脚手架立杆下部支撑在用型钢制作的水平悬挑梁上;

3)脚手架搭设高度共 10 步,计 18 m 高;

4)里立杆离墙面 0.3 m;

5)每 2 步设一层竹架板到主体边;

6)无架板层平设置白色安全网到主体边;

7)脚手架外立杆里侧挂密目安全网封闭施工;

8)剪刀撑应在外侧立面整个长度与高度上连续设置。

5.5.4.2　悬挑脚手架工程

根据本工程的结构平面形式和建筑物高度,本工程一层以下采用全封闭双排外落地脚手架,-1 层顶开始采用外脚手架,拟采用悬挑脚手架,共悬挑三次。第一次悬挑高度到 3 层顶,第二次悬挑 4 ~ 9 层,第三次悬挑 10 ~ 15 层。结构使用脚手架拟采用满堂脚手架,内墙装饰采用简易脚手架,顶棚施工采用满堂钢管脚手架等。

所有脚手架的搭设均须按规范要求进行,各操作层必须满铺跳板,并不得有"探头板",外立面用密闭安全网封闭。

5.5.4.3　悬挑脚手架

(1)悬挑脚手架工字钢固定(规范预埋环图)

-1 层顶主体结构浇筑混凝土时,按照平面图位置预埋 U 形螺栓,按照图 5.5.1 要求设置。在 1 层混凝土浇筑 7 天后,可进行悬挑构件(型钢)的安装,然后进行悬挑双排架的搭设,依照前述顺序施工。

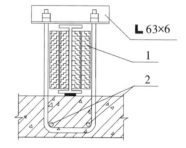

图 5.5.1　悬挑钢梁 U 形螺栓固定构造
1-木楔侧向楔紧;2-两根 1.5 m 长直径
18 mmHRB335 钢筋

(2)外挑构件要求

外挑构件采用 16#工字钢,长度约为 3.8 m。双排架体横距为 0.8 m,立杆纵距为 1.5 m,步距为 1.2 m;脚手架立杆下部支承在 16#工字钢的水平悬挑梁

上。内立杆离墙面 0.3 m;施工作业层按两层计,每层活荷载为 3 kN/m²,作业层设栏杆和挡脚板;脚手架外立杆里侧挂阻燃型密目安全网封闭施工;剪刀撑应在外侧立面整个长度与高度上连续设置;脚手架与建筑物的连墙拉结在两步两跨内采用刚性方式与建筑物主体连接,具体连接方法见附图,每个节点采用三个直角(旋转)扣件。其他搭设要求遵照 JGJ 130—2011 执行。

距离 16#工字钢端头 10 cm 和 115 cm 处,采用 ϕ18 钢筋,高度 15 cm,角焊于工字钢上平面,作为固定立杆的固定防滑端。工字钢端头底面采用 ϕ18 圆钢制作成圆环,双面焊缝 5d 焊接在底面上,作为斜拉钢丝绳的穿绳环(不在工字钢上开洞进行穿绳,避免对型钢的损伤)。在上边楼层预埋 ϕ16 圆钢吊环,作为斜拉钢丝绳固定点。悬挑钢梁穿墙构造、悬挑钢梁楼面构造及钢丝绳斜拉采用图 5.5.2 ~ 图 5.5.4。

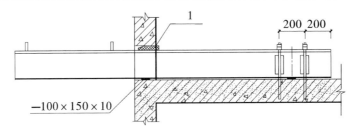

图 5.5.2　悬挑钢梁穿墙构造

1—木楔楔紧

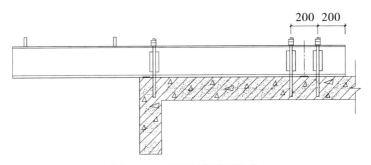

图 5.5.3　悬挑钢梁楼面构造

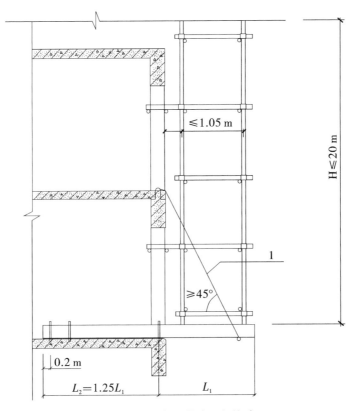

图 5.5.4　型钢悬挑脚手架构造

（3）连墙件设计

按照常规的做法连墙件两端分别用一个扣件与立杆和墙体埋件连接,按照规范公式进行多次试算,一个扣件所传递轴向力设计值均大于一个直角扣件、旋转扣件的抗滑承载力设计值 8 kN,故决定采用 2 个扣件进行连接,即连墙杆一侧分别与内、外立杆同时连接,另一侧在建筑物的内、外墙面各加两只直角扣件扣紧,这样,连墙件所能传递的轴向力设计值可达 2×8＝16 kN。连墙件立面示意图如图 5.5.5 所示,连墙件做法如图 5.5.6、图 5.5.7 所示。

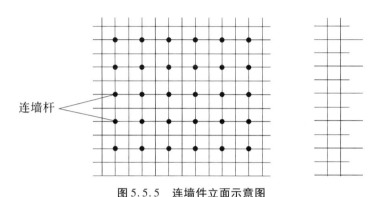

连墙杆

图 5.5.5　连墙件立面示意图

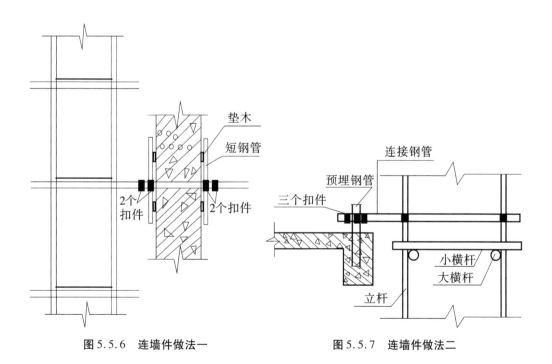

垫木
短钢管
2个扣件　2个扣件

连接钢管
预埋钢管
三个扣件
小横杆
大横杆
立杆

图 5.5.6　连墙件做法一　　　　图 5.5.7　连墙件做法二

（4）斜拉钢丝绳

钢梁上的钢丝绳采用 $\phi16(6\times19)$ 的钢丝绳。钢丝绳吊点水平间距以 1 个立杆纵距为准,即 1.5 m。在槽钢距离端头的下部,采用 $\phi18$ 圆钢双面焊缝 $5d$,焊制绳索钩。

1)为减少斜拉引起的水平力,避免立杆与小横杆连接扣件发生滑移,而引起立杆向内侧弯曲变形,应使斜拉钢丝绳与水平短横杆的交角 α 尽量大,一般 $\tan\alpha \geqslant 2 \sim 4.5$ 为宜。本工程钢丝绳张拉高度 3.0 m(约一个层高高度),吊点距墙面 1.40 m,$\tan\alpha = 3.0/1.40 = 2.14$。

2)斜拉钢丝绳用手动葫芦拉紧后再固定,做到所有钢丝绳拉紧程度基本相同,避免钢丝绳受力不均匀。

3)每个工字钢内面端部设水平杆支撑在建筑物水平梁上,抵消斜拉钢丝绳水平方向拉力,防止脚手架水平方向变形。

4)架体计算根据荷载最不利原则的悬挑体系,采用悬挑 18 m 高双排架体进行结构强度、刚度的计算;采用双排架全高进行稳定性、抗风及拉墙杆的计算。

5.5.4.4 外墙外挑双排脚手架搭设流程

施工顺序:预埋铁件、吊环及短钢筋——搭设临时支撑——制作及安装工字钢挑梁——立杆——第一步小横杆、大横杆——第二步小横杆、大横杆(逐层上升)——连墙杆——剪刀撑——铺脚手板——外排立杆的栏杆及挡脚板——挂安全网——达到卸荷楼层时搭设顶拉卸荷杆件。

(1)工字钢挑梁制作及安装

工字钢根据计算选用,安装前按钢梁平面布置图中确定的长度制作好,并按挑梁制作大样将拉环及连接立杆的短钢管焊好。当结构楼层施工完外挑楼层的顶板后可以进行外挑工字钢梁安装,工字钢梁的外挑长度严格按工字钢梁平面布置图的长度安装,每个方向先安装两端的工字钢梁,然后拉线安装中间的工字钢梁,工字钢梁的间距同立杆纵向间距,确保工字钢梁的外挑长度和水平高度一致。工字钢梁的外挑端用钢丝绳与吊环拉牢,另一端放在结构边梁上,并在梁上预埋 U 形短钢筋,钢梁校正好后短钢筋与工字钢梁固定牢,防止钢梁向内滑移。在建筑物四角的阳角上无挑梁,四角的外架采用钢丝绳斜拉,钢丝绳对应的结构柱上预埋钢筋吊环,在外挑部位和顶拉卸荷部位均对四角外架斜拉。

(2)挑架立杆搭设

立杆采用 $\phi48\times3.0$ 钢管,立杆纵向间距 1500 mm,立杆横向间距 1050 mm,内立杆距结构的距离为 350 mm。立杆接长必须采用对接扣件连接,立杆的接头应交错布置,两根相邻立杆的接头不得设置在同步内,同步内隔一根立杆的两个相隔接头在高度方向错开的距离不小于 500 mm,各接头中心至主节点的距离不大于步距的 1/3。

(3)挑架大、小水平横杆搭设

水平横杆采用 $\phi48\times3.0$ 钢管,横杆的步距为 1500 mm,小横杆的纵距为 1500 mm;小横杆内端距结构面约 200 mm,外端出外立杆 60 mm,整个外立面保持一致;大横杆放于立杆内侧和小横杆上,大横杆纵向接头采用对接扣件,对接扣件应相互错开布置,两根相邻纵向水平杆的接头不得设置在同步或同跨内,不同步或不同跨两个相邻接头在水平方向错开的距离不小于 500 mm,各接头中心至最近主节点的距离不大于纵距的 1/3。第一道大、小横杆从立杆的底部开始,大、小横杆距挑梁的距离不大于 200 mm。

(4)连墙杆搭设

连墙杆采用 φ48×3.0 钢管,连墙杆竖向间距 2900 mm(为各层层高),连墙杆的纵向间距 4500 mm(保证为立杆纵距的倍数)。连墙杆的外端分别与内外立杆连接,连墙杆要靠近主节点设置,连墙杆偏离主节点的距离不大于 300 mm。

(5)剪刀撑搭设

剪刀撑采用 φ48×3.0 钢管,每道剪刀撑宽度为 7.5 m,剪刀撑沿整个高度和长度连续设置。剪刀撑用旋转扣件固定在与之相交的横向水平杆或立杆上,旋转扣件中心线至主节点的距离不宜大于 150 mm。剪刀撑斜杆接长必须采用搭接,搭接长度为 1 m,搭接长度内至少 3 个旋转扣件固定。

(6)铺脚手板

脚手板采用竹笆脚手板或钢筋跳板,脚手板最多只允许铺四道,减少架体重量。铺脚手板的作业层,纵向水平杆应采用直角扣件固定在横向水平杆上,并应等距离设置,间距不大于 400 mm。采用竹笆脚手板时其主竹筋垂直于纵向水平杆方向铺设,且采用对接平铺,四个角应用直径 1.2 mm 的镀锌钢丝固定在纵向水平杆上;采用钢筋跳板时,跳板纵向垂直于纵向水平横杆布置,两端应用直径 1.2 mm 的镀锌钢丝固定在纵向水平杆上。

(7)栏杆及挡脚板搭设

栏杆采用 φ48×3.0 钢管,栏杆在每步架的外立杆 1/2 高度处设置。挡脚板采用 18 mm 厚胶合板制,并涂上黄色油漆,每两个步距设一道挡脚板,挡脚板紧靠脚手架外立杆设置,并用 16# 铁丝与立杆绑牢。

(8)挂安全网

安全网选用安全监督站批准的品牌,安全网挂在脚手架外立杆的外侧,外脚手架满挂安全网,安全网与脚手架的立杆或水平杆用 20# 铁丝绑牢,保证不被风吹坏。挑架最下面一道用 18 mm 厚胶合板满铺,并用安全网将底部全封闭,防止上面杂物伤人。

(9)连接点设置

在卸荷层的上层边梁外侧预埋钢筋吊环,斜拉杆一端拴住吊环,一端拴住卸荷层的横向水平杆与立杆的主连接点,并在内外立杆主连接点上增加两个扣件将主连接点扣件压紧压牢,防止横向水平杆上滑。卸荷层横向水平杆属水平压杆,在顶拉杆件受力时,横向水平杆有向内水平移动的可能,因此,卸荷层横向水平杆应延长至结构面,使横向水平杆抵牢结构面。

5.5.5　脚手架搭设要求

1)脚手架必须配合施工进度搭设,一次搭设高度不应超过相邻连墙件以上两步。

2)每搭完一步脚手架后,应按规定校正步距、纵距、横距及立杆的垂直度。

3)悬挑钢丝绳应保持张紧并按照规定设置绳扣。

4)立杆搭设应符合下列规定:

①相邻立杆的对接扣件不得在同一高度内,立杆上的对接扣件应交错布置:两根相邻立杆的接头不应设置在同步内,同步内隔一根立杆的两个相隔接头在高度方向错开的距离不小于 500 mm;各接头中心至主节点的距离不宜大于步距的 1/3。

②当搭至有连墙件的构造点时,在搭设完该处的立杆、纵向水平杆、横向水平杆后,应

立即设置连墙件。

③顶层立杆的搭接长度不应小于 1 m,应采用不少于 2 个旋转扣件固定,端部扣件盖板的边缘至杆端距离不应少于 100 mm。立杆顶端宜高出女儿墙上皮 1 m,高出檐口上皮 1.5 m。

5)纵向水平杆搭设应符合下列规定:

①纵向水平杆宜设置在立杆内侧,其长度不宜小于 3 跨。

②纵向水平杆接长宜采用对接扣件连接,也可采用搭接。

6)脚手架必须设置纵、横向扫地杆。纵向扫地杆应采用直角扣件固定在底座上皮不大于 200 mm 处的立杆上。横向扫地杆亦应采用直角扣件固定在紧靠纵向扫地杆下方的立杆上。当立杆基础不在同一高度上时,必须将高处的纵向扫地杆向低处延长两跨与立杆固定,高低差不应大于 1 m。

7)连墙件、剪刀撑、横向支撑的设置符合下列规定:

①本工程外脚手架高度小于 60 m,连墙件每 3.6 m×4.5 m 设一根。

②连墙件宜靠近主节点设置,偏离主节点的距离不应大于 300 mm;连墙件应从第一步纵向水平杆处开始设置;宜优先采用菱形布置,也可采用方形、矩形布置;一字形、开口形脚手架的两端必须设置连墙件,连墙件的垂直距离不应大于建筑物的层高,并不应大于 4 m(两步)。

③当脚手架下部暂不能设连墙杆时可搭设抛撑。抛撑应采用通长杆件与脚手架可靠连接,与地面的倾角应为 45°~60°;连接点中心至主节点的距离不应大于 300 mm。抛撑应在连墙件搭设后拆除。

④当脚手架施工操作层高出连墙件两步时,应采取临时稳定措施,直到上一层连墙件搭设完后方可根据情况拆除。

⑤每道剪刀撑宽度不应小于 4 跨,且不应小于 6 m,斜杆与地面的倾角宜为 45°~60°。

剪刀撑跨越立杆的最多根数见表 5.5.1:

表 5.5.1 剪刀撑跨越立杆的最多根数

剪刀撑斜杆与地面的倾角	45°	50°	60°
剪刀撑跨越立杆的最多根数	7	6	5

⑥本工程脚手架必须在外侧立面上连续设置剪刀撑,并应由底至顶连续设置。

⑦剪刀撑斜杆的接长宜采用搭接,搭接长度不应小于 1 m,应采用不少于 3 个旋转扣件固定。

⑧剪刀撑应随立杆、纵向水平杆和横向水平杆等同步搭设。

⑨剪刀撑斜杆应用旋转扣件固定在与之相交的横向水平杆的伸出端或立杆上,旋转扣件中心线至主节点的距离不宜大于 150 mm。

8)扣件安装符合下列规定:

①扣件规格必须与钢管外径相同。

②螺栓拧紧扭力矩不应小于 40 N·m,且不应大于 65 N·m。

③在主节点处固定横向水平杆、纵向水平杆、剪刀撑等用的直角扣件、旋转扣件的中心点的相互距离不应大于 150 mm。

④对接扣件开口应朝上或朝内。

⑤各杆件端头伸出扣件盖板边缘的长度不应小于 100 mm。

9)作业层、斜道的栏杆和挡脚板的搭设应符合下列规定:

①栏杆和挡脚板均应搭设在外立杆的内侧。

②上栏杆上皮高度应为 1.2 m。

③挡脚板高度不应小于 180 mm。

④中栏杆应居中设置。

10)脚手板的铺设应符合下列规定:

①脚手板应铺满、铺稳,离开墙面 120～150 mm。

②竹笆脚手板应按其主竹筋垂直于纵向水平杆铺设,且采用对接平铺四个角应用直径 1.2 mm 的镀锌钢丝固定在纵向水平杆上。

③作业层端部脚手板探头长度应取 150 mm,其板长两端均应用支承杆可靠地固定,脚手板探头应用直径 3.2 mm 的镀锌钢丝固定在支承杆件上。

④在拐脚、斜道平台处的脚手板,应与横向水平杆可靠连接,防止滑动;

⑤自底层作业层的脚手板往上计,宜每隔 6 m 满铺一层脚手板,其中底层采用架板进行水平全部封闭。

⑥底(首层)层架板,采用 50 mm×100 mm 方木,每隔 30 cm 铺设在大横杆上;采用木模板及铁钉钉在方木上,封闭要严密,防止底层架板被拆卸。

11)卸料平台采用定型制作成品,不得与外架相连。

5.5.6　安全管理措施

5.5.6.1　脚手架的安全设施

1)使用时严格控制使用荷载,应小于 3 kN/m^2,同一段施工小于两步。

2)作业人员应严格遵守高空作业操作规程,所用的材料堆放平衡,工具放入工具袋内,上下传递物料严禁抛掷。

3)在施工中应合理安排施工程序,不要图快或颠倒操作程序。

4)作业人员应系好安全带。

5)作业人员不得在没有安全防护设施、非固定的构件上行走,严禁在连接体或支撑件上上下攀登。

6)正确使用梯子,梯子不得缺档,不得垫高使用,梯底必须有防滑措施,直立梯子工作以 75°为宜,禁止两人同时在一个梯子作业,人字梯两片应用绳拉牢。

7)凡患高血压、心脏病、贫血证及其他不适于高处作业的人员,不得从事登高搭、拆作业,酒后人员禁止登高作业。

5.5.6.2 安全网

1)垂直设置:随着工程施工进度,外脚手架外侧满挂安全密目网,安全网封严,与外脚手架固定牢靠。

2)水平设置:根据水平安全网的构造及搭设要求搭设水平设置的安全网。

3)首层网支搭:首层水平防护是防止人、物坠落的主要安全防护,支搭必须紧固、可靠。应满足以下要求:

①紧固可靠,受力后不变形;

②首层下面不准堆放材料;

③随层网支搭。

在作业层下一步架上搭设一道水平网,以防止作业层人员坠落,随层网将随作业层上升面上升。

5.5.6.3 脚手架防电、避雷措施

1)采用避雷针与大横杆连通、接地线与整栋建筑物楼层内避雷系统连成一体的措施。

2)共设置4根避雷针,避雷针采用φ12镀锌钢筋制作,高度不小于1 m,设置在脚手架四周立杆上,并将所有最上层大横杆全部连通,形成避雷网络。

3)接地线采用40 mm×4 mm 的镀锌扁钢,将立杆与整栋建筑物楼层内避雷系统连成一体。接地线的连接应保证接触牢靠,与立杆连接时应用两道螺栓卡箍连接,螺丝加弹簧垫圈一方松动并保证接触面不小于 10 mm²,并将表面油漆及氧化层清除,露出金属光泽并涂以中性凡士林。

4)接地线与建筑物楼层内避雷系统的设置按脚手架的长度不超过 50 m 设置一个,位置不得选在人们经常走到的地方以避免跨步电压的危害,防止接地线遭机械伤害。两者的连接采用焊接,焊接长度应大于 2 倍的扁钢宽度。焊完后再用接地电阻测试仪测定电阻,要求冲击电阻不大于 10 Ω。同时应注意检查与其他金属物或埋地电缆之间的安全距离(一般不小于 3 m),以免发生击穿事故。

5.5.6.4 安全管理制度

1)施工证件:所有架子工必须具备《特种作业操作证》(接受相应三级安全教育)等准许施工证件。

2)施工手续:施工前必须进行安全技术交底,架子的搭设必须由架子工来完成。架子工应经过三级安全教育,且须持证上岗。

3)安全注意事项。

4)施工时必须戴好安全帽,正确使用并系好安全带,穿具有安全性的防滑胶底鞋。外架下部应划警戒区并设围栏。

5)脚手架必须随着楼层的施工要求搭设,搭设时避开立体交叉作业,并严格按施工

方案及相应安全规范进行施工,控制好立杆的垂直度,横杆水平以确保节点符合要求。

6)在架子的搭设过程中,一定要按照操作规程施工,严禁非法操作。

7)架子搭设质量和安全的验收,应按照企业规定的建筑外架验收标准和程序进行。

8)脚手架必须经过安全员验收合格后方可使用,作业人员必须认真戴好安全帽、系好安全带。

9)操作架上严禁堆放不必要的施工材料,只为施工人员支拆模板用。

10)严格避免以下违章作业:

①利用脚手架吊运重物;

②作业人员攀登架子上下;

③在架子上拉接、支撑模板等;

④任意拆除脚手架部件和连墙杆;

(5)起吊构件和器材时碰撞和扯动脚手架。

11)架子拆除时,应由架子工负责拆除工作,非专业人员不得随意拆卸。

12)六级以上大风、大雾、大雨天气下停止在脚手架上作业,雨雪后上架操作要有防滑措施。

13)高处作业中所用的物料,均应堆放平稳,不妨碍通行和装卸。工具应随手放入工具袋,作业中的走道、通道板和登高用具,应随时清扫干净。

14)收工前应清理架面,将材料堆放整齐,垃圾清扫运走,必须将多余材料、物品移至室内。在任何情况下,严禁自架上向架下抛掷材料、物品和倾倒垃圾。

15)施工过程中,应随时观察地基及脚手架的变化情况,大风雪后对高处作业安全设施逐一加以检查,查看是否有松动、变形、损坏或脱落等现象,发现问题及时处理。

16)在脚手架上进行电气焊作业时,必须有防火措施和专人看守。

17)架子四角应设避雷装置,防止脚手架受雷击损坏。

18)架子拆除时,应由架子工负责拆除工作,非专业人员不得随意拆除,在脚手架拆卸后,紧贴柱子的外皮做安装防护栏杆,栏杆高 1.5 m,上、下两道横杆,立杆间距 2.1 m,安装安全绿网以作防护。

19)其他未述要求按照有关架子安全技术要求和规范进行施工。

5.5.7　脚手架质量保证措施

5.5.7.1　技术交底

在脚手架施工前,由技术部、工程部对施工作业人员进行详细的技术交底,明确施工方法、施工顺序、施工安全注意事项,并办理书面交底手续,未经交底人员严禁上岗作业。尤其对架子工建立挂牌制度,并建立现场考核制度,对考核不合格者重新培训,并对其已完成的工作进行全面检查。

5.5.7.2　模板支架使用材料的验收

对使用的型钢、钢管、扣件、托撑、安全网等进行验收,验收分两个阶段:

①验收各配件的材质报告。

②现场验收材料质量，并做记录。

5.5.7.3 对脚手架相关环节进行验收

①脚手架必须进行专业验收。

②对方案进行内部审批。

③对方案进行专家审查。

④由工程项目负责人组织安全部、工程部、技术部、施工作业队长等相关专业人员进行验收。合格后报监理工程师验收。

5.5.8 检查与验收

5.5.8.1 构配件检查与验收

1）检查钢管、型钢产品质量合格证。

2）检查进场质量检测报告。

3）检查进场质量检查记录。

4）检查钢管外观：平直、光滑，无裂痕、结疤、分层、错位、硬弯、毛刺、压痕和深的划道。

5）检查钢管的外径、壁厚、端面等的偏差是否满足规范要求。

6）检查钢管表面锈蚀深度是否满足规范要求。

7）检查扣件的生产许可证、法定检测单位的检测报告和产品合格证。

8）检查扣件的进场抽样检测报告。

9）检查扣件的实体质量，不得有裂痕、变形，螺栓不得有滑丝。

10）检查型钢、钢丝绳的实体质量，不得锈蚀严重，兜绳钩不得有脱焊。

5.5.8.2 架体检查与验收

1）悬挑脚手架在钢梁安全检查完毕后应进行一次中间验收。

2）脚手架在搭设过程中应对杆件的设置、连接件、构造措施进行跟踪检查。

3）架体搭设完毕使用前，对架体进行验收，必须满足本方案的设计、构造要求及规范要求。具体见表5.5.2

4）使用过程中，检查是否超载。每步检查验收必须做好记录，备查。

表 5.5.2 脚手架搭设的技术要求允许偏差与检验方法

项次	项目		技术要求	允许偏差/mm	检查方法与工具
1	地基基础	表面	坚实平整	—	观察
		排水	不积水		
		垫板	不晃动		
		底座	不滑动		
			不沉降	−10	

项次	项目	搭设中检查偏差的高度/m	总高度			检查方法与工具
			30 m	20 m	10 m	
2	立杆垂直度	$H=2$	±7			用经纬仪或吊线和卷尺（中间档次用插入法）
		$H=10$	±33	±7	±7	
		$H=20$	±66	±66	±100	
		$H=30$	±100	±100		

项次	项目		技术要求	允许偏差/mm	检查方法与工具
3	间距	步距	—	±20	钢板尺
		纵距		±50	
		横距		±20	
4	双排脚手架横向水平杆外伸长度偏差		外伸 500 mm	−50	钢板尺
5	纵向水平杆高差	一根杆的两端	—	±20	水平仪或水平尺
		同跨内两根纵向水平杆高差	—	±10	
6	扣件安装	主节点处各扣件中心点相互距离	$a \leqslant 150$ mm	—	钢板尺
		同步立杆上两个相隔对接扣件的高差	$a \geqslant 500$ mm	—	钢卷尺
		立杆上的对接扣件至主节点的距离	$a \leqslant h/3$	—	钢卷尺
		纵向水平杆上的对接扣件至主节点的距离	$a \leqslant l_a/3$	—	钢卷尺
		扣件螺栓拧紧扭力矩	40 ~ 65 N·m	—	扭力扳手
7	剪刀撑斜杆与地面的倾角		45° ~ 60°	—	角尺

续表 5.5.2

项次	项目		技术要求	允许偏差/mm	检查方法与工具
8	脚手板外伸长度	对接	$a = 130 \sim 150$ mm $l \leqslant 300$ mm	—	卷尺
		搭接	$A \geqslant 100$ mm $l \geqslant 200$ mm		卷尺

5.5.9　脚手架的拆除

拆除脚手架时,应符合下列规定:

1)拆除作业必须由上而下逐层进行,严禁上下同时作业。

2)连墙件必须随脚手架逐层拆除,严禁先将连墙件整层或数层拆除后再拆脚手架;分段拆除高差不应大于 2 步,如高差大于 2 步,应增设连墙杆加固。

3)当脚手架拆至下部最后一根长立杆的高度(约 6.5 m)时,应先在适当位置搭设临时抛撑加固后,再拆除连墙件。

4)当脚手架采取分段、分立面拆除时,对不拆除的脚手架两端应设置连墙件和加固横向斜撑;且连墙件的垂直距离不应大于建筑物的层高,并不应大于 4 m(2 步)。横向斜撑在同一节间,由底至顶层呈"之"字形连续布置,中间每隔 6 跨设置一道。

5)卸料时各配件严禁抛掷至地面。

5.5.10　使用安全管理

5.5.10.1　使用安全管理措施

1)搭设脚手架人员必须是经过考核合格的专业架子工,上岗人员必须定期体检,合格者方可上岗。

2)搭设脚手架人员必须正确佩戴安全帽,系安全带,穿防滑鞋。

3)脚手架的构件质量与搭设质量应按规范进行检查验收,合格后方可准许使用。

4)外架作业时,仅可一层作业。作业层上的施工荷载应符合要求,不得超载,不得将模板支架、缆风绳、泵送砼和砂浆的输送泵等固定在脚手架上,严禁悬挂起重设备。

5)当有六级及六级以上大风和雾雨雪天气时应停止脚手架搭设与拆除作业。雨雪后上架作业应有防滑措施,并应扫除积雪。

6)脚手架的安全检查与维护应按规范规定进行,安全网应按有关规定搭设或拆除。

7)在脚手架使用期间,严禁拆除下列杆件:

①主节点处的纵、横向水平杆,纵、横向扫地杆。

②连墙件。

8)临街搭设脚手架时,外侧应有防止坠物伤人的防护措施。

9)在脚手架上进行电气焊作业时,必须有防火措施和专人看守。

10)工地临时用电线路的架设及脚手架接地、避雷措施等,应按规定设置。

11)搭拆脚手架时现场应设围护栏和警戒标志,并有专人看守,严禁非操作人员入内。

5.5.10.2 注意事项

(1)架体搭设注意事项

1)在楼面上固定型钢预埋的 $\phi16$ 钢筋 U 形套箍要满足钢筋的锚固长度 $35d$,且端部套箍距离型钢端部必须大于 15 cm,不得超过 25 cm。斜拉钢丝绳吊钩钢筋锚固长度为 $35d$,斜拉钢丝绳与构件接触处应采取防止被锐口划伤的措施。

2)装饰作业时,只能单层作业。

3)槽钢不允许随便钻孔、打眼。

4)预埋吊环为 $\phi16$ 圆钢筋,要满足钢筋的锚固长度 $35d$。

5)后期电梯搭设时,不与该外架连接,具体构造措施在电梯搭设专项方案中明确。

6)槽钢底应准确地放在定位线上,垫板必须铺放平稳,立杆根部焊钢筋定位。

7)搭设立柱时,外径不同的钢管严禁混用,相邻立柱的对接扣件不得在同一高度内,错开距离应符合构造要求。

8)开始搭立柱时,应每隔 6 跨设置一根抛撑,直至连墙件安装稳定后,方可根据情况拆除。

9)当搭至有连墙件的构造层时,搭设完该处的立柱、纵向水平杆、横向水平杆后,应立即设置连墙件。

10)封闭型脚手架的同一步纵向水平杆必须四周交圈,用直角扣件与内、外角柱固定。

11)双排脚手架的横向水平杆靠墙一端至墙装饰面的距离不应大于 100 mm。

12)当脚手架操作层高出连墙件两步时,应采取临时稳定措施,直到连墙件搭设完后方可拆除。

13)剪刀撑、横向支撑应随立柱、纵横向水平杆等同步搭设,剪刀撑、横向支撑等扣件的中心线距主节点距离不应大于 150 mm。

14)对接扣件的开口应朝上或朝内。各杆件端头伸出扣件盖板边缘的长度不应小于 100 mm。

15)铺设脚手板时,应满铺、铺稳,靠墙一侧立墙面距离不应大于 150 mm。脚手板的端头应采用直径 3.2 mm 的镀锌钢丝固定在支撑杆上,在拐角、斜道平口处的脚手板,应与横向水平杆可靠连接,以防止滑动。

16)樽和挡脚板应搭设在外排立柱的内侧,上樽上皮 1.2 m,中樽居中设置,挡脚板高度不应小于 150 mm。

17)脚手架搭设完毕后,必须经有关部门验收后,方可投入使用。

(2)脚下架拆除要点

1)划出工作区域,禁止行人进入。

2)严格遵守拆除顺序,由上而下,后绑者先拆除,先绑者后拆除,一般先拆樽脚手板、剪刀撑,而后拆小横杆、大横杆、立杆等。

3)统一指挥,上下呼应,动作协调,当解开与另一个人有关的结扣时,应先告知对方,以防坠落。

4)材料工具要用滑轮和绳索运送,不得乱扔。

5.5.11   文明施工、环境保护措施

1)外挑架施工前要对工人安全技术交底。

2)作业人员要正确佩戴使用安全带、安全帽、防滑鞋。

3)严格监督,按规范及要求施工。

4)作业人员要持证上岗。

5)凡患高血压、心脏病、贫血证及其他不适于高处作业的人员,不得从事登高搭、拆工作,酒后人员禁止登高作业。

6)作业现场周边设置警戒带,设置警示标志,配专人现场监护。

7)脚手架必须随着楼层的施工要求搭设,搭设时避开立体交叉作业,并严格按施工方案及相应安全规范进行施工,控制好立杆的垂直度,横杆水平以确保节点符合要求。

8)架子搭设质量和安全的验收,应按照企业规定的建筑外架验收标准和程序进行。

9)严格避免以下违章作业:

①利用脚手架吊运重物;

②作业人员攀登架子上下;

③在架子上拉结、支撑模板等;

④任意拆除脚手架部件和连墙杆;

⑤起吊构件和器材时碰撞和扯动脚手架。

10)六级以上大风、大雾、大雨天气下停止在脚手架上作业,雨雪后上架操作要有防滑措施。

11)高处作业中所用的物料,均应堆放平稳,不妨碍通行和装卸。

12)在脚手架进行电气焊作业时,必须有防火措施和专人看守。

13)架体不能堆放材料等物品。

14)架体内定期经常清理。

15)架体要经常定期、不定期检查(每天检查)以下几个方面:

①首层严密性;②架体上的杂物清理;③连墙件及架体的稳定性;④消防器材、消防设备、消防水等;⑤每层的平面防护、立面防护、临边防护;⑥避雷接地。

5.5.12   附件(挑架工字钢平面尺寸布置图)

其中,9#、10#、15#楼外挑架布置见图5.5.8,7#、12#、13#、14#标准层平面图见图5.5.9,11#、8#楼外挑架外挑槽布置见图5.5.10。

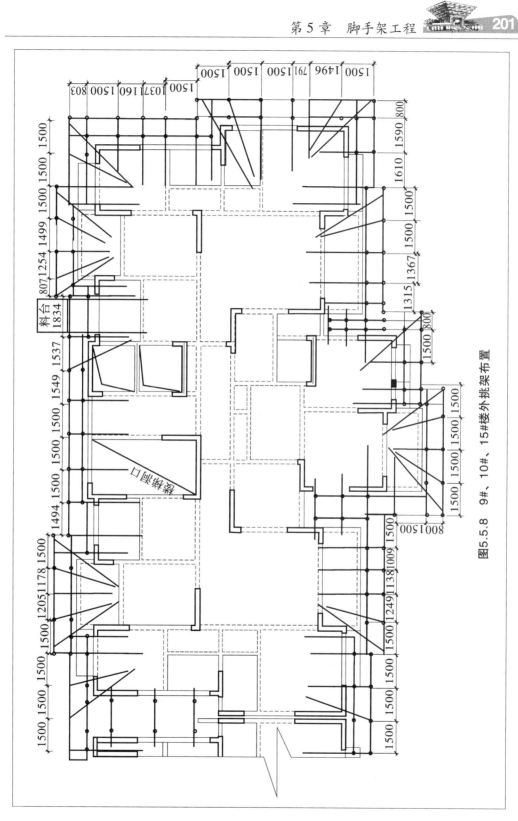

图5.5.8　9#、10#、15#楼外挑架布置

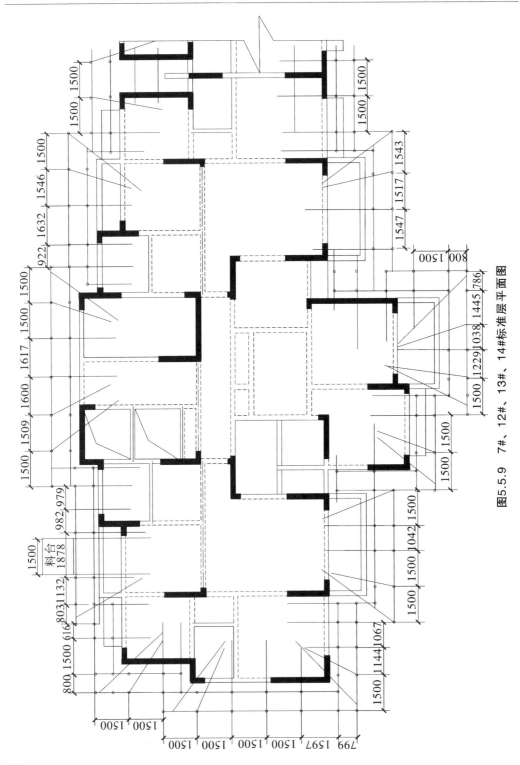

图5.5.9　7#、12#、13#、14#标准层平面图

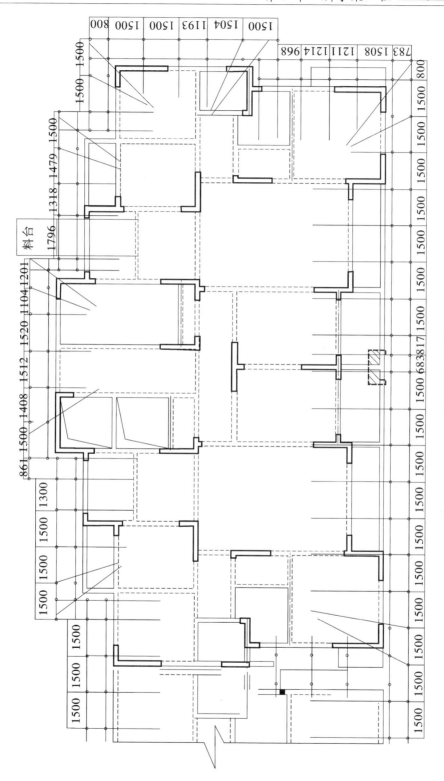

图5.5.10　11#、8#楼外挑架外挑槽布置

5.5.13 普通型钢悬挑脚手架计算书

普通型钢悬挑扣件式钢管脚手架的计算依据《建筑施工扣件式钢管脚手架安全技术规范》（JGJ 130—2011）、《建筑结构荷载规范》（GB 50009—2012）、《钢结构设计规范》（GB 50017—2003）等规范编制。

5.5.13.1 参数信息

（1）脚手架参数

双排脚手架搭设高度为 18 m，立杆采用单立杆；

搭设尺寸：立杆的纵距为 1.5 m，立杆的横距为 1.05 m，立杆的步距为 1.5 m；

内排架距离墙长度为 0.30 m；

大横杆在上，搭接在小横杆上的大横杆根数为 2 根；

采用的钢管类型为 $\phi48\times3.0$；

横杆与立杆连接方式为单扣件，取扣件抗滑承载力系数 0.80；

连墙件布置取两步两跨，竖向间距 3 m，水平间距 3 m，采用扣件连接；

连墙件连接方式为双扣件连接；

（2）活荷载参数

施工均布荷载（kN/m^2）：2.000；

脚手架用途：装修脚手架；

同时施工层数：2 层。

（3）风荷载参数

本工程地处河南省郑州市，查荷载规范基本风压为 0.450，风荷载高度变化系数 μ_z 为 0.740，风荷载体型系数 μ_s 为 0.645；

计算中考虑风荷载作用。

（4）静荷载参数

每米立杆承受的结构自重荷载标准值（kN/m^2）：0.1394；

脚手板自重标准值（kN/m^2）：0.300；

栏杆挡脚板自重标准值（kN/m）：0.150；

安全设施与安全网自重标准值（kN/m^2）：0.005；

脚手板铺设层数：6 层；

脚手板类别：竹笆脚手板。

（5）水平悬挑支撑梁

悬挑水平钢梁采用 16a 号槽钢，其中建筑物外悬挑段长度 1.2 m，建筑物内锚固段长度 1.5 m；

与楼板连接的螺栓直径（mm）：20.00；

楼板混凝土标号：C35。

（6）拉绳与支杆参数

支撑数量为：1；

钢丝绳安全系数:8.000;

钢丝绳与墙距离(m):3.000;

悬挑水平钢梁采用钢丝绳与建筑物拉结(图5.5.11),最里面钢丝绳距离建筑物1.2 m。

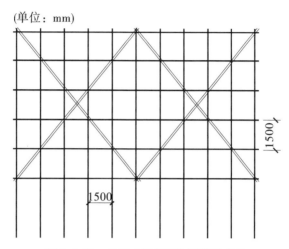

(单位: mm)

图5.5.11　悬挑水平钢梁与建筑物拉结

5.5.13.2　大横杆的计算

按照《建筑施工扣件式钢管脚手架安全技术规范》(JGJ 130—2011)第5.2.4条规定,大横杆按照三跨连续梁进行强度和挠度计算,大横杆在小横杆的上面。将大横杆上面的脚手板自重和施工活荷载作为均布荷载计算大横杆的最大弯矩和变形。

(1)均布荷载值计算

大横杆的自重标准值:$P_1 = 0.033$ kN/m;

脚手板的自重标准值:$P_2 = 0.3 \times 1.05/(2+1) = 0.105$ kN/m;

活荷载标准值:$Q = 2 \times 1.05/(2+1) = 0.7$ kN/m;

静荷载的设计值:$q_1 = 1.2 \times 0.033 + 1.2 \times 0.105 = 0.166$ kN/m;

活荷载的设计值:$q_2 = 1.4 \times 0.7 = 0.98$ kN/m。

(2)强度验算

跨中和支座最大弯矩分别按图5.5.12、图5.5.13组合。

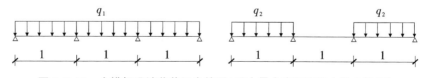

图5.5.12　大横杆设计荷载组合简图(跨中最大弯矩和跨中最大挠度)

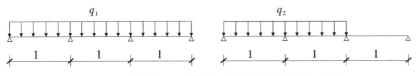

图 5.5.13 大横杆设计荷载组合简图(支座最大弯矩)

跨中最大弯矩计算公式如下:

$$M_{1max} = 0.08q_1l^2 + 0.01q_2l^2$$

跨中最大弯矩为

$$M_{1max} = 0.08 \times 0.166 \times 1.5^2 + 0.10 \times 0.98 \times 1.5^2 = 0.25 \text{ kN} \cdot \text{m}$$

支座最大弯矩计算公式如下:

$$M_{2max} = -0.01q_1l^2 - 0.117q_2l^2$$

支座最大弯距为

$$M_{2max} = -0.10 \times 0.166 \times 1.5^2 - 0.117 \times 0.98 \times 1.5^2 = -0.295 \text{ kN} \cdot \text{m}$$

选择支座弯矩和跨中弯矩的最大值进行强度验算:

$$\sigma = \text{Max}(0.25 \times 10^6, 0.295 \times 10^6)/4490 = 65.702 \text{ N/mm}^2;$$

大横杆的最大弯曲应力为 $\sigma = 65.702$ N/mm^2,小于大横杆的抗压强度设计值 $[f] = 205$ N/mm^2,满足要求。

(3)挠度验算:

最大挠度考虑为三跨连续梁均布荷载作用下的挠度。

计算公式如下:

$$V_{max} = 0.677 \frac{q_1l^4}{100EI} + 0.990 \frac{q_2l^4}{100EI}$$

其中:

静荷载标准值:$q_1 = P_1 + P_2 = 0.033 + 0.105 = 0.138$ kN/m;

活荷载标准值:$q_2 = Q = 0.7$ kN/m;

最大挠度计算值为:

$$V = \frac{0.677 \times 0.138 \times 1500^4}{(100 \times 2.06 \times 10^5 \times 107800)} + \frac{0.990 \times 0.7 \times 1500^4}{(100 \times 2.06 \times 10^5 \times 107800)} = 1.793 \text{ mm};$$

大横杆的最大挠度 1.793 mm,小于大横杆的最大容许挠度 1500/150 mm 与 10 mm,满足要求。

5.5.13.3 小横杆的计算

根据 JGJ 130—2011 第 5.2.4 条规定,小横杆按照简支梁进行强度和挠度计算,大横杆在小横杆的上面。用大横杆支座的最大反力计算值作为小横杆集中荷载,在最不利荷载布置下计算小横杆的最大弯矩和变形。计算简图见图 5.5.14。

(1)荷载值计算

大横杆的自重标准值:$P_1 = 0.033 \times 1.5 = 0.05$ kN;

脚手板的自重标准值：$P_2 = 0.3 \times 1.05 \times 1.5/(2+1) = 0.158$ kN；

活荷载标准值：$Q = 2 \times 1.05 \times 1.5/(2+1) = 1.050$ kN；

集中荷载的设计值：$P = 1.2 \times (0.05 + 0.158) + 1.4 \times 1.05 = 1.719$ kN。

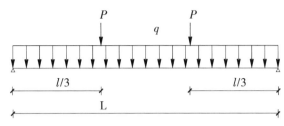

图 5.5.14　小横杆计算简图

（2）强度验算

最大弯矩考虑为小横杆自重均布荷载与大横杆传递荷载的标准值最不利分配的弯矩和均布荷载最大弯矩，计算公式如下：

$$M_{q\max} = ql^2/8$$

$$M_{x\max} = 1.2 \times 0.033 \times 1.05^2/8 = 0.006 \text{ kN} \cdot \text{m}$$

集中荷载最大弯矩计算公式如下：

$$M_{P\max} = \frac{Pl}{3}$$

$$M_{p\max} = 1.719 \times 1.05/3 = 0.602 \text{ kN} \cdot \text{m}$$

最大弯矩 $M = M_{q\max} + M_{p\max} = 0.607$ kN·m；

最大应力计算值 $\sigma = M/W = 0.607 \times 10^6/4490 = 135.22$ N/mm²；

小横杆的最大弯曲应力 $\sigma = 135.22$ N/mm²，小于小横杆的抗压强度设计值 205 N/mm²，满足要求。

（3）挠度验算

最大挠度考虑为小横杆自重均布荷载与大横杆传递荷载的设计值最不利分配的挠度和小横杆自重均布荷载引起的最大挠度，计算公式如下：

$$V_{q\max} = \frac{5ql^4}{384EI}$$

$$V_{q\max} = 5 \times 0.033 \times 1050^4/(384 \times 2.06 \times 10^5 \times 107800) = 0.024 \text{ mm}$$

大横杆传递荷载 $P = P_1 + P_2 + Q = 0.05 + 0.158 + 1.05 = 1.257$ kN；

集中荷载标准值最不利分配引起的最大挠度计算公式如下：

$$V_{P\max} = \frac{Pl(3ql^2 - 4l^2/9)}{72EI}$$

$$V_{p\max} = 1257.45 \times 1050 \times (3 \times 1050^2 - 4 \times 1050^2/9)/(72 \times 2.06 \times 10^5 \times 107800)$$

$$= 2.327 \text{ mm}；$$

最大挠度和 $V = V_{q\max} + V_{p\max} = 0.024 + 2.327 = 2.35$ mm；

小横杆的最大挠度为 2.35 mm，小于小横杆的最大容许挠度 1050/150 mm 与 10 mm，满足要求。

5.5.13.4 扣件抗滑力的计算

按规范直角、旋转单扣件承载力取值为 8.00 kN,按照扣件抗滑承载力系数 0.80,该工程实际的旋转单扣件承载力取值为 6.40 kN。

纵向或横向水平杆与立杆连接时,扣件的抗滑承载力按照下式计算(规范 5.2.5):

$$R \leqslant R_c$$

式中　R_c——扣件抗滑承载力设计值,取 6.40 kN;

R——纵向或横向水平杆传给立杆的竖向作用力设计值。

大横杆的自重标准值:$P_1 = 0.033 \times 1.5 \times 2/2 = 0.05$ kN;

小横杆的自重标准值:$P_2 = 0.033 \times 1.05/2 = 0.017$ kN;

脚手板的自重标准值:$P_3 = 0.3 \times 1.05 \times 1.5/2 = 0.236$ kN;

活荷载标准值:$Q = 2 \times 1.05 \times 1.5 /2 = 1.575$ kN;

荷载的设计值:$R = 1.2 \times (0.05 + 0.017 + 0.236) + 1.4 \times 1.575 = 2.569$ kN;

$R < 6.40$ kN,单扣件抗滑承载力的设计计算满足要求。

5.5.13.5 脚手架立杆荷载的计算

作用于脚手架的荷载包括静荷载、活荷载和风荷载。静荷载标准值包括以下内容。

1)每米立杆承受的结构自重标准值,为 0.1394 kN:

$$N_{G1} = [0.1394 + (1.50 \times 2/2) \times 0.033/1.50] \times 18.00 = 3.109 \text{ kN}$$

2)脚手板的自重标准值;采用竹笆片脚手板,标准值为 0.3 kN/m²:

$$N_{G2} = 0.3 \times 6 \times 1.5 \times (1.05 + 0.3)/2 = 1.822 \text{ kN}$$

3)栏杆与挡脚手板自重标准值;采用栏杆、竹笆片脚手板挡板,标准值为 0.15 kN/m:

$$N_{G3} = 0.15 \times 6 \times 1.5/2 = 0.675 \text{ kN}$$

4)吊挂的安全设施荷载,包括安全网为 0.005 kN/m²:

$$N_{G4} = 0.005 \times 1.5 \times 18 = 0.135 \text{ kN}$$

经计算得到,静荷载标准值:

$$N_G = N_{G1} + N_{G2} + N_{G3} + N_{G4} = 5.741 \text{ kN}$$

活荷载为施工荷载标准值产生的轴向力总和,内、外立杆按一纵距内施工荷载总和的 1/2 取值。

经计算得到,活荷载标准值:

$$N_Q = 2 \times 1.05 \times 1.5 \times 2/2 = 3.15 \text{ kN}$$

风荷载标准值按照以下公式计算:

$$W_k = 0.7 U_z \cdot U_s \cdot W_o$$

式中　W_o——基本风压(kN/m²),按照《建筑结构荷载规范》(GB 50009—2012)的规定采用:$W_o = 0.45$ kN/m²;

U_z——风荷载高度变化系数,按照《建筑结构荷载规范》(GB 50009—2012)的规定采用:$U_z = 0.74$;

U_s——风荷载体型系数:取值为 0.645。

经计算得到,风荷载标准值:

$$W_k = 0.7 \times 0.45 \times 0.74 \times 0.645 = 0.15 \text{ kN/m}^2$$

不考虑风荷载时,立杆的轴向压力设计值计算公式:

$$N = 1.2N_G + 1.4N_Q = 1.2 \times 5.741 + 1.4 \times 3.15 = 11.299 \text{ kN}$$

考虑风荷载时,立杆的轴向压力设计值为:

$$N = 1.2N_G + 0.85 \times 1.4N_Q = 1.2 \times 5.741 + 0.85 \times 1.4 \times 3.15 = 10.638 \text{ kN}$$

风荷载设计值产生的立杆段弯矩 M_w 为:

$$M_w = 0.85 \times 1.4 W_k L_a h^2 / 10 = 0.850 \times 1.4 \times 0.15 \times 1.5 \times 1.5^2 / 10 = 0.06 \text{ kN} \cdot \text{m}$$

5.5.13.6 立杆的稳定性计算

不考虑风荷载时,立杆的稳定性计算公式为:

$$\sigma = \frac{N}{\phi A} \leqslant [f]$$

立杆的轴向压力设计值:$N = 11.299$ kN;

计算立杆的截面回转半径:$i = 1.59$ cm;

计算长度附加系数参照《扣件式规范》表 5.3.3 得:$k = 1.155$;当验算杆件长细比时,取 1.0;

计算长度系数参照《扣件式规范》表 5.3.3 得:$\mu = 1.5$;

计算长度,由公式 $l_o = k \times \mu \times h$ 确定:$l_o = 2.599$ m;

长细比 $L_o / i = 163$;

轴心受压立杆的稳定系数 φ,由长细比 l_o / i 的计算结果查表得到:$\varphi = 0.265$;

立杆净截面面积:$A = 4.24$ cm^2;

立杆净截面模量(抵抗矩):$W = 4.49$ cm^3;

钢管立杆抗压强度设计值:$[f] = 205$ N/mm^2;

$$\sigma = 11299/(0.265 \times 424) = 100.564 \text{ N/mm}^2$$

立杆稳定性计算 $\sigma = 100.564$ N/mm^2,小于立杆的抗压强度设计值 $[f] = 205$ N/mm^2,满足要求。

考虑风荷载时,立杆的稳定性计算公式

$$\sigma = \frac{N}{\phi A} + \frac{M_w}{W} \leqslant [f]$$

立杆的轴心压力设计值:$N = 10.638$ kN;

计算立杆的截面回转半径:$i = 1.59$ cm;

计算长度附加系数参照《建筑施工扣件式钢管脚手架安全技术规范》表 5.3.3 得:$k = 1.155$;

计算长度系数参照《建筑施工扣件式钢管脚手架安全技术规范》表 5.3.3 得:$\mu = 1.5$;

计算长度,由公式 $l_0 = k \cdot \mu \cdot h$ 确定:$l_0 = 2.599$ m;

长细比:$L_0 / i = 163$;

轴心受压立杆的稳定系数 φ,由长细比 l_o / i 的结果查表得到:$\varphi = 0.265$;

立杆净截面面积:$A = 4.24$ cm²;

立杆净截面模量(抵抗矩):$W = 4.49$ cm³;

钢管立杆抗压强度设计值:$[f] = 205$ N/mm²;

$\sigma = 10637.82/(0.265 \times 424) + 60384.118/4490 = 108.125$ N/mm²;

立杆稳定性计算 $\sigma = 108.125$ N/mm²,小于立杆的抗压强度设计值 $[f] = 205$ N/mm²,满足要求。

5.5.13.7 连墙件的计算

连墙件的轴向力设计值应按照下式计算:

$$N_1 = N_{1w} + N_0$$

风荷载标准值 $W_k = 0.15$ kN/m²;

每个连墙件的覆盖面积内脚手架外侧的迎风面积 $A_w = 9$ m²;

按《建筑施工扣件式钢管脚手架安全技术规范》5.4.1 条连墙件约束脚手架平面外变形所产生的轴向力,$N_0 = 5.000$ kN;风荷载产生的连墙件轴向力设计值,按照下式计算:

$$N_{1w} = 1.4 \times W_k \times A_w = 1.894 \text{ kN}$$

连墙件的轴向力设计值 $N_1 = N_{1w} + N_0 = 6.894$ kN;

连墙件承载力设计值按下式计算:

$$N_f = \varphi \cdot A \cdot [f]$$

式中,φ—— 轴心受压立杆的稳定系数。由长细比 $l_0/i = 300/15.9$ 的结果查表得到 $\varphi = 0.949$,l 为内排架距离墙的长度。

又:$A = 4.24$ cm²,$[f] = 205$ N/mm²,连墙件轴向承载力设计值为 $N_f = 0.949 \times 4.24 \times 10^{-4} \times 205 \times 10^3 = 82.487$ kN

$N_1 = 6.894$ kN$< N_f = 82.487$ kN,连墙件的设计计算满足要求。

连墙件采用双扣件与墙体连接。连墙件扣件连接示意图如图 5.5.15 所示。

由以上计算得到 $N_1 = 6.894$ kN,小于双扣件的抗滑力 12.8 kN,满足要求。

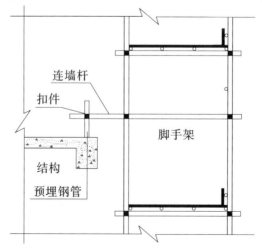

图 5.5.15 连墙件扣件连接示意图

5.5.13.8　悬挑梁的受力计算

悬挑脚手架的水平钢梁按照带悬臂的连续梁计算。

悬臂部分受脚手架荷载 N 的作用,里端 B 为与楼板的锚固点,A 为墙支点。悬挑脚手架示意图见图 5.5.16。

本方案中,脚手架排距为 1050 mm,内排脚手架距离墙体 300 mm,支拉斜杆的支点距离墙体为 1200 mm,水平支撑梁的截面惯性矩 $I=866.2\ \text{cm}^4$,截面抵抗矩 $W=108.3\ \text{cm}^3$,截面积 $A=21.95\ \text{cm}^2$。悬挑脚手架计算简图见图 5.5.17。

受脚手架集中荷载 $N=1.2\times5.741+1.4\times3.15=11.299$ kN;

水平钢梁自重荷载 $q=1.2\times21.95\times0.0001\times78.5=0.207$ kN/m。

悬挑脚手架支撑梁剪力变形图、弯矩图分别见图 5.5.18、图 5.5.19、图 5.5.20。

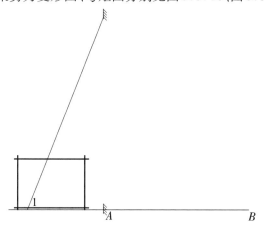

图 5.5.16　悬挑脚手架示意图

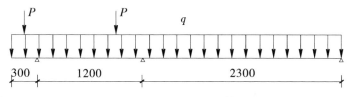

图 5.5.17　悬挑脚手架计算简图

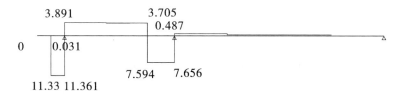

图 5.5.18　悬挑脚手架支撑梁剪力图(单位:kN)

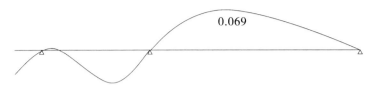

图 5.5.19　悬挑脚手架支撑梁变形图(单位:mm)

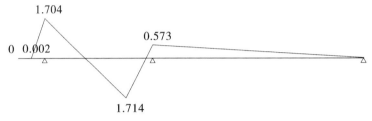

图 5.5.20　悬挑脚手架支撑梁弯矩图(单位:kN·m)

经过连续梁的计算得到各支座对支撑梁的支撑反力由左至右分别为:

$R[1] = 15.253$ kN;

$R[2] = 8.143$ kN;

$R[3] = -0.011$ kN。

最大弯矩 $M_{max} = 1.714$ kN·m;

最大应力 $\sigma = M/1.05W + N/A = \dfrac{1.714 \times 10^6}{(1.05 \times 108300)} + \dfrac{0 \times 10^3}{2195} = 15.076$ N/mm²;

水平支撑梁的最大应力计算值 15.076 N/mm²,小于水平支撑梁的抗压强度设计值 215 N/mm²,满足要求。

5.5.13.9　悬挑梁的整体稳定性计算

水平钢梁采用 16a 号槽钢,计算公式如下:

$$\sigma = \frac{M}{\phi_b W_k} \leqslant [f]$$

式中　φ_b——均匀弯曲的受弯构件整体稳定系数,按照下式计算:

$$\phi_b = \frac{570tb}{lh} \cdot \frac{235}{f_y}$$

$\varphi_b = 570 \times 10 \times 63 \times 235/(1200 \times 160 \times 235) = 1.87$

由于 φ_b 大于 0.6,查《钢结构设计规范》(GB 50017—2003)附表,得到 φ_b 值为 0.919。

经过计算得到最大应力 $\sigma = 1.714 \times 10^6/(0.919 \times 108300) = 17.221$ N/mm²

水平钢梁的稳定性计算 $\sigma = 17.221$ N/mm²,小于 $[f] = 215$ N/mm²,满足要求。

5.5.13.10　拉绳的受力计算

水平钢梁的轴力 R_{AH} 和拉钢绳的轴力 R_{Ui} 按照计算

$$R_{AH} = \sum_{i=1}^{n} R_{Ui}\cos\theta_i$$

式中 $R_{Ui}\cos\theta_i$ 为钢绳的拉力对水平杆产生的轴压力。

各支点的支撑力 $R_{Ci} = R_{Ui}\sin\theta_i$。

按照以上公式计算得到由左至右各钢绳拉力分别为:

$$R_{U1} = 16.428 \text{ kN}$$

5.5.13.11　拉绳的强度计算

钢丝拉绳(支杆)的内力计算:

钢丝拉绳(斜拉杆)的轴力 R_U 均取最大值进行计算,为

$$R_U = 16.428 \text{ kN}$$

如果上面采用钢丝绳,钢丝绳的容许拉力按照下式计算:

$$[F_g] = \frac{\alpha F_g}{K}$$

式中　$[F_g]$ ——钢丝绳的容许拉力(kN)。

F_g ——钢丝绳的钢丝破断拉力总和(kN)。计算中可以近似计算 $F_g = 0.5\ d^2$,d 为钢丝绳直径(mm)。

α ——钢丝绳之间的荷载不均匀系数,对 6×19、6×37、6×61 钢丝绳分别取 0.85、0.82 和 0.8。

K ——钢丝绳使用安全系数。

计算中 $[F_g]$ 取 16.428 kN,$\alpha = 0.82$,$K = 8$。

经计算,钢丝绳最小直径必须大于 18 mm 才能满足要求。

钢丝拉绳(斜拉杆)的拉环强度计算:

钢丝拉绳(斜拉杆)的轴力 R_U 的最大值进行计算作为拉环的拉力 N,为:

$$N = R_U = 16.428 \text{ kN}$$

钢丝拉绳(斜拉杆)的拉环的强度计算公式为

$$\sigma = \frac{N}{A} \leqslant [f]$$

式中 $[f]$ ——拉环受力的单肢抗剪强度,取 $[f] = 125 \text{ N/mm}^2$。

所需要的钢丝拉绳(斜拉杆)的拉环最小直径

$$D = (1642.774\times4/3.142\times125)^{1/2} = 13 \text{ mm}$$

5.5.13.12　锚固段与楼板连接的计算

(1)水平钢梁与楼板压点如果采用钢筋拉环,拉强度计算如下:

水平钢梁与楼板压点的拉环受力 $R = 0.011 \text{ kN}$;

水平钢梁与楼板压点的拉环强度计算公式为:

$$\sigma = \frac{N}{A} \leqslant [f]$$

式中 [f]——拉环钢筋抗拉强度,按照《混凝土结构设计规范》10.9.8 条[f]=50 N/mm^2。

所需要的水平钢梁与楼板压点的拉环最小直径 D = [11.417×4/(3.142×50×2)]1/2 =0.0727 mm;

水平钢梁与楼板压点的拉环一定要压在楼板下层钢筋下面,并要保证两侧 30 cm 以上搭接长度。

(2)水平钢梁与楼板压点如果采用螺栓,螺栓黏结力锚固强度计算如下。

锚固深度计算公式:

$$h \geqslant \frac{N}{\pi d [f_b]}$$

式中　N——锚固力,即作用于楼板螺栓的轴向拉力,N=0.011 kN;

　　　d——楼板螺栓的直径,d=20 mm;

　　　[f_b]——楼板螺栓与混凝土的容许黏结强度,计算中取 1.57 N/mm^2;

　　　[f]——钢材强度设计值,取 215 N/mm^2;

　　　h——楼板螺栓在混凝土楼板内的锚固深度。

经过计算得到 h 要大于 11.417/(3.142×20×1.57) = 0.116 mm。

螺栓所能承受的最大拉力 F = 1/4×3.14×20^2×215×10^{-3} = 67.51 kN

螺栓的轴向拉力 N=0.011 kN,小于螺栓所能承受的最大拉力 F=67.51 kN,满足要求。

(3)水平钢梁与楼板压点如果采用螺栓,混凝土局部承压计算如下。

混凝土局部承压的螺栓拉力要满足公式:

$$N \leqslant \left(b^2 - \frac{\pi d}{4} \right) f_{cc}$$

式中　N——锚固力,即作用于楼板螺栓的轴向压力,N=8.143 kN;

　　　d——楼板螺栓的直径,d=20 mm;

　　　b——楼板内的螺栓锚板边长,b=5×d=100 mm;

　　　f_{cc}——混凝土的局部挤压强度设计值,计算中取 0.95f_c=16.7 N/mm^2。

经过计算得到公式右边等于 161.75 kN,大于锚固力 N=8.14 kN,楼板混凝土局部承压计算满足要求。

5.5.14　工字钢悬挑脚手架构造图(见图5.5.21)

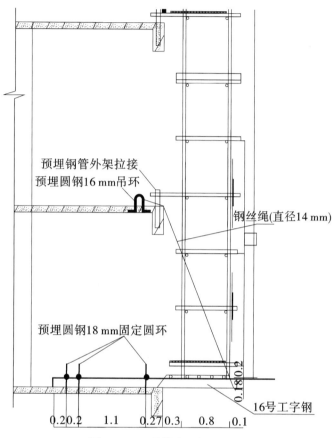

预埋钢管外架拉接
预埋圆钢16 mm吊环

钢丝绳(直径14 mm)

预埋圆钢18 mm固定圆环

16号工字钢

0.2 0.2　1.1　0.27 0.3　0.8　0.1

图5.5.21　悬挑脚手架侧面图

第6章 机械拆除工程

日新月异的城镇现代化建设带来了大量的拆除工程。拆除工程就其施工难度、危险程度、作业条件等方面来看远甚于新建工程,它更加难于管理,且更加容易发生安全事故。

2009 年 6 月 2 日发布的建质[2009]87 号文件《危险性较大的分部分项工程安全管理办法》中第五项列出了拆除、爆破工程。因此,拆除工程在建筑工程中有着至关重要的作用。由于我国的爆破工程有极严格的控制措施,故本章只简要介绍机械拆除施工。

6.1 机械拆除工程施工安全

机械拆除是指以机械为主、人工为辅相配合的拆除施工方法。当采用机械拆除建筑时,应从上至下,逐层分段进行;应先拆除非承重结构,再拆除承重构件。拆除框架结构建筑,必须按楼板、次梁、主梁、柱子的顺序进行施工。对只进行部分拆除的建筑,必须先将保留部分加固,再进行分离拆除。在施工过程中,必须有专门人员负责随时监测被拆除建筑的结构状态,并应做好记录。当发现有不稳定状态的趋势时,必须停止作业,并采取有效措施,消除隐患。

6.1.1 机械拆除施工典型事故案例分析

6.1.1.1 典型事故案例(一)

2004 年 5 月 12 日,由××公司承建的×××工程二期项目刚建成的烟囱,在准备拆除烟囱四周脚手架时,脚手架从 68 m 高处倾斜倒塌,同时上料架发生倾翻,30 名正在施工的民工全部坠落,造成 21 人死亡,9 人受伤。事故现场见图 6.1.1。

事故联合调查组调查的结论:

1)事故主要原因是用来固定脚手架的四根缆风绳中的两根被解开。建造烟囱过程中脚手架原本由四根绳索保持平衡,南北两侧各有两根,然而,在事故发生的前两天,位于北侧的两根缆风绳已经被先行解除,失衡的隐患由此产生。

图 6.1.1 某烟囱四周脚手架倾斜倒塌现场

2)进行拆除作业的工人均在井架内部南侧施工,施工时民工安全带都在南侧一个方向挂设,造成重心偏移,导致架身受力不均,架身发生偏移。

3)雨后地滑致地锚滑脱。

4)××公司将工程转交给另一家公司,随后转交给农民工进行施工,且施工方未能对民工进行岗前知识培训。

6.1.1.2 典型事故案例(二)

2008 年 12 月,××工程重要节点小庄立交桥下昆曲匝道桥在拆除时发生坍塌事故。事故造成 2 人死亡、4 人受伤。坍塌桥面超过 100 m。事故现场见图 6.1.2。

事故原因分析:

1)进行拆除作业前,没有编制支架拆除方案,也未对作业工人进行安全技术交底,施工单位违反操作规程,导致被拆除桥梁突然坍塌,这是事故发生的重要原因。

图 6.1.2 某匝道桥坍塌事故现场

2)工作人员安全意识淡薄,不系安全带就爬上支架,擅自用割枪切断连接钢筋后图省事用手往下推扔弦杆,被挂坠地是事故的直接原因。

3)进行高处拆除作业,必须有人监护,但施工现场却无人进行检查和监护工作,对违章作业无人制止。施工现场安全治理混乱,"三违"现象(违章指挥、违章操作、违反劳动纪律)严重,隐患得不到及时整改。

6.1.1.3 典型事故案例(三)

2012 年 7 月,一正在拆除的高架桥发生坍塌,事故造成 1 人死亡,多人重伤,坍塌长度约 30 m。事故现场见图 6.1.3。

图 6.1.3　某高架桥坍塌事故现场

事故原因分析：

1)在没有必要的防范措施的情况下,严重违反施工程序和施工方案,盲目施工。桥梁的拆除顺序应当是与建设顺序相反的,即先建的后拆,后建的先拆。在桥梁的拆除过程中,由于违反施工程序改变了桥梁原来的受力状况,造成桥梁拱轴线发生严重变化,又由于没有采取必要的防范措施,导致该桥突然整体垮塌。

2)施工单位技术安全管理不到位。桥梁拆除是一项技术性较强的工作,让不懂技术的企业或不懂技术的人员从事拆除工程施工,本身就有重大的事故隐患,而技术水平不高或不懂工程建设的安全管理人员又发现不了潜在的技术隐患。本桥在工程中标后,施工单位项目经理缺乏工程经验,又雇用了一批既不懂技术又没有经过培训的农民工盲目蛮干,造成事故的发生。

6.1.2　机械拆除前的结构分析

从之前介绍的在拆除施工过程中发生的脚手架、城市桥梁、高架等具体事故中可以看出,拆除工程是一项高风险、高技术、高难度的工作。一般来说,建筑结构在施工完成以后已经形成了一个完整的受力体系,所以拆除过程应该以相应的力学知识为依托,制定合理的拆除施工方案,以保证拆除工作安全顺利进行。

具体以桥梁拆除工程为例,对于有质量问题的待拆除桥梁或者其他待拆桥梁而言,由于受力情况复杂,其自身内力是很难计算和预判的,其不确定因素较多,安全隐患较大,事故发生的几率较大。因而在桥梁拆除之前应进行相应的结构分析。

图 6.1.4 为最简单的三种桥梁的结构力学模型。图 6.1.4(a)为简支梁桥以及连续梁桥,简支梁桥属于静定结构,一旦其中一个支座或者是桥梁本身发生损伤,则该桥梁结构就会发生破坏;对于连续梁桥,相邻跨中存在的荷载可以减少本跨的跨中弯矩,当拆除其中一跨时,就有可能导致其相邻跨的破坏。图 6.1.4(b)为拱式桥梁,拱桥在承受竖向荷载的时候,桥梁的支座部分将产生巨大的水平推力,拆除施工过程中如果操作不当,提前解除拱桥在水平方向的约束,就有可能导致桥梁的整体坍塌。

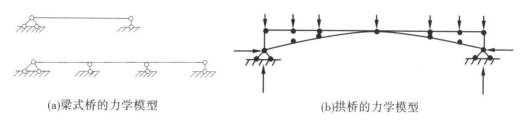

(a)梁式桥的力学模型   (b)拱桥的力学模型

图 6.1.4 桥的力学模型

6.1.3 桥梁机械拆除施工方法

一般的,机械拆除法应按照和桥梁新建相反的顺序进行施工。具体施工方法有机械破碎机拆除法、破碎钳(剪)拆除法、机械锯切拆除法等。

6.1.3.1 机械破碎机拆除法

本拆除方法所用的设备由承载机械和破碎锤组成。当前桥梁工程拆除工作中最常用的破碎机由通用的液压破碎锤和液压挖掘机组成,如图 6.1.5 所示。破碎锤为液压挖掘机的液压系统提供动力,推动破碎锤中的活塞快速运动,活塞冲击破碎钎具(凿钎)的尾端并通过钎具将冲击能传递到建筑物上,将其破碎。

图 6.1.5 液压破碎机

液压破碎锤小到手持式破碎机;大到本身质量达 6 t 多,需要 70 t 级以上的液压挖掘机与它相匹配。

破碎机拆除法具有冲击功大、使用经济方便、机动性好、安全可靠、适应性强等优点。可以用于解体破碎各种混凝土结构物,获得良好的经济效益。在许多情况下,用破碎机拆除法综合拆除费用低于爆破拆除费用。

6.1.3.2 破碎钳(剪)拆除法

该方法所使用的机械由通用的液压挖掘机和破碎钳组成,如图6.1.6所示。液压挖掘机为破碎钳提供液压动力和承载底盘。破碎钳由1个或2个液压缸和1个或2个颚板组成。其工作原理类似于颚式破碎机。

为破碎不同结构物,破碎钳可分为拆除剪、粉碎剪、钢材剪三大类型。拆除剪的颚板前部带有钢齿,用于破碎混凝土,颚板端部装有刀片,用于剪断钢筋等金属材料,而且颚板可以360°旋转,便于抓取被拆除物。粉碎剪的颚板较宽,它主要用于拆除板类结构物、二次破碎和材料回收。钢材剪结构类似于剪刀,它主要用于拆除钢结构建筑物。

(a)液压挖掘机

(b)液压破碎钳

图6.1.6 液压挖掘机和破碎钳

6.1.3.3 机械锯切拆除法

该方法主要是利用金刚石圆盘锯、金刚石线锯或钢丝绳锯加磨料切割混凝土构件,使构件与原建筑物分离。锯机所用的动力可以是电力、液压或压缩空气。该方法的最主要特点是可以准确地切除建筑物,而对保留下的建筑物不会产生损伤,施工过程对环境影响小,因此非常适合于部分保留、部分拆除的工程,如在墙上、混凝土大坝上开挖孔洞,桩头切除等。

机械锯切拆除另一用途是用于高层建筑物拆除。其方法是:先用锯机锯断建筑物构件,使构件与原建筑物分离,然后用吊车等吊装设备将解体后的构件吊至地面或直接装车运到指定的地点。

另外,锯切设备结构轻巧,容易送到屋顶,因此其拆除高度基本不受限制。

6.1.4 桥梁机械拆除安全管理

6.1.4.1 控制内容

除对拆除施工过程进行控制外,还需要对机械设备状态、支架稳定和变形、临时设施等进行控制;需要控制解除以往的加固措施施工过程;需要控制因拆桥影响桥位的路上交

通和河流航运;需要控制拆下构件残渣的堆放及处理。

6.1.4.2　现场监控

对复杂结构的桥梁或拆除过程复杂、困难的情况应该采取监控手段,即仪器监测,通过必要的计算分析,对标高、变形、应力等进行实时控制,及时反馈给施工操作人员,保证施工安全进行。

6.1.4.3　安全和紧急预案

较之桥梁的新建,桥梁的拆除最突出的特点是安全控制难度较大,拆除前的准备工作、拆除过程以及拆除后的善后处理工作都要周全部署,并制定相应预案,建立安全保护体系、安全防护措施、信息及时反馈机制及必要的设备和物质准备,以便在发生突然情况时进行及时控制和调整。

6.1.4.4　交通组织

桥梁拆除尤其是位于城市区域内的桥梁拆除会导致交通的中断或半幅通行。应综合考虑车道数、高峰期、临时辅道建设等,对交通组织进行精细安排,确保人车分离,避免安全意外发生。

6.2　机械拆除工程安全专项方案实例

6.2.1　工程概况

6.2.1.1　基本情况

既有××市某立交桥地区地形平坦,地面高程 124.4~127.6 m,按规划设计需拆除扩建,包括南部 2 联 6 跨,总长 164 m,其中 SN1 跨 25 m、SN2 跨 32 m、SN3 跨 25 m、SN4 跨 25 m、SN5 跨 32 m、SN6 跨 25 m,钢筋混凝土 2730 m^3,其中桥墩 252 m^3,桥箱体 2478 m^3。周边环境较为复杂,市政自来水管道从南侧第一联桥下横穿马路下方,其他为已拆除建筑场地,场地较为开阔;西侧为居民区,紧靠马路,车流量大,如图 6.2.1 所示。

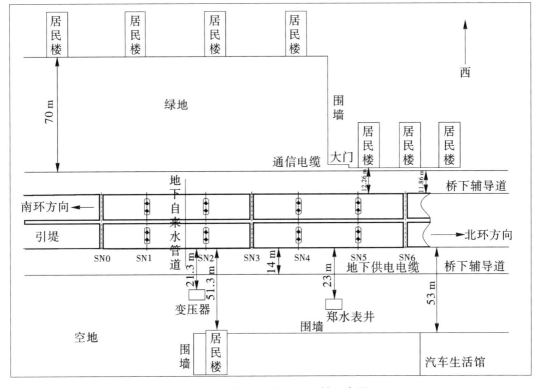

图 6.2.1 待拆立交桥周边环境示意图

6.2.1.2 工程结构

待拆除主桥(图6.2.2)上部结构为预应力钢筋混凝土连续箱梁结构,截面为单箱双室,宽25.5 m,桥体厚1.4 m;桥墩为钢筋混凝土"T"形结构,需拆除2联6跨箱梁、5对桥墩,墩高3~6 m。其中第6跨钢筋混凝土378 m³、单幅截面积7.56 m²,单幅重491 t。

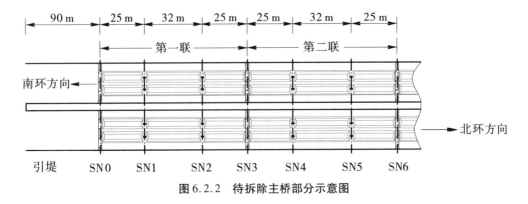

图 6.2.2 待拆除主桥部分示意图

6.2.1.3 工程要求

(1)确保安全

必须保证施工期间周边人员、车辆、周围建筑设施的安全,切割时保证保留桥体部分的稳定和不受任何损害。

(2)保证质量

由于桥下有管道设施,道路车流量大,且保留第6#桥墩以北部分,因此,在拆除时应先对 SN6 跨进行支撑,加强对 SN6#墩及地下自来水管道等有关设施的保护。

(3)保证工期

该项拆除工程应按甲方的计划和工期要求,科学制定施工进度计划,应建立精干高效的项目团队,严格组织施工,投入足够的人员和机具,合理安排工序,确保撑、割、碎、吊、运在合同规定的工期内完工。

6.2.2 拆除总体方案

6.2.2.1 方案选择

针对该拆除工程的实际,在科学论证桥梁卸载拆除方法的基础上,决定采取机械拆除方法。具体方案如下:

先用碗扣架对 SN6 跨进行满堂支撑,切割吊离本跨箱梁,然后使用机械打断桥墩或打断箱梁使桥梁上部结构平稳塌落于地面,再使用机械对箱梁体进行破碎和清除。

在机械破碎下部结构或打断箱梁时,先对桥上翼缘板和防撞墙、路灯、隔音板等附属设施进行预拆除。

6.2.2.2 拆除施工工序

拆除前,将需要拆除施工的 SN1～SN9 跨进行围挡围护,适时封闭部分车道并进行交通管制,再对第 SN-6 跨钢筋混凝土预应力箱梁进行满堂支架支护,确保满堂支护后解除墩台支撑连接,荷载基本有效转移至支撑架;然后拆除防撞墙等附属结构和箱体两侧的翼缘板,再对支撑跨箱梁进行整体切割、吊离,然后使用机械对桥墩和钢筋混凝土预应力箱梁进行破碎,分离钢筋,清运垃圾。

具体拆除步骤如下:

1)围挡封闭防护、设置交通警戒标识,南侧至桥台,北侧至 SN9#桥墩,西侧至翼缘板外 1 个车道,东侧至翼缘板外两个车道;

2)对第 SN6 跨进行满堂支架支护,顶紧撑托并紧固;

3)切割墩支撑栓,解除箱梁与墩连接,清理桥面附属物;

4)标定预应力箱梁切割线和吊装钻孔挂位;

5)左右对称夹碎防撞墙和翼缘板;

6)预应力松弛;

7)切割箱梁,用吊车将切割箱梁块吊离支架,拆除碗扣架。

8)对有地下管线桥跨下利用废旧轮胎和土袋进行防护,以缓冲塌落振动冲击;

9)机械破碎桥墩和预应力箱梁,分离钢筋和混凝土;

10)清理、外运废渣,平整场地,清理验收。

6.2.3 施工组织设计

6.2.3.1 施工准备

拆除施工是一项高风险作业,必须严格按施工组织设计进行充分的准备。

(1)施工前准备

1)详细查阅施工图资料,精细进行施工设计,合理安排施工顺序、计划工期,按各工序配备机械、车辆和劳动力,组织爆破器材、材料以及劳保用品等。

2)了解建筑物结构、规模、施工质量和布筋情况,核验图纸以便修改、补充技术设计和施工方案。

3)按计划要求组织施工机械、设备、机具材料、防护材料和劳保用品。

4)对施工人员进行安全教育、技术交底,各职能部门落实岗位责任制,明确施工安全、质量、进度保证措施。

5)安排施工人员食宿场所、材料库房和架设照明线路等。

(2)施工现场布置

1)对影响拆除整体施工的附属设施预先进行清理,清理作业面,做好施工前准备。

2)检查拆除建筑的供电设施是否已经断电。

3)动火施工应配备齐全的消防器材。

4)做好地上、地下建筑设施的迁移和保护。

5)夜间施工,应配备相应的照明装置。

6)设置施工区域的围挡、标识牌、警戒线和防火材料。

(3)通讯联络

工程项目部、施工现场、各拆除机械和各警戒点应保持良好的通讯联系,联络方式使用移动电话或对讲机。

6.2.3.2 施工程序

(1)拆除前准备

严格按设计要求进行支撑、切割和清理附属物等预拆除工作,并由技术员、安全员组成检查小组,对支撑、切割和吊装施工进行检查,对不符合要求的立即整改。

(2)实施拆除

桥体拆除塌落后,立即调配炮机进行破碎和钢筋切割工作。

(3)垃圾清运

垃圾清运一般安排在夜间进行,事前将清渣计划、清理时间、所需运渣车数量和清渣量进行计划交底,避免出现工程窝工现象。

6.2.3.3 施工组织管理

(1)设立项目部

为确保本工程的质量安全、按期完成施工任务,必须建立精干高效的项目经理部,具

体负责施工的安全、质量、进度、协调等。项目经理部设经理 1 名、副经理 1 名(安全生产副经理)、总工 1 名,下设 7 个小组,如图 6.2.3 所示。

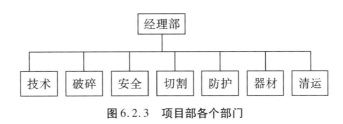

图 6.2.3 项目部各个部门

(2)各职能部门的职责

1)项目经理:全面负责该项目的各项工作,负责与业主和有关管理部门就主要事宜的协商,安排和监督各组的工作。

2)副经理:协助项目经理工作,主管本工程的行政管理、器材管理、安全保卫、后勤保障、协调等工作。

3)总工:协助项目经理和副经理工作,主要负责本工程的技术工作,指导和监督施工质量和施工进度,对主要技术问题进行决策。

4)技术组:负责支撑、切割、吊装技术方案的设计,按照技术方案在现场标定,指导各组按技术要求施工,检查施工质量,解决施工中的技术问题。重大技术问题的变更必须经总工批准。

5)破碎组:负责按技术方案组织施工和破碎拆除作业,配合安全警戒人员做好警戒工作。

6)器材组:负责保障施工所需机械、设备、施工器材及人员的食宿、劳保等工作。保证施工顺利实施。

7)安全组:负责施工中的各项安全工作,提出具体安全要求和制度,做好安全检查,搞好安全保障。配合警戒人员做好安全警戒工作。

8)防护组:负责进行支撑切割支架的搭设和箱梁塌落振动防护的设置,切割完成后负责拆除支撑防护架。

9)切割组:负责用绳锯切割箱梁和破碎钢筋混凝土。

10)清运组:负责拆除、切割后的二次破碎及垃圾清运和场地平整。

6.2.4 施工计划

6.2.4.1 施工进度计划

从封闭围挡开始,15 日内完成拆除施工。

1)项目确定后项目部进驻,组织切割组搭建碗扣架和切割工作平台;机械组进行现场整理;安全组进行现场布置,设立警戒围挡;器材组组织防护材料。

2)SN6 号箱梁支撑切割工作,开始施工后 5 天内完成。

3)切割吊运后立即进行破碎、分离、回收钢筋,然后可进行垃圾清理,破碎一部分清理一部分。经自检合格,报请甲方验收。

具体施工计划见图6.2.4所示:

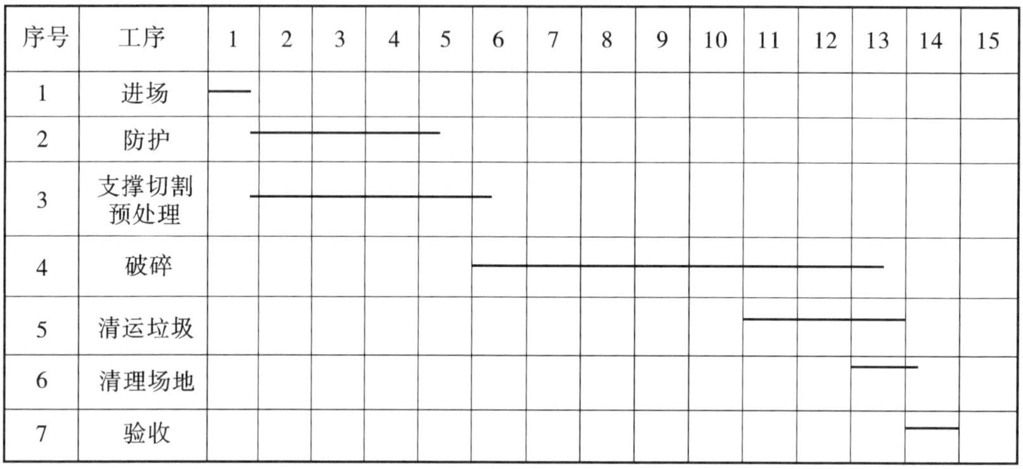

序号	工序	1	2	3	4	5	6	7	8	9	10	11	12	13	14	15
1	进场															
2	防护															
3	支撑切割预处理															
4	破碎															
5	清运垃圾															
6	清理场地															
7	验收															

图6.2.4　施工进度计划

6.2.4.2　材料与设备计划

本工程主要机械设备投入计划,主要防护材料计划,主要清运机械、设备计划分别见表6.2.1～表6.2.3所示:

表6.2.1　主要机械设备投入计划

类　别	名称	型号	数量	备注
切割吊运设备	指挥车	本田、帕拉丁	2辆	
	运输车	解放	4辆	
	采购车	面包车	1辆	
	液压剪	Kt120	2台	
	内燃空压机(12 m³)	JYH-12/7	2台	
	电动空压机(6 m³)	W-6/7DY	2台	
	风镐	L110	2部	
	液压劈裂机		2台	
	绳锯		4台	
	吊车	150～200 t	2台	

表 6.2.2　主要防护材料计划

材料名称	规格	数量	备注
碗扣架		1400 m³	租用
铁丝	10#	若干	采购
编织袋		1500 个	采购

表 6.2.3　主要清运机械、设备计划

名称	液压破碎机	挖掘机	装载机	垃圾清运车	
数量	6~8 台	2 台	1 台	15 辆	
备注	挖掘机与液压破碎机根据需要在用途上可以互换				

6.2.5　施工工艺技术

6.2.5.1　碗扣架搭设设计要点

为确保拆除时 SN6 墩及以北保留桥体的安全稳定,拆除前先对 SN6 跨进行切割、吊离,为此应对该跨进行满堂支撑。技术要点如下:

(1)搭设前准备工作

1)设置围挡和标识。

使用符合市政标准的彩钢板,协调发包方按照交通管理部门审批的道路封闭方案,在保证施工机械的工作半径的基础上对施工区段进行隔离封闭。

2)器材选用和检查。

①选用的碗扣架应有产品合格证,禁止使用有明显变形、裂纹和严重锈蚀的脚手架,并应涂刷防锈漆作防腐处理,以保持其完好。

②碗扣架外观质量要求:

a. 钢管应无裂纹、凹陷、锈蚀,不得采用接长钢管;

b. 铸造件表面应光整,不得有砂眼、缩孔、裂纹、浇冒口残余等缺陷,表面粘砂应清除干净。

c. 冲压件不得有毛刺、裂纹、氧化皮等缺陷;

d. 各焊缝应饱满,焊渣清除干净,不得有未焊透、夹砂、咬肉、裂纹等缺陷;

e. 构配件防锈漆涂层均匀、牢固。

③立杆上的上碗扣应能上下串动和灵活转动,不得有卡滞现象;杆件最上端应有防止上碗扣脱落的措施。

④立杆与立杆连接的连接孔处应能插入 $\phi12$ 连接销。

⑤在碗扣节点上同时安装 1~4 个横杆,上碗扣均应能锁紧。

3）地基与基础处理。

①支架地基处理得好坏将直接影响支架的稳定,对防止钢筋混凝土箱梁切割后支撑的稳定有较大的作用,因此支架地基处理必须坚实,按设计要求进行用地放样,画出用地界线,地基为混凝土路面时,可不作处理,立杆底托直接放置在路面上。

②对于桥面纵坡不大的箱梁($i \leqslant 2\%$),可通过支架地基分单元(各单元标高不同)和调U形顶托结合的方法至箱梁底部标高;但对于纵坡较大的箱梁,还需要找零杆以调整到设计的纵坡。

③立杆底部尽量采用可调底座。

④碗扣架基础经验收合格后,应按施工技术交底的要求放线定位。

(2)碗扣架特点和工艺流程

地基与基础经验收合格后,先按断面搭设图放线定位,测量原地面至箱梁腹板标高,确定支架搭设所用的杆件种类及数量,然后开始支架搭设。

1）碗扣架构件特点:

碗扣式钢管脚手架接头构造合理,力学性能良好,工作安全可靠,构件轻,装拆方便,克服了传统式普通钢管支架用材量大、零部件多、搭拆劳动强度大等缺点。该脚手架立杆轴心受力,根部有可调节支座,顶部有可调节托座,对箱梁支架搭设十分方便。

2）搭设施工工艺流程:

立杆垫座(如需设置)→安放立杆可调底座→竖立杆、安放扫地杆→安装底层(第一步)横杆→铺放脚手板,安装上层立杆→紧立杆连接销→安装横杆→设置剪刀撑→下一循环。

(3)碗扣支架搭设技术要点

1）支架立杆布置:

碗扣支架的构件是定型模数杆件,其立杆是轴心受压杆件,横杆是侧向支承立杆,减小立杆计算长度,从而充分发挥钢杆件抗压强度。根据箱梁恒载分布特点,采用不同柱网和不同的横杆步距,调节不同部位的立杆承载能力。

2）立杆平面布置:

此跨应搭设满堂式钢管支架,搭设时横向间距为60 cm,横杆步距为120 cm;支架纵向间距:空心段90 cm;横梁段为60 cm,如图6.2.5所示。

箱梁底腹板下对正撑托架设横向10 cm×10 cm方木,以消除应力集中。为确保支架的整体稳定性,就按相关规定设置剪刀撑。支架搭设好后,然后由可调顶托、底托进行调整支架高度使方木与梁底顶紧,使每根碗扣立杆受力均匀。

3）底座和垫板应准确地放置在定位线上;底座的轴心线应与地面垂直。

4）脚手架搭设应按立杆、横杆、同步剪刀撑的顺序逐层搭设,每次上升高度不大于3 m。

5）立杆下部所用可调底座其螺杆伸出长度不宜超过150 mm,并在最下部横杆附近加设连接立杆的水平剪刀撑。

6）当使用ϕ48钢管加固时(如剪刀撑等),扣件规格必须与钢管外径相同,螺栓拧紧力矩不应小于40 N·m,且不应大于65 N·m。

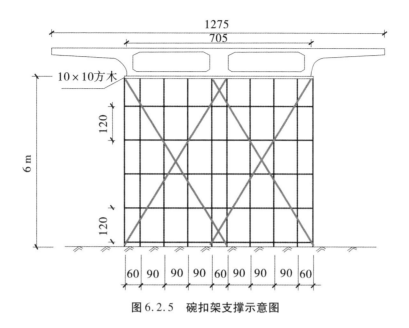

图 6.2.5　碗扣架支撑示意图

7）剪刀撑的设置。

①支架四边与中间每隔四排支架立杆应设置一道纵向剪刀撑，由底至顶连续设置。

②除拐角必须设置外，支架横向每隔 4 跨支架立杆应设置一道横向剪刀撑，由底至顶连续设置。

③剪刀撑的构造应符合以下要求：

每道剪刀撑宽度不应小于 4 跨，且不应小于 6 m。每道剪刀撑跨越立杆的根数应按《建筑施工扣件式钢管脚手架安全技术规范》（JGJ 130—2011）确定，斜杆与地面的倾角宜为 45°～60°。

剪刀撑斜杆的接长宜采用搭接，搭接长度不应小于 1 m，应采用不少于 2 个旋转扣件固定，端部扣件盖板的边缘至杆端距离不应小于 100 mm；剪刀撑斜杆应用旋转扣件固定在与之相交的横向水平杆的伸出端或立杆上，旋转扣件中心线至主节点的距离不宜大于 150 mm。

8）脚手架的搭设应分阶段进行，本架高度 6 m，应一次性进行。搭设后必须经检查验收后方可正式投入使用。

9）脚手架内外侧加挑梁时，挑梁范围内只允许承受人行荷载，严禁堆放物料。

10）在墩柱处支架必须用钢管与墩柱牢固连接，为保证柱体美观、不留滑痕，与墩柱接触部位应加垫。

11）脚手架搭设到顶时，应组织技术、安全、施工人员对整个架体结构进行全面检查和验收，及时解决存在的结构缺陷。

12）扫地杆的设置：在支架底层纵横向应设扫地杆，距离地面高度不大于 350 mm。

13）立杆上端包括可调螺杆伸出顶层水平杆长度不大于 0.7 m。

（4）检查验收

1）保证架体几何不变形的剪刀撑等设置是否完善。

2）基础是否有不均匀沉降的出现，立杆底座与基础面的接触有无松动或悬空情况。

3）立杆上碗扣是否可靠锁紧。

4）立杆连接销是否安装、扣件拧紧程度如何。

（5）脚手架的拆除

拆除的顺序一般为：剪刀撑→纵横向水平杆→立杆。

拆除过程应遵循"由上而下、先搭后拆"的原则，不准分立面拆架或上下两步同时拆架，做到一步一清、一杆一清。先松顶托，使底板、腹板、翼缘板与梁体分离，拆除时必须从跨中对称向两侧拆除，支架拆除宜分两阶段进行，先从跨中向两侧对称松一次顶托，再对称从跨中向两侧拆支架。支架拆除时先翼缘板后底板。在拆除剪刀撑时，应先拆中间扣件，然后托中中间，再解端头扣。

拆下的钢管及扣件都要成堆放置好，营造一个井然有序的施工现场。

（6）搭设质量安全技术措施

1）支架垫木下面不能有空洞，应密实。

2）有垫木时，支架底托应用马钉固定于垫木上。

3）加劲钢管应能与支架牢固连接，保证支架的整体受力。

4）架体与主体结构拉结牢固后，随着架体升高，剪刀撑应同步设置。

5）脚手架全高的垂直度应小于 $L/500$；最大允许偏差应小于 100 mm。

6）扣件安装应符合下列规定：

①扣件规格必须与钢管外径相同。

②螺栓拧紧力矩不应小于 40 kN·m，也不应大于 65 kN·m。

7）可调底座及可调托撑丝杆与螺母啮合长度不得小于 4～5 扣，插入立杆内的长度不得小于 150 mm。

8）布料杆及塔架拉结缆风绳等不得固定在脚手架上。

9）遇 6 级及以上大风、雨雪、大雾天气时，应停止脚手架的搭设与拆除作业。

10）脚手架使用期间，严禁擅自拆除架体结构杆件，如需拆除必须报请技术主管部门同意，确定补救措施后方可实施。

11）严禁在脚手架基础及邻近处进行挖掘作业。

12）脚手架应与架空输电线路保持安全距离，工地临时用电线路架设及脚手架接地防雷措施等应按现行行业标准《施工现场临时用电安全技术规范》（JGJ 46—2005）的有关规定执行。

13）使用后的脚手架构配件应清除表面黏结的灰渣，校正杆件变形，表面作防锈处理后待用。

14）正确穿戴防护用品，交底应穿软底鞋子，翼缘板位置应佩戴安全带。

6.2.5.2 切割技术设计要点

（1）切割原理及工艺流程

1）切割工具：

金刚石绳锯(图6.2.6)切割是金刚石绳索在液压马达驱动下绕切割面高速运动研磨切割体,完成切割工作。由于使用金刚石单晶作为研磨材料,故此可以对钢筋混凝土等坚硬物体进行切割。切割是在液压马达驱动下进行的,液压泵运转平稳,并且可以通过高压油管远距离控制操作,所以切割过程中不但操作安全方便,而且震动和噪音很小,被切割物体能在几乎无扰动的情况下被分离。切割过程中高速运转的金刚石绳索靠水冷却,并将研磨碎屑带走。

图6.2.6 金刚石绳锯机

2)特点:

①不受被切割物体积大小和形状的限制,能切割和拆除大型的钢筋混凝土构筑物。

②可以实现任意方向的切割,如横向、竖向、对角线方向等。

③快速切割可以缩短工期。切割效率:$2\ m^2/h$左右。

④解决了拆除施工过程中的振动、噪音和灰尘及环境污染问题。

⑤远距离操作控制可以实现水下、危险作业区等一些特定环境下一般设备、技术难以完成的切割。

3)工艺流程如图6.2.7所示:

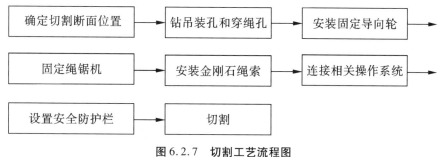

图6.2.7 切割工艺流程图

(2)切割准备工作

1)预拆除。

在割切桥钢管护栏后拆除防撞墙和箱体两侧翼缘板(4 m×2.5 m),拆除时用两台液

压钳分别在桥下两侧对防撞墙和翼缘板相对应位置同向对称夹碎,夹碎时保持方向一致、进度一致,以保持整个上部结构重心不偏移,桥墩、碗扣支架支护受力均匀,以防上部箱梁失稳和对保留的桥墩造成伤害。在用液压钳破碎时,要与其下部的支架保持相应的安全距离,不要用力过猛,防止液压钳误撞支架,损坏支架,破坏支架受力稳定。

2)切断墩座支撑栓。

在支撑时使用气割将桥墩帽与箱梁之间的连接固定栓切割开,解除上部结构与墩台支座之间联系,以利液压顶撑紧固和切割后吊离墩台支座,防止上部预应力箱梁结构位移时对下部结构产生联动效应。

3)通电、排水和放线。

①确保施工现场通电、通冷水,在切割过程中冷水具有对切割设备本身进行降温及避免扬尘的作用。

②在切割区域用土地或砖砌挡水墙,有序组织排水,防止施工用水污染周围环境。

③基础放线。切割前,技术人员先从 SN6# 桥墩上横梁中心线向南侧按第一块2.5 m,其他块 4 m(12 t/m)将箱梁实体依次进行排板。排板标定过程中按第一块 30 t,其他切割块重量不超过 50 t 左右进行放线排板。

4)钻吊装孔和穿绳孔。

在每个分段块上钻四个 $\phi 108$ 的吊装孔,钻孔的位置应选择在能保证吊装块起吊时相对平衡的中心位置上。

5)预应力松弛。

用绳锯切割预应力箱梁是将钢束线对称逐根、逐束、对称缓慢割断,预应力不会突然整体释放,因此切割时对周边和桥体本身是安全的。为稳妥,也可在箱梁切割前,先根据预应力钢束线性坐标在各切割断面处标识,并拆除箱梁预应力钢束锚固端,使箱梁预应力得到部分松弛。预应力钢束宜在接近墩顶断面切断,使桥梁分成若干基本梁段,然后再分段切割梁体。

(3)切割施工要点

1)固定绳锯机及导向轮。

用 M16 化学锚栓固定绳锯主脚架及辅助脚架,导向轮安装一定要稳定,且轮的边缘一定要和穿绳孔的中心线对准,以确保切割面的有效切割速度,严格执行安装精度要求。

2)安装绳索。

根据已确定的切割形式将金刚石绳索按一定的顺序缠绕在主动轮及辅助轮上,注意绳子的方向应和主动轮驱动方向一致。

3)切割。

启动电动马达,通过控制盘调整主动轮提升张力,保证金刚石绳适当绷紧,供应循环冷却水,再启动另一个电动马达,驱动主动轮带动金刚石绳索回转切割。切割过程中必须密切观察机座的稳定性,随时调整导向轮的偏移,以确保切割绳在同一个平面内。

4)切割参数的选择。

切割过程中通过操作控制盘调整切割参数,确保金刚石绳运转线速度在 20 m/s 左右,另一方面切割过程中应保证足够的冲洗液量,以保证对金刚石绳的冷却,并把磨削下

来的粉屑带走。切割操作做到速度稳定、参数稳定、设备稳定。

（4）安全注意事项

1）金刚石绳锯的切割方向：

在金刚石绳锯的每个卡子上都有明确的箭头标识，也可通过金刚石绳锯本身的串珠来识别。串珠基体长的是尾部，短的是前端，因此短的前端就是弹簧金刚石绳锯的切割方向。在使用中，需正确区分金刚石绳锯的使用方向。按箭头方向前进，不可反方向切割，避免串珠前后端产生锥度，保证金刚石绳锯的正常使用。

2）金刚石绳锯的连接：

金刚石绳锯使用前须连接一个闭合的循环。其操作方法及步骤为：

①两头裸露钢丝绳长度与接头长度等长。

②将两头裸露钢丝绳插入钢质接头，接头和相邻的串珠应无缝隙。

③采用金刚石绳锯专用液压钳，将接头扣压紧。扣压时，先将接头中部置于液压钳内扣压，每转动 90°扣压一次；然后将接头两端置于液压钳中依次扣压；最后，再将接头中部再次置于液压中扣压。

④扣压后检查接头，用角磨机等将飞边和毛刺去除干净。

3）水、电、机械设备等相关管路的连接应正确规范、相对集中，走线摆放严格执行安全操作规程，以防机多、人多，辅助设备及材料乱摆、乱放，造成事故隐患。绳索切割过程中，绳子运动的方向的前面一定用安全防护栏防护，并在一定区域内设安全标识，以提示行人不要进入施工作业区域。

6.2.5.3　吊离技术设计要点

根据现场考察计算，桥体翼缘板拆除后，采用 160～200 t 以上液压吊车 1 台用于吊离支撑架。

（1）吊车站位

立交桥为南北走向，160～200 t 液压吊站位于桥的东西两侧，现场如图 6.2.8 所示。站位时，事先依据甲方提供的市政地下管线图标定站位，避开地下管线和空中障碍物，若地下有无法避开的管线时，要在站位支撑位垫枕木或钢板。

（2）钢丝绳连接

在箱梁顶板用水钻打孔，将钢丝绳及销钉穿入其中，或用钢丝绳从底部交叉穿出连接吊钩。

（3）吊离支撑架

200 t 液压吊配重 69 t，最大作业半径 56 m，最小工作半径 3 m，作业半径 10 m，出杆 17.6 m，吊重 60 t>55 t+2 t（勾头、绳索），故安全，200 t 液压吊站位一次可吊 4 块。

图 6.2.8　吊车现场作业

6.2.5.4　机械拆除技术要点

绳锯切割完成后,使用机械拆除、破碎其余桥墩或箱梁部分。

(1)方案一

4台机械从桥台端由北向南破碎第一跨桥台处箱梁,两台机械从北侧第六跨破碎5#桥墩,待两端箱梁塌落后分别从两头向中间依次破碎箱梁和桥墩,待所有跨塌落后再逐跨对箱梁进行破碎和分拣钢筋。

(2)方案二

使用5台机械分别在桥的东侧从箱梁一侧打断箱梁,使剩余5跨双向箱梁全部塌落后,各机械分别破碎一跨箱梁和桥墩,最后破碎、分拣钢筋。

(3)两方案比较

在场地受限时第一案更安全,更具优越性。第二案在场地比较宽敞时,可以充分发挥多台机械同时作业的优越性,对于简化流程、缩短工期更有利。现场根据施工封闭交通情况择定。

6.2.5.5　箱体塌落振动防护要点

(1)对箱梁塌落振动的防护

预应力箱梁是面状结构,着地时荷载并不集中,而是地面分散承载,我们通过设计可以实现桥跨逐段连续倒塌落地,在桥跨逐段倒塌落地之处铺设1 m高的土堤或沙包墙作为塌落冲击的缓冲垫层,其塌落振动的强度将明显降低,周围建筑物将不会造成振动危害。

(2)对桥下管线的防护

对穿越桥下的管线用轮胎或土袋墙或轮胎、土袋墙加钢板等缓冲防护层对管线防护,布置为地下管线按刚性扩散角传递荷载的扩散线外,管线两侧应对称防护,尽量避免在正上方或单侧承受过大荷载作用。这样可以吸收部分冲击能量,有效降低振动波能量,从而保证地下管线的安全稳定。

对走向与桥轴线一致的地下自来水、污水管线,采取钢板+轮胎+沙袋的综合防护措施。

对雨污水管线的防护,其措施与自来水管、天然气管类似。

对雨污水管线的窨井,采取周边堆放高度不低于 50 cm 的沙袋墙保护措施。

对地下电力、电信管线,沿管线两侧堆放高度不低于 50 cm 的土墙。

6.2.6　施工安全管理

6.2.6.1　施工安全保证措施

1)除严格遵守《施工安全设计方案》中规定的安全措施外,尚应采取以下措施:在管理上,建立健全有关规章制度,严格遵守有关规程;加强现场的技术管理、监督和检查;遇到问题时,及时做出调整和改进。

2)要确保设计方案合理可行,符合切割破碎实际,严格控制切割块度和质量,严格控制拆除箱梁塌落振动的危害效应,保证效果和安全。

3)进入施工现场的人员,特别是穿孔人员必须戴好安全帽;夜间穿孔、装填等作业必须具备良好的照明条件;所有机械设备经常检查、保养,严禁带"病"作业,出现故障应及时修复,确保安全正常运转。

4)所有施工人员必须严格执行各种机械设备的安全操作规程。

6.2.6.2　施工质量保证措施

1)质量保证工作必须在组织上、制度上、文件上加以落实。凡对质量有影响的活动必须服从工程质量的技术要求。

2)运渣时,必须按有关部门指定的路线行驶,并采取防漏措施,防止掉渣,满足环保要求。

3)施工的工艺过程必须严格按照预先制定的程序进行,确保这些工艺过程由合格的人员、合格的机具、按照批准的程序来完成,并在执行过程中有完整的记录。

4)工程负责人和技术人员要深入现场,加强对施工质量工作的领导、检查、监督,并采取必要的经济手段对质量的优劣做出奖惩,确保施工质量符合技术要求。

6.2.6.3　一般安全措施

1)成立安全组织。此项工程由项目副经理专门负责,做到安全工作从上到下层层有专人管。

2)参加作业人员,要遵守安全纪律,做到不该去的地方不去,不该摸的东西不摸,不该拿的东西不拿。

3)进场作业必须戴安全帽,高空作业系好安全带。由于箱梁翼缘板和护栏拆除后,钻孔需搭架,均属高空作业,行动时要注意安全,避免高空摔伤、扭脚。

4)每道工序,应严格按照操作规程办事,不蛮干、不违章、不准上下交叉作业。

5)夜间作业时,应有照明,不准在无照明条件下作业。

6.2.7 事故应急预案

尽管在本工程中会采取一系列安全措施,但为防止爆破时意外事故的发生,特制定以下应急措施。

6.2.7.1 危险源及可能发生的事故分析

1)支撑切割时桥体支架坍塌、切割漏电伤人等。

2)高空作业不慎人员高空坠落受伤事故。

3)箱体塌落造成地下水、电、煤气等管道受损。

6.2.7.2 应急队伍组成及职责

(1)坍塌事故抢险队

由队长及多名工人组成;配挖掘机、液压破碎机各 2 台,风镐及其他辅助设备。在施工中一旦出现坍塌事故,立即组织抢险。抢险的原则是先人员,后设备、物资,在保证人员生命安全的前提下,减小财产损失。

(2)设施抢修队

由市政水、电、气等专业队伍组成,配备各相关专业抢修器材。在施工中一旦出现水、电、气线路损坏,立刻投入抢修,尽快恢复供应和畅通,将损失降到最低。

(3)救护组

由公司专人负责,在施工中一旦出现人员受伤,该组织立刻投入抢救工作,保证轻伤员能及时得到治疗处理,重伤员能以最快的速度送往就近医院,在第一时间得到抢救,最大限度地降低伤亡率。

6.2.7.3 事故报警联络方式

1)现场坍塌抢险及水、电、气设施抢修使用对讲机和移动电话联系。

2)需警方协助救援打 110 报警电话。

3)现场火灾抢险打 119 报警电话。

4)现场抢救伤员打 120 急救电话。

6.2.7.4 事故发生后的应急救援程序

1)由现场负责人第一时间用应急救援报警联络方式,上报项目部。

2)根据事故的大小,立刻启动应急程序,项目部立刻开展应急工作。

3)保护好现场、设置警戒线、禁止无关人员进入,有条件时应拍照记录事故现场情况,为事故调查处理收集资料。

4)在抢险救援中应注意调查收集事故原因,为事故善后处理做准备。

6.2.7.5 几种事故的应急措施

(1)高处坠落及物体打击事故的急救措施

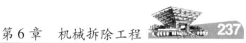

一旦发生高空坠落和物体打击事故,应立即组织抢救伤员,拨打急救中心电话"120",封锁保护好现场,防止事态和影响扩大。其他人员协助安全员做好现场救护工作,协助做好伤员外部救护工作,如有轻伤或休克人员,现场安全员组织临时抢救、包扎止血,或做人工呼吸或胸外心脏按压,尽最大努力抢救伤员,将伤亡事故控制到最小程度,损失降到最小。

(2)坍塌事故的急救措施

1)当坍塌事故现场的监控人员发现异常情况时,应立即报告并立即下令停止作业,组织现场人员快速撤离到安全地点。

2)当发生坍塌后,应急救援指挥部全员上岗,除应立即报告外,应保护好现场,在确认不会再发生同类事故的前提下,立即组织人员抢救受伤人员。

3)抢救时应尽快解除挤压,在解除压迫的过程中,切勿生拉硬拽,以免进一步伤害。

4)当部分坍塌时,现场抢救人员可用铁锹、撬棍进行人工挖掘;当整体倒塌造成事故时,按程序上报应急救援指挥部。

5)当核实所有人员获救后,对人员受伤的位置进行拍照或录像,禁止无关人员进入事故现场,等待事故调查组进行调查处理。

(3)人机触电的应急措施

1)人触电时,首先使触电者迅速脱离电源,切断电源开关,用干燥的绝缘木棒、布带等将电源线从触电者拨离或将触电者拨离电源或将电源线拨离机械;其次将触电者移至空气流通好的地方,情况严重者,就地采用人工呼吸法和心脏按压法抢救,同时就近送医院。

2)机械触电引发火灾事故时,迅速切断电源,以免事态扩大,切断电源时应戴绝缘手套,使用有绝缘柄的工具。

3)当电源线不能及时切断时,一方面派人去供电端拉闸,一方面灭火,人体的各部位与带电体保持一定充分距离,抢险人员必须穿戴绝缘用品。

4)如果触电者伤势较重,已失去知觉,但心脏跳动和呼吸还存在,应将触电者抬至空气畅通处,解开衣服,让触电者平直仰卧。如果发现触电者呼吸困难,发生痉挛,应立即准备对心脏停止跳动或者呼吸停止后的抢救。

5)如果触电者伤势较重,呼吸停止或心脏跳动停止或二者都已停止,应立即采用人工呼吸法及胸外心脏按压法进行抢救,并送往医院。在送往医院的途中,不应停止抢救。

6)对于高空坠落的触电者,要特别注意搬运问题,很多触电者,除电伤外还有摔伤、搬运不当,如折断的肋骨扎入心脏等,可造成死亡。

(4)断水、漏煤气事故的应急措施

1)立即组织人员迅速封锁事故现场,将事故点50~100 m内进行围护隔离,采取临时措施尽可能避免次生灾害的再生和蔓延,将事故损失及影响降至最低。

2)立即拨打自来水、煤气抢修中心电话。电话描述清单位名称、所在区域、周围显著标志性建筑物、主要路线、接应地点、主要特征、所发生事故的情况及危险程度。随后到路口引导救援车辆。

第 7 章 特种工程

7.1 幕墙工程施工安全

建筑幕墙是建筑物不承重的外墙护围,通常由面板(玻璃、铝板、石板、陶瓷板等)和后面的支承结构(铝横梁立柱、钢结构、玻璃肋等)组成。建筑幕墙是现代大型和高层建筑常用的带有装饰效果的轻质墙体。其结构框架与镶嵌板材不承担主体结构载荷。图7.1.1所示为某建筑幕墙内景。

在建质[2009]87号《危险性较大的分部分项工程安全管理办法》中,关于超过一定规模的危险性较大的分部分项工程范围界定中,第六项其他写到"(一)施工高度50 m及以上的建筑幕墙安装工程。"

图7.1.1　建筑幕墙内景图

7.1.1 建筑幕墙施工工艺

(1)建筑幕墙工艺流程

建筑幕墙工程的安装施工总体工艺流程为:测量放线→检查预埋件位置及质量→焊接连接件→安装竖框→安装横框→装开启窗扇→预埋铁件防腐→安装幕墙玻璃(挂板)→涂注密封胶→清理交工。

(2)具体技术要求

1)幕墙立面的分格尺寸应与墙板的平面尺寸相匹配。里面分隔的横梁标高宜与楼面标高一致,其立柱位置与房间划分相协调。

2）幕墙的风压变形、雨水渗漏、空气渗透、平面内变形、保温隔热等性能符合国家现行产品标准规定。

3）幕墙的建筑构造要满足规范要求。

4）结构设计。幕墙的结构设计一般包括横梁、立柱、连接件、挂板、玻璃及密封胶的验算。所考虑的荷载有风荷载、温度作用、自重荷载及地震作用等,这种演算可反映幕墙的实际受荷状况。

5）设计值。幕墙构件的内力应采取弹性方法计算,其截面最大应力设计值不应超过材料强度的设计值。

（3）建筑幕墙的安装特点

一般建筑幕墙安装施工具有以下特点:

1）工程交叉环节多。现场施工安全工序环节较多,有的还需要交叉进行。金属挂件及型材的加工要在车间制作,结构胶黏结后凝固时间不少于7 d。各环节不仅要求严格把关,还要相互配合协作。

2）工期较紧。幕墙工程一般都在主体封顶后、内装饰接近收尾时进行,往往由于前期工作的延误,迫使幕墙工程赶工,以便整个工程能按时交工。因此,幕墙工程应事先做好安排和准备工作,能提前的工作和需预制采购的材料要及早准备进场,避免窝工待料。

3）受环境、气候、温度影响大。幕墙的安装施工都是露天高空作业。电焊作业雨天不能施工;密封胶镶嵌缝也不宜在雨天或低温天气施工;大雨天不允许在脚手架上工作。

4）现场防火要求高。保温隔热材料应采用不燃材料。电焊作业严格执行动火安全管理制度,确保现场防火安全。

5）要求配合程度高。大型新建工程的幕墙安装施工大多数用土建搭设的脚手架作业,有些部位的脚手架影响幕墙的安装,需要进行调整。大面积的幕墙固定点多,电焊、钻孔设备作业人员多,人员、材料繁杂,对原材料、半成品、成品的保护极其重要。

（4）施工质量控制

施工质量控制包括对建筑设计、结构设计、施工工序进行控制,坚持"三工序"和"三检制"等企业内控制度。执行"三工序"的原则,即上一工序不合格不得进行下道工序的施工。按"三检制"检查验收,能保证幕墙工程的施工质量。具体内容应包括以下几个方面。

1）编制幕墙工程专项安装施工方案。根据幕墙工程的特点,认真编制幕墙工程专项安装施工方案,并做好施工技术交底,在施工过程中认真执行。

2）对原材料、半成品及零附件的入场验收进行严格把关。高质量的材料是幕墙工程质量的保证。要检查各种原材料合格证和质保材料,有的还要取样检测,以确保其安装后的安全、耐久及使用效果达到设计和规范要求。

3）选派有资质的专业施工人员施工。幕墙工程施工技术要求高、细部结构要求严,又是高空作业,所以对施工安全人员的要求也高。同时要求业主和监理单位严格审查承建幕墙的特殊工种的人员的上岗证和合格证,以确保施工人员持证上岗。

4）保证过程控制有效。要严格要求执行"三工序"和"三检制",尤其是节点安装、竖框焊接、玻璃及玻璃框的制作安装方法、横梁安装等工序。操作人员必须在项目完成后进行自检、互检和专职检查。

5)预埋件安装。幕墙的荷载和重量是通过预埋件传递给主体结构的,所以预埋件的安装至关重要。应认真检查预埋件的规格、数量、焊接、固定点是否符合设计及规范要求。一般情况下,预埋件应和主体结构一起浇捣。

6)板材加工。板材加工工序一般在加工车间进行,对加工制作场地的温度、通风、灰尘指标有所要求。要检查铝合金挂板和玻璃的规格、材质、外观质量;检查所有黏结胶的出厂日期、有效时间,判断是否在使用期限内;要检查打胶厚度、宽度、黏结牢固程度等。

7)立柱、横梁安装。重点控制立柱的垂直度、横梁安装的水平度。立柱先与连接件连接,然后连接件再与主体预埋件连接,并进行调整和固定。

8)板材安装。检查板材固定连接处的质量,同时加强对密封嵌缝的检查。嵌缝胶的施工气候环境要适中。

9)重视防火、防雷。在设计和施工中严格执行建筑防火规范和建筑防雷设计规范,做好幕墙的施工安装和使用安全。

7.1.2 吊篮施工安全

一般来说,建筑幕墙的施工过程是在主体结构完成之后进行的;要通过吊篮这一特殊的施工平台,为作业人员提供操作空间。所以吊篮施工安全是建筑幕墙施工安全的主要内容。

7.1.2.1 吊篮结构形式及安装

如图 7.1.2 所示,吊篮是从建筑物的屋顶或屋面通过一个悬挂机构,用吊索悬挂得到的一个作业平台。这个作业平台离地面几十米,甚至上百米,安全风险极大。吊篮的结构体系是通过基本配件纵向连接实现的,吊篮的承重机构通过吊索安装在建筑的屋面上。

(a)吊篮近景　　　　　　　　　　(b)吊篮远景

图 7.1.2　吊篮

吊篮是通过在建筑物的屋面安装一个支架体系而悬挂在半空中的。支架体系是由横梁、前支腿、后支腿和吊索等构成。吊篮通过这样一个承载系统将施工过程中的人员等荷载传递到屋面上。为了平衡吊篮的重量,在吊篮的后支腿上要加配重(图7.1.3 和图7.1.4)。

配重的存在,对于吊篮的安全至关重要。因此,后支腿的配重有严格的技术要求。一般来说,至少要有两道安全保障措施:第一,配重物体要通过一个较长的孔道穿在后支腿上,以保证其不会倒塌和散落;第二,配重物体要用钢丝绳捆绑在一起。

(a)   (b)

图 7.1.3　吊篮后支腿配重

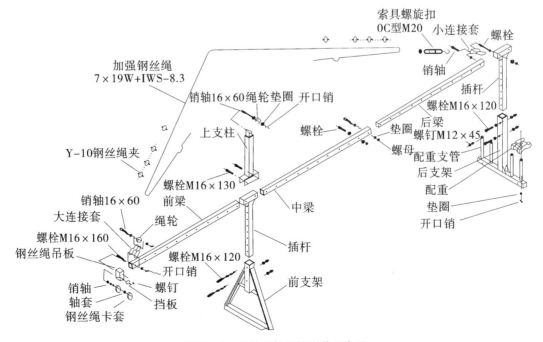

图 7.1.4　吊篮悬挂机构安装示意图

此外,吊篮悬挂机构是安装在屋面上的,对其所在屋面的位置造成了一定的超压荷载。因此吊篮安装(特别是配重物体)的形式和位置,要经过结构设计单位有关技术人员的计算和认可。比如,前支腿和配重物体的存在是否会造成屋面板受压开裂,以及前后支腿下面是否需要垫置木板来保护已经施工完成的防水层和保温层等(图 7.1.5)。

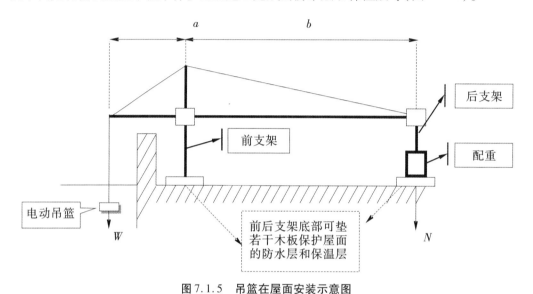

图 7.1.5 吊篮在屋面安装示意图

7.1.2.2 常用吊篮技术参数

在表 7.1.1 中列出了 ZL800 型电动吊篮的主要性能技术参数。

表 7.1.1 ZL800 型电动吊篮主要性能技术参数

名称				技术参数
额定载重量				630 kg
升降速度				8～101 m/min
吊篮平台尺寸				(2.5 m×3)×0.76 m
钢丝绳				破断拉力:65 kN
提升机		额定提升力		8 kN
	电动机	型号 YEJ100L1–4		LTD80
		功率		2.2 kW×2
		电压		AC380 V
		转速		1420 r/min
		制动力矩		15.32 N·m

续表 7.1.1

名称		技术参数
安全锁 LSG20	允许冲击力	20 kN
	倾斜锁绳角度	3°~8°
悬挂机构	前梁伸出长度	1.1~1.7 m
	支架调节高度	1.15~1.75 m
重量	悬吊平台(包括吊篮平台、提升机构、电器系统、钢丝绳、安全锁、电缆线)	610 kg
	悬挂机构	175 kg×2
	配重	1000 kg
	整机	2000 kg

注:整机质量不含配重。

7.1.2.3 吊篮施工安全技术

为了保证吊篮和幕墙施工的安全,吊篮施工要执行《建筑施工工具式脚手架安全技术规范》(JGJ 202—2010)对于吊篮作业的要求。

1)高处作业吊篮通过悬挂机构支撑在建筑物上,应对支撑点的结构强度进行验算。

2)当支撑悬挂机构前后支撑点的结构强度不能满足使用要求时,应采取加垫板放大受荷面积措施或在下层采取支顶措施。

3)悬挂吊篮支架支撑点处结构的承载能力,应大于所选择的吊篮各工况荷载最大值。

4)在建筑物屋面上进行悬挂机构的组装时,作业人员应与屋面边沿保持 2 m 以上的距离,组装场地狭小时应采取防坠落措施。

5)悬挂机构前支架严禁支撑在女儿墙上、女儿墙外、建筑物挑檐边缘。

6)配重件应稳定可靠地安放在配重架上,并应有防止随意移动的措施,严禁使用破损的配重件或其他替代物,配重件的重量应符合设计规定。

7)悬挂机构前支架应与支撑面保持垂直,脚轮不得受力。

8)高处作业吊篮应设置作业人员专用的挂设安全带的安全绳及安全锁扣。安全绳应固定在建筑物可靠位置上,不得与吊篮上任何部位有连接。

9)不得将吊篮作为垂直运输设备,不得采用吊篮运送物料。

10)吊篮里的作业人员不应超过 2 个。

11)吊篮悬挂高度在 60 m 及以下的,宜选用长边不大于 7.5 m 的吊篮平台;悬挂高度在 100 m 及以下的,宜选用长边不大于 5.5 m 的吊篮平台;悬挂高度在 100 m 以上的宜选用不大于 2.5 m 的吊篮平台。

12)悬挑结构平行移动时,应将吊篮平台降落至地面,并应使其钢丝绳处于松弛状态。

13)在吊篮内进行电焊作业时,应对吊篮设备、钢丝绳、电缆采取保护措施,不得将电焊机放置在吊篮内,电焊缆线不得与吊篮任何部位接触,电焊钳不得搭挂在吊篮上。

14)当吊篮施工遇有雨雪、大雾、风沙及五级以上大风等恶劣天气时,应停止作业,并将吊篮平台停放至地面,应对钢丝绳、电缆进行绑扎固定。

7.2　钢结构安装工程施工安全

钢结构工程中钢结构工程技术采用以钢材制作为主,由型钢和钢板等制成的钢梁、钢柱、钢桁架等构件组成;各构件或部件之间采用焊缝、螺栓或铆钉连接的结构,是主要的建筑结构类型之一。

在建质[2009]87号《危险性较大的分部分项工程安全管理办法》中,关于超过一定规模的危险性较大的分部分项工程范围界定中,第六项"其他"写道"(二)跨度大于36 m及以上的钢结构安装工程,跨度大于60 m及以上的网架和索膜结构安装工程"。

本节主要介绍单层工业厂房、轻钢结构、网架结构和索膜结构等安装工程的施工安全技术。总体上讲,以上厂房的安装、钢结构构件的吊装、网架的顶升提升和索膜的安装等,主要执行《建筑施工起重吊装安全技术规范》(JGJ 276—2012)中的要求。

7.2.1　单层工业厂房安装

单层厂房具有形成高大的使用空间、容易满足生产工艺流程要求、内部交通运输组织方便、有利于较重生产设备和产品放置、可实现厂房建筑构配件生产工业化以及现场施工机械化等特点。

一般情况下,单层工业厂房接近于定型化设计。比如单层工业厂房的柱列间距通常为6 m;单层工业厂房的跨度为18 m、24 m、30 m、36 m等6 m的倍数,或者是以6 m为模数。这样的设计标准为单层工业厂房的设计、施工、建筑提供了规范化的技术标准。

单层工业厂房的承重结构一般由柱、基础、屋架、屋面板、吊车梁、基础梁、连系梁、支撑系统构件等组成。围护结构一般由屋面、外墙、门窗和底面组成。如图7.2.1所示为典型的单层工业厂房的组成。

根据《建筑施工起重吊装安全技术规范》(JGJ 276—2012)中的要求,单层钢结构厂房吊装应符合以下相关规定。

(1)钢柱吊装应符合下列规定

1)钢柱起吊至柱脚离地脚螺栓或杯口300~400 mm后,应对准螺栓或杯口缓慢就位,经初校后立即拧紧螺栓或打紧木楔(拉紧缆风绳)进行临时固定后方可脱钩。

2)柱子校正后,必须立即紧固地脚螺栓和将承重垫板点焊固定,并应随即对柱脚进行永久固定。

(2)吊车梁吊装应符合下列规定

1)吊车梁吊装应在钢柱固定后、混凝土强度达到75%以上和柱间支撑安装完后进行。吊车梁的校正应在屋盖吊装完成并固定后方可进行。

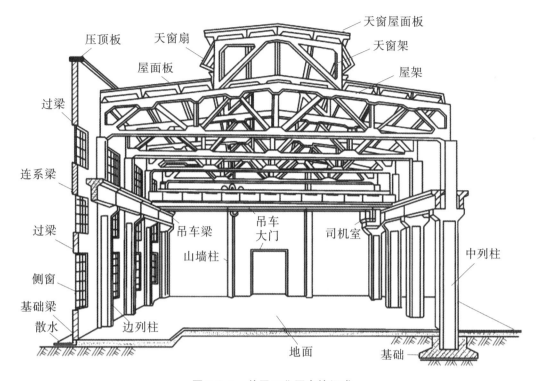

图 7.2.1 单层工业厂房的组成

2）吊车梁支承面下的空隙应用楔形铁片塞紧，必须确保支承紧贴面不小于70%。

（3）钢屋架吊装应符合下列规定

1）应根据确定的绑扎点对钢屋架的吊装进行验算，确保吊装的稳定性，否则必须进行临时加固。

2）屋架吊装就位后，应经校正和可靠的临时固定后方可摘钩。

3）屋架永久固定应采用螺栓、高强螺栓或电焊焊接固定。

4）天窗架宜采用预先与屋架拼装的方法进行一次吊装。

7.2.2 轻型钢结构安装

迄今为止，我国尚没有对轻型钢结构的精准定义。根据《门式刚架轻型房屋钢结构技术规程》[CECS 102:2002（2012年版）]对轻型钢结构的规定是"具有轻型屋盖和轻型外墙的单层实腹门式刚架结构"，这里的轻型主要是指围护时用轻质材料。图7.2.2为轻型钢结构的现场实例。

根据《建筑施工起重吊装安全技术规范》（JGJ 276—2012）中的要求，轻型钢结构吊装应符合以下规定：

1）轻型钢结构的组装应在坚实平整的拼装台上进行。组装接头的连接板必须平整。

2）焊接宜用小直径焊条（2.5~3.5 mm）和较小电流进行，严禁咬肉和焊透等缺陷发生。焊接时应采取防变形措施。

图 7.2.2　某轻型钢结构现场

3)屋盖系统吊装应按屋架→屋架垂直支撑→檩条、檩条拉条→屋架间水平支撑→轻型屋面板的顺序进行。

4)吊装时,檩条的拉杆应预先张紧,屋架上弦水平支撑应在屋架与檩条安装完毕后拉紧。

5)屋盖系统构件安装完后,应对全部焊缝接头进行检查,对点焊和漏焊的进行补焊或修正后,方可安装轻型屋面板。

7.2.3　网架结构安装

网架结构是由多根杆件按照一定的网格形式通过节点连接而成的空间结构。具有空间受力小、重量轻、刚度大、抗震性能好等优点;可用作体育馆、影剧院、展览厅、候车厅、体育场看台雨篷、飞机库、双向大柱距车间等建筑的屋盖。构成网架的基本单元有三角锥、三棱体、正方体、截头四角锥等,由这些基本单元可组合成平面形状的三边形、四边形、六边形、圆形或其他任何形体。北京自然博物馆屋盖图 7.2.3 就是网架结构。

一般情况下,网架节点形式有焊接球节点、螺栓球节点、钢板节点等(图 7.2.4)。此外,网架结构的设计有比较固定的尺寸限制,表 7.2.1 列出了不同的网架短向跨度下,网架高度与短向跨

图 7.2.3　北京市自然博物馆

度之比和网格尺寸与短向跨度之比。其中以短向跨度为 30～60 m 的网架结构最为经济。

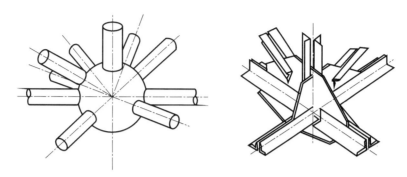

图 7.2.4　焊接球节点和焊接钢板节点

表 7.2.1　网架结构尺寸

网架短向跨度	网架高度与短向跨度之比	网格尺寸与短向跨度之比
小于 30 m	1/10～1/14	1/8～1/12
30～60 m	1/12～1/16	1/10～1/16
大于 60 m	1/14～1/20	1/12～1/20

网架的安装方法及适用范围:

1)高空散装法:适用于螺栓连接点的各种类型网架,并宜采用少支架的悬挑施工方法。

2)分条或分块安装法:适用于分割后刚度和受力状况改变较小的网架,如两向正交正放四角锥、正向抽空四角锥等网架。分条或分块的大小应根据起重能力而定。

3)高空滑移法:适用于正放四角锥、正向抽空四角锥、两向正交正放四角锥等网架。滑移时滑移单元应保证为几何不变体系。

4)整体吊装法:适用于各种类型的网架,吊装时可在高空平移或旋转就位。

5)整体顶升法:适用于周边支撑及多点支撑网架,可用升板机、液压千斤顶等小型机具进行施工。

6)整体提升法:适用于支点较少的多点支撑网架。

采用吊装或提升、顶升的安装方法时,其吊点的位置和数量的选择,应考虑下列因素:宜与网架结构使用时的受力状况相接近;吊点的最大反力不应大于起重设备的负荷能力;各起重设备的负荷宜接近。

根据《建筑施工起重吊装安全技术规范》(JGJ 276—2012)中的要求,网架结构吊装应符合下列规定。

(1)网架采用提升或顶升法吊装的规定

1)施工必须按施工组织设计的规定执行。

2)施工现场的钢管焊接工,应经过焊接球节点与钢管连接的全位置焊接工艺评定和焊工考试合格后,方可参加施工。

3)吊装方法,应根据网架受力和构造特点,在保证质量、安全、进度的要求下,结合当

地施工技术条件综合确定。

4)网架吊装的吊点位置和数量的选择,应符合下列规定:

①应与网架结构使用时的受力状况一致或经过验算杆件满足受力要求;

②吊点处的最大反力应小于起重设备的负荷能力;

③各起重设备的负荷宜接近。

5)吊装方法选定后,应分别对网架施工阶段吊点的反力、杆件内力和挠度、支承柱的稳定性和风荷载作用下网架的水平推力等项进行验算,必要时应采取加固措施。

6)验算荷载应包括吊装阶段结构自重和各种施工荷载。吊装阶段的动力系数按以下规定采用:提升或顶升时,取1.1;拔杆吊装时,取1.2;履带式或汽车式起重机吊装时,取1.3。

7)在施工前必须进行试拼及试吊,确认无问题后方可正式吊装。

8)网架采用在施工现场拼装时,小拼应先在专门的拼装架上进行,高空总拼应采用预拼装或其他保证精度措施。

9)总拼时应选择合理的焊接工艺,减少焊接变形和焊接应力。总拼的各个支承点应防止出现不均匀下沉。

10)焊接节点网架所有焊缝应进行外观检查,并做好记录。对大、中型跨度钢管网架的拉杆与球的对接焊缝,应作无损探伤检验,其抽样数不得少于焊口总数的20%,质量标准应符合现行国家标准《钢结构工程施工质量验收规范》(GB 50205—2001)所规定的2级焊缝的要求。

(2)网架采用高空散装法的规定

1)采用悬挑法施工时,应在拼成可承受自重的结构体系后,方可逐步扩展。

2)搭设拼装支架时,支架上支撑点的位置应设于网架下弦的节点处。支架必须验算其承载力和稳定性,必要时应试压,并应防止支柱下沉。

3)拼装应从建筑物一端以两个三角形同时进行,两个三角形相交后,按"人"字形逐榀向前推进,最后在另一端正中闭合(图7.2.5)。

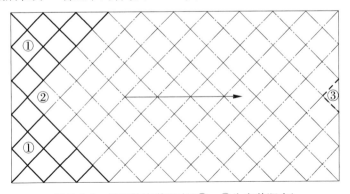

图7.2.5　网架的安装顺序(①~③为安装顺序)

4)第一榀网架块体就位后,应在下弦中竖杆下方用方木上放千斤顶支顶,同时在上弦和相邻柱子间应绑两根杉杆作临时固定。其他各块就位后应用螺栓与已固定网架块体

固定。同时下弦应用方木上放千斤顶顶住。

5）每榀网架块体应用经纬仪校正其轴线偏差；标高偏差应用下弦节点处的千斤顶校正。

6）网架块体安装过程中，连接块体的高强螺栓必须随安装随紧固。

7）网架块体全部安装完毕并经全面质量检查合格后，方可拆除千斤顶和支杆。千斤顶必须有组织地逐次下落，每次下落时，网架中央、中部和四周千斤顶的下降比例宜为2∶1.5∶1。

（3）网架采用分条或分块安装的规定

1）网架分条或分块在高空连成整体时，其组成单元应具有足够刚度，并能保证自身的几何不变性，否则应采取临时加固措施。

2）为保证顺利拼装，在条与条或块与块的合龙处，可采用临时螺栓等固定措施。

3）设置独立的支撑点或拼装支架时，应符合本规范7.5.2条第2款的要求。

4）合龙时，应先用千斤顶将网架单元顶到设计标高，方可连接。

5）网架单元应减少中间运输，运输时应采取措施防止变形。

（4）网架采用高空滑移法安装的规定

1）应利用已建结构作为高空拼装平台。当无建筑物可供利用时，应在滑移端设置宽度大于两个节间的拼装平台。滑移时应在两端滑轨外侧搭设走道。

2）当网架的平移跨度大于50 m时，宜于跨中增设一条平移轨道。

3）网架平移用的轨道接头处应焊牢，轨道标高允许偏差为10 mm。网架上的导轨与导轮之间应预留10 mm间隙。

4）网架两侧应采用同型号、同直径和同门数的滑轮及滑轮组，卷扬机选用同型号、同规格产品，卷扬机用的钢丝绳则应采用同类型、同规格的钢丝绳，并在卷筒上预留同样的钢丝绳圈数。

5）网架滑移时，两侧应同步前进。当同步差达30 mm时，即应停机调整。

6）网架全部就位后，应用千斤顶将网架支座抬起，抽去轨道后落下，并将网架支座与梁面预埋钢板焊接牢靠。

7）网架的滑移和拼装应进行下列验算：

①当跨度中间无支点时的杆件内力和跨中挠度值；

②当跨度中间有支点时的杆件内力、支点反力及挠度值。

（5）网架采用整体吊装法的规定

1）网架整体吊装可根据施工条件和要求，采用单根或多根拔杆起吊，也可采用一台或多台起重机起吊就位。

2）网架整体吊装时，应保证各吊点起升及下降的同步性。相邻两拔杆间或相邻两吊点组的合力点间的相对高差，不得大于其距离的1/400和100 mm，亦可通过验算确定。

3）当采用多根拔杆或多台起重机吊装网架时，应将每根拔杆每台起重机额定负荷乘以0.75的折减系数。当采用四台起重机将吊点连通成两组或用三根拔杆吊装时，折减系数应取0.85。

4）网架拼装和就位时的任何部位离支承柱（包括牛腿等突出物）或拔杆的净距不得

小于 100 mm。

5）由于网架错位需要，对个别杆件可暂不组装，但必须取得设计单位的同意。

6）拔杆、缆风绳、索具、地锚、基础的选择及起重滑轮组的穿法等应进行验算，必要时应进行试验检验。

7）采用多根拔杆吊装时，拔杆安装必须垂直，缆风绳的初始拉力应为吊装时的 60%，在拔杆起重平面内可采用单向铰接头。采用单根拔杆吊装时，底座应采用球形万向接头。

8）拔杆在最不利荷载组合下，其支承基础对地基土的压力不得超过其允许承载力。

9）起吊时应根据现场实际情况设总指挥 1 人、分指挥数人，作业人员必须听从指挥，操作步调应一致。应在网架上搭设脚手架通道锁扣摘扣。

10）网架吊装完毕，应经检查无误后方可摘钩，同时应立即进行焊接固定。

（6）网架采用整体提升法的规定

1）应根据网架支座中心校正提升机安装位置。

2）网架支座设计标高相同时，各台提升装置吊挂横梁的顶面标高应一致；设计标高不同时，各台提升装置吊挂横梁的顶面标高差和各相应网架支座设计标高差应一致；上述各项允许偏差为 5 mm。

3）各台提升装置同顺序号吊杆的长度应一致，其允许偏差为 5 mm。

4）提升设备应按其额定负荷能力乘以以下折减系数使用：穿心式液压千斤顶取 0.5；电动螺杆升板机取 0.7；其他设备应通过试验确定。

5）网架提升应保证做到同步。

6）整体提升法的下部支承柱应进行稳定性验算。

（7）网架采用整体顶升法的规定

1）顶升用的支承柱或临时支架上的缀板间距应为千斤顶行程的整倍数，其标高允许偏差为 5 mm，否则应用钢板垫平。

2）千斤顶应按其额定负荷能力乘以以下折减系数使用：丝杆千斤顶取 0.6，液压千斤顶取 0.7。

3）顶升时各顶升点的允许升差为相邻两个顶升用的支承结构间距的 1/1000，且不得大于 30 mm；若一个顶升用的支承结构上有两个或两个以上的千斤顶时，则取千斤顶间距的 1/200，且不得大于 10 mm。

4）千斤顶或千斤顶的合力中心必须与柱轴线对准。千斤顶本身应垂直。

5）顶升前和顶升中，网架支座中心对柱基轴线的水平允许偏移为柱截面短边尺寸的 1/50 及柱高的 1/500（取较小值）。

6）顶升用的支承柱或支承结构应进行稳定性验算。

7.2.4　索膜结构安装

膜结构又叫张拉膜结构，是 20 世纪中期发展起来的一种新型建筑结构形式，是由多种高强薄膜材料及加强构件（钢架、钢柱或钢索）通过一定方式使其内部产生一定的预张应力以形成某种空间形状作为覆盖结构，并能承受一定的外荷载作用的一种空间结构形式（图 7.2.6）。

索膜结构的优点是造型自由、轻巧、柔美、充满力量感,阻燃,制作简易,安装快捷,节能,便于移动搬迁或更新改造,使用安全。主要应用于体育场馆、入口廊道、公众休闲娱乐广场、展览会场、购物中心、停车场、高速公路收费站等。

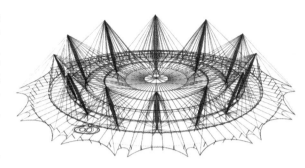

图7.2.6 千年穹顶(英国)

根据索膜结构受力特性,大致可分为充气式膜结构、张拉式膜结构、骨架式膜结构、组合式膜结构四大类。

索膜结构施工技术可分为以下几个方面:

(1)膜材裁剪、包装及运输

膜材加工制作工艺流程为:绘制膜材剪图→审图→膜加工技术交底→检验→放样→裁剪→膜材预拼装→膜材热融合→边缘加工→成型尺寸复核→清洗→包装→出厂。

(2)支承结构安装

支承结构安装工艺流程为:钢结构预埋交底→钢结构预埋→钢结构制作→基础预埋复核→构件防腐涂装→构件防火涂装→构件吊装。

(3)膜体安装

膜体安装包括膜体展开、连接固定、吊装到位和张拉成型四个部分。

膜体安装工艺流程为:安装方案会审→复核支承结构尺寸→膜安装技术交底→检查安装设备工具是否到位→搭设安装平台→铺设保护布料→展开膜材→连接固定→吊装膜材→调整索及膜收边→张拉成型→防水处理→清洗膜面→最后检查→交工。

(4)安装质量要求

膜面无渗漏,无明显褶皱,不得有积水;膜面颜色均匀,无明显污染串色;连接固定节点牢固,排列整齐;缝线无脱落;无超张拉;膜面无大面积拉毛蹭伤。

7.3 钢结构安装工程实例

7.3.1 项目背景

某工程钢桁架主要为联合工房 V 区屋面管桁架结构,钢桁架整体呈中间高两边低的拱形分布,建筑高度最高为18 m,整体长度达288 m。钢桁架现场共分成三个区域:1b-t 轴~1b-g 轴为钢桁架施工一区、1b-f 轴~1b-P 轴为钢桁架施工二区、1b-N 轴~1b-B 轴为钢桁架施工三区(图7.3.1)。

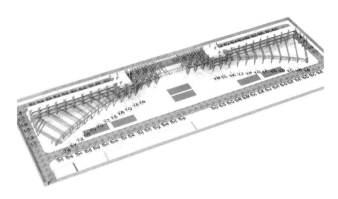

图 7.3.1　本工程钢桁架整体轴测示意图

本工程钢桁架主要为相贯面倒三角形管桁架结构,组成桁架的杆件规格有 P273×12、P219×10、P219×8、P194×8、P152×5、P108×6、P89×5、P89×4、P60×4 等,钢桁架施工二区的管桁架通过斜钢柱与下部的混凝土柱进行连接,斜钢柱的截面尺寸为:P325×10(图 7.3.2)。

本工程施工一区和施工三区桁架下部为钢管柱,钢柱截面尺寸为 P600×14。

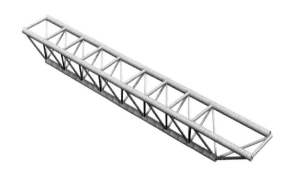

图 7.3.2　本工程单榀钢桁架轴测示意图

7.3.2　工程施工的重难点

(1)施工重点

1)大量钢桁架需在现场组拼、焊接,保证现场拼装尺寸是施工重点。

2)桁架吊装。保证各部分桁架吊装时互不干扰且有序也是本工程钢桁架施工重点。

(2)施工难点

1)部分钢管桁架尺寸稍大,且均要求现场拼装焊接,施工难度较大。

2)本工程为钢桁架结构,带有弧线的造型;钢桁架施工需与土建施工交叉进行,给钢桁架拼装、吊装等增加了相当大的难度。

3)钢桁架安装难度大。桁架下面有地下室,吊机上地下室平台吊装有一定的难度,需要验算楼板的承载力。

4）工期紧。75 天的计划工期，对施工单位提出了很高的管理及组织要求，需要投入足够的人力资源、物资资源。

5）质量要求高。本工程总体质量目标为"鲁班奖"，钢桁架作为一个重要的分部工程，如何实现创优、保优是本工程的难点之一。

7.3.3　施工现场总平面布置

由于本工程工期紧，为保证工程施工有条不紊地进行，合理地进行施工总平面布置并切实做好施工总平面管理工作是很重要的。拟计划成立一个施工总平面管理小组，组长由项目经理担任，下设指定人员专门负责。

（1）施工总平面布置依据

施工总平面布置要符合工程整体施工要求，既要满足施工管理要求，又要结合施工现场的特点。根据建筑施工图及现场实际情况，钢桁架施工时土建部分结构还没施工完，存在一定的交叉作业。在布置施工总平面布置时，要充分考虑土建单位对施工现场的场地要求，同时遵循下列施工总平面布置依据：

1）建设单位和总包单位的有关管理要求。

2）现场已完工建筑、设施、组装预留地、电源位置及进出通道。

3）总包单位提供的总平面布置图。

4）钢桁架施工进度计划及资源需用量计划。

5）钢桁架组装及吊装施工方案。

6）安全文明施工和环境保护要求。

（2）施工总平面布置原则

为保证施工现场布置紧凑合理，现场施工顺利进行，施工平面布置原则确定如下：

1）合理布置现场，规划好施工组装场地和进出通道，减少运输费用和场内二次倒运。

2）既要满足施工，方便施工管理，又要确保施工质量、安全、进度和环保的要求，不能顾此失彼。

3）应在允许的施工用地范围内布置，避免扩大用地范围，合理安排施工程序，分期进行施工场地规划，将施工道口交通及周围环境影响程度降至最小，将现有场地的作用发挥到最大。

4）施工布置需整洁、有序，同时做好施工防噪措施，创建文明施工工地。

5）场地布置还应遵循"三防"原则，消除不安定因素，防火、防水、防盗设施齐全且布置合理。

6）在满足施工需要前提下，尽量减少施工用地，施工现场布置要紧凑合理。

7）科学确定施工区域和场地面积，尽量减少专业工种之间交叉作业。

8）尽量利用永久性建筑物、构筑物或现有设施为施工服务，降低施工设施建造费用，尽量采用装配式施工设施，提高其安装速度。

9）各项施工设施布置都要满足有利生产、方便生活、安全防火和环境保护的要求。

（3）施工总平面图

根据拟定的施工总平面图布置原则，施工总平面布置如图 7.3.3 所示。

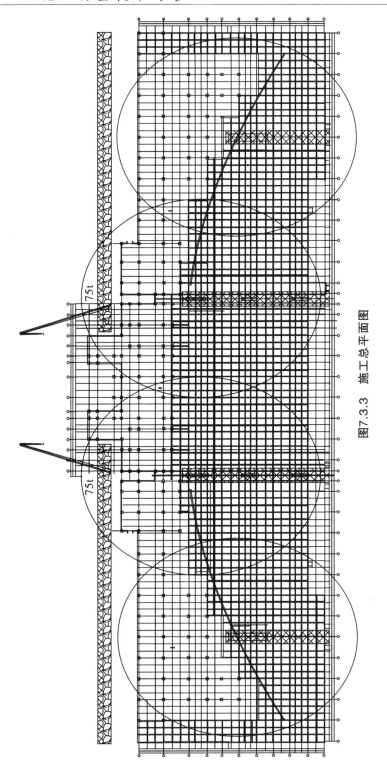

图7.3.3 施工总平面图

7.3.4 钢桁架吊装

7.3.4.1 现场安装总体思路

通过对现场施工场地考察,为了与土建施工方更好地协调配合,控制施工总体进度的实现,钢桁架施工总体思路按图 7.3.4 流程进行。

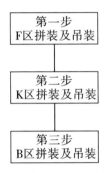

图 7.3.4 钢桁架施工总体流程

7.3.4.2 F 区桁架的拼装

考虑到 F 区场地的特殊性,该区有较多的混凝土柱子,所以对主桁架 HJ1、HJ2、HJ3 的拼装基本都是在其所处的轴线位置,以便其进行吊装,拼装顺序依次为 HJ2、HJ3、HJ1。图 7.3.5 为 F 区桁架拼装的透视图。

7.3.4.3 F 区桁架的吊装

(1)HJ2、HJ3 的吊装

F 区桁架 HJ2、HJ3 吊装不存在地下室顶板上吊装问题,HJ2 与 HJ3 的重量分别为 15220 kg、13921 kg,用 75 t 吊机分成两段进行吊装,具体吊装方法如下(图 7.3.5):

1)将临时支撑架树立在桁架位置。

2)将 HJ2、HJ3 吊装到临时支撑架上。

3)进行补杆,将支座处杆件补齐。

4)采用同样办法吊装另外一端,并与已经吊好的桁架进行连接。

5)拆掉临时支撑架。

(a)F区桁架拼装透视图

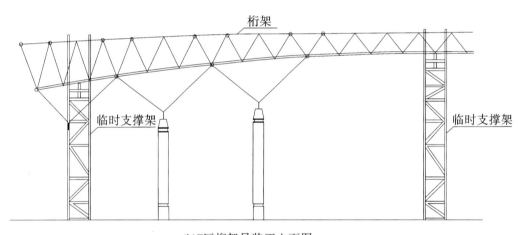

(b)F区桁架吊装正立面图

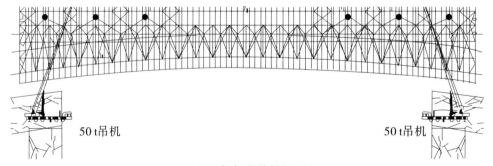

(c)F区桁架吊装俯视图

图7.3.5　F区桁架拼装和吊装图

（2）HJ1 的吊装

由于 HJ1 距离 F 区东侧的吊车行车道较远，此时 75 t 的吊车已经无法满足 HJ1 的吊装需求。所以对于 HJ1，采用两台 50 t 的吊机进行抬吊，如图 7.3.5（c）所示。

7.3.4.4　B、K 区的拼装

B、K 区桁架均在该区桁架所处的平台上进行拼装。

7.3.4.5　B、K 区的吊装

B、K 区最重的桁架为 HJ16，重量为 10833 kg，该区为地下室平台，吊机无法到地下室上进行吊装，只能在桁架檐口的地方吊装，考虑到吊机臂长，所以采用 75 t 的吊机进行吊装，如图 7.3.6（a）、图 7.3.6（b）所示。

具体吊装步骤如下：

1）对吊机重量、桁架重量及楼板的承载力进行相关计算，确保施工质量和安全。

2）将钢柱吊装就位并浇注混凝土。

3）从中间向两侧进行吊装，考虑到 HJ10～HJ19 靠东侧的一段与主桁架的连接，所以吊装 HJ10～HJ19 时采用临时支撑架，然后再吊装东侧的主桁架。

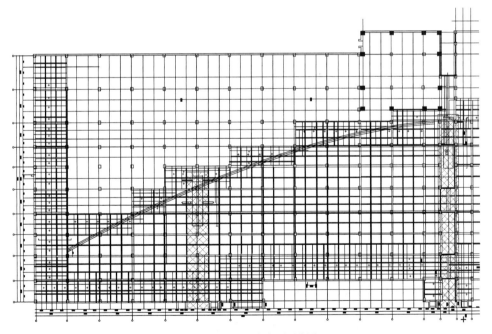

（a）B 区地下室顶板加固示意图

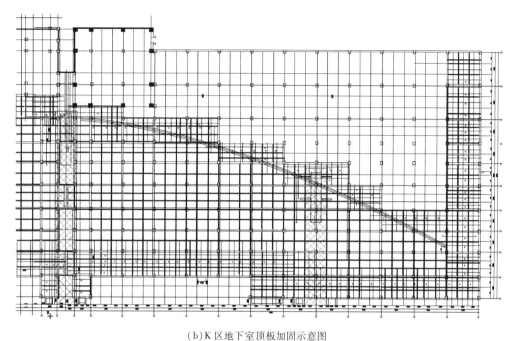

(b)K区地下室顶板加固示意图

图7.3.6 B、K区桁架的吊装

7.3.4.6 桁架吊装支撑架、缆风绳设置

施工中临时支撑架标准节和支撑架下面设置可调支座如图7.3.7所示。

图7.3.7 支撑架标准节和可调支座

临时支撑架基础做法:对设置支撑架部位进行分层回填、夯实,地基承载力达到

80 kPa以上,然后浇筑150 mm×4000 mm×5000 mm混凝土进行找平,在混凝土上部铺设两个路基箱(路基箱尺寸为200 mm×1800 mm×2000 mm),同时应做好排水措施。临时支撑架的上部是由型钢焊接成的支撑平台如图7.3.8所示。

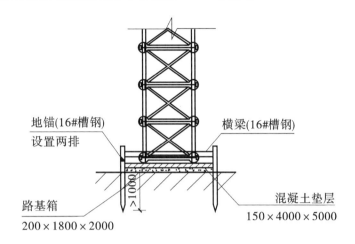

(a)临时支架基础

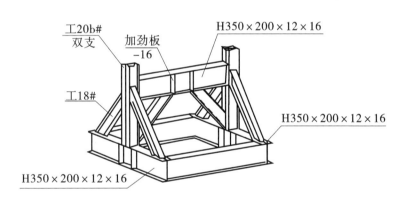

(b)上部支撑平台

图7.3.8　临时支架基础和上部支撑平台

支撑架可调底座与路基箱采用角焊缝进行固定,然后采用槽钢将支撑架与地锚进行固定。

为了保证临时支撑架的侧向稳定,要设置缆风绳。缆风绳要设置可靠的地锚,做法如图7.3.9所示。根据现场实际情况,如角度合适,缆风绳可直接固定在地梁上或框架柱的根部。

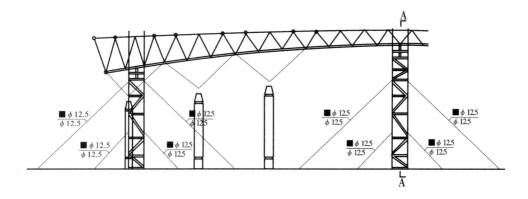

(a)西立面图

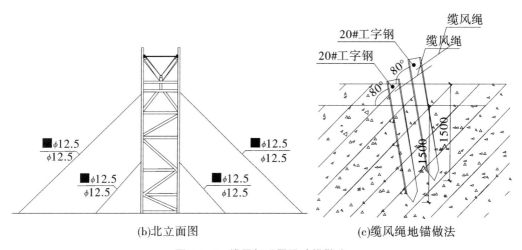

(b)北立面图

(c)缆风绳地锚做法

图 7.3.9　缆风绳设置及地锚做法

7.3.5　吊装安全验算

本工程吊装安全验算采用结构设计有限元分析软件 midas,由于计算原理和方法比较复杂,本书仅给出部分计算过程和计算结果。

通过 midas 得到杆件 $\phi89\times4$(Q235B)计算书见图 7.3.10。

midas Gen　　　　　　　**Steel Checking Result**

Company		Project	
Author		File Name	E:\...\计算模型\10-\10.mgb

1.设计条件

　　设计规范　　　GB60017-03

　　单位体系　　　Nnm

　　单元号　　　　286

　　材料　　　　　Q235(号:3)

　　　　　　　　(Fy=235.000,Es=206000)

　　截面名称　　　P89×4(号:8)

　　　　　　　　(组合截面)

　　构件长度　　　60.000

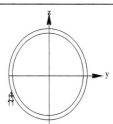

89

2.截面内力

　　轴力　　　　　Fxx=-89403(LOB 9,POSI)

　　弯矩　　　　　My=233208,Mz=0.00000

　　端部弯矩　　　Myi=-230971,Myi=-62474(for Lb)

　　　　　　　　Myi=-230971,Myi=-62474(for Ly)

　　　　　　　　Mzi=32226.9,Mzj-61737.0(for Lz)

　　剪力　　　　　Fyy=-49183(LCB 9,POSI)

　　　　　　　　Fzz=335292(LCB 10,POSI)

外径	89.0000	壁厚	4.00000
面积	1068.14	Asz	534.071
Qyb	1810.25	Qzb	1810.25
Iyy	966802	Izz	966802
Ybar	44.5000	Zbar	44.5000
Wyy	21725.9	Wzz	21725.9
ry	30.0653	rz	30.0853

3.设计参数

　　自由长度　　　　　Ly=60.0000,Lz=60.0000,Lb=60.0000

　　计算长度系数　　　Ky=1.00 Kz=-1.00

　　等效弯矩系数　　　Beta_my=0.85,Beta_mp=0.85

4.强度验算结果

　　长细比

　　　　KLA=20<150.0(LCB 12)················OK

　　轴向应力验算

　　　　NNc=89403/229582=0.389<1.000················OK

　　弯曲应力验算

　　　　My/My=233208/4671064=0.050<1.000················OK

　　　　Mz/Mz=0/4671064=0.000<1.000················OK

　　整体稳定验算(压缩+弯曲)

　　　　Rmax1=N(FPhi_y×A)+Beta_my×My[FGemmay×VVIy×(1-0.8×NN_Ey)]

　　　　Rmax=Rmax1=0.433<1.000················OK

　　剪切强度验算

　　　　VyVry=0.007<1.000················OK

　　　　VzVrz=0.050<1.000················OK

图7.3.10　杆件 φ89×4(Q235B)计算书

应力云图见图7.3.11。

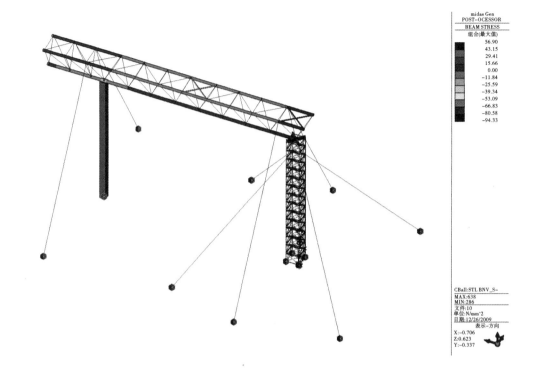

图 7.3.11 应力云图

7.3.6 50 t 汽车吊上地下室楼板

F 区 HJ1 采用两台 50 t 吊机进行抬吊,两侧的 B、K 区桁架采用 50 t 吊机进行单榀桁架吊装,然后组装。HJ1 及两侧的桁架吊装,吊机均需上地下室。50 t 汽车吊在地下室平台上作业及行走路线如图 7.3.12 和图 7.3.13 所示。

50 t 汽车吊自重 38.8 t,汽车吊直接上地下室楼层板进行吊装,汽车吊支腿作业时,支腿处铺设路基箱。

地下室吊车行走路线下搭设 6 m 宽脚手架作为支撑,搭设布局为 $L_a = 0.7$ m,$L_b = 0.7$ m,$H = 1.2$ m。吊机行走时必须在支撑架范围内行走。

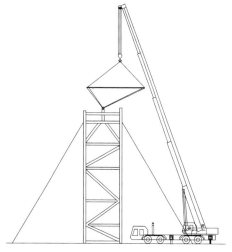

7.3.12 **吊装作业侧面示意图**

7.3.7 安装作业安全技术

1)吊装作业由专职起重工指挥。超高吊装要有清晰可视的旗语或笛声及对讲机指挥,在视线或盲区要设 2 人指挥起重作业。

2)吊物在起吊离地 0.5 m 时检查吊索具的安全情况,确定安全后方可起吊至工作面。

3)5 级以上大风天气,禁止吊装作业,构件不得悬空过夜。

4)安装工人使用钢爬梯攀爬钢柱过程中,要将安全带与防坠器进行连接,以防高空坠落。

5)起重信号工在吊构件前要和司机统一指挥信号,避免发生错误操作。

6)起吊时,吊车司机要鸣笛示警。

7)构件起吊时,信号工要站在能统筹兼顾的地方指挥,移动时注意脚下以防绊到。

8)构件起吊时,起重工应将绳索绑扎牢固、平稳,起吊离地面 50 cm 时再次确认构件是否绑扎牢固平衡后,方可起升,就位。

9)在钢构件就位时,应拉住溜绳,协助就位,此时操作人员应站构件两侧。

10)钢构件就位,应缓慢下落。下落放置时,人员应扶在构件外侧,不得将手扶在构件与地平,构件与构件的连接面,放置垫铁时,手应握住垫铁两侧,并且手不得放在或深入构件下方。

11)使用撬棍校正时,不得将撬棍插入后放手,以防飞出伤人。需要使用大锤时,大锤回转方向不得站人。

12)当确认构件找正,放稳,做好临时固定、稳定后,方可摘钩。

13)吊装时吊绳、吊耳、卡环等吊装工具需按要求采用。

14)各种吊装作业前,应预先在吊装现场设置安全警戒标识,并设专人监护,非施工人员禁止入内。

15)吊装作业前,应对起重吊装设备、钢丝绳、缆风绳、链条、吊钩等各种机具进行检查,必须保证安全可靠,不准带病使用。

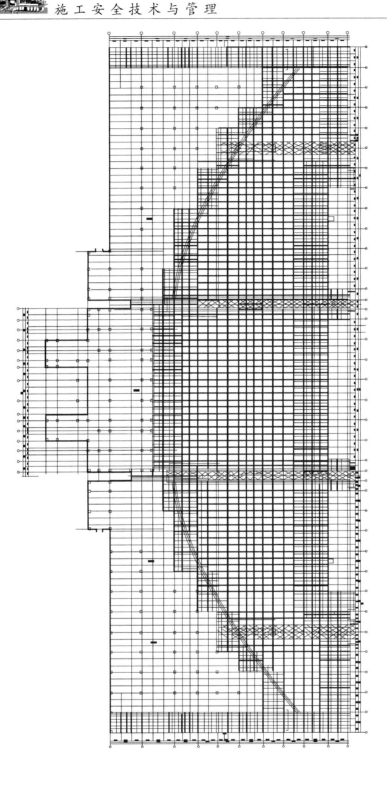

图7.3.13　50t汽车吊在地下室平台上作业及行走路线

7.3.8 专家论证会意见

方案根据B、F、K三个区域内钢桁架单件最大起重量及起重高度等,选择75 t、50 t等汽车吊分段吊装,高空补杆,再拆除临时支架,完成体系转换的总体施工方案;验算了汽车吊在地下室顶板通行及站位处的结构安全,并已经主体结构设计单位认可。方案内容基本齐全,总体可行,经修订完善后可以指导现场施工。方案还有以下内容需要补充完善:

1)建议在地下室顶板上吊装时,吊车支腿放在三层叠放枕木之上,同时在楼板下方搭设临时支架;并按最不利工况验算吊车支腿下方的地下室顶板安全。

2)根据汽车吊吊装过程中"只准旋转,不允许变幅"的要求,复核F区桁架双机抬吊的现场操作可行性。

3)根据缆风绳受力确定地锚构造措施,并补充详图。

4)细化试吊技术措施,并补充试吊过程中的安全巡视及预警措施。

5)复核吊具、吊索的合格证,并作为方案附件。

方案补充完善并审批后由监理单位监督执行。

7.4 人工挖孔桩施工安全

根据建质[2009]87号文,关于印发《危险性较大的分部分项工程安全管理办法》的通知中明确规定,开挖深度超过16 m的人工挖孔桩工程属于危险性较大的分部分项工程,因此,必须制定专项施工方案,明确施工过程中可能存在的安全隐患并采取相应安全措施和技术措施来保证施工作业的安全进行。

7.4.1 人工挖孔桩的特点及应用

人工挖孔桩是指采用人工挖掘的方法进行成孔然后安放钢筋笼,浇筑混凝土而成的桩,它是桩基础施工的一种方式。人工挖孔桩特点在于单桩承载力大,受力性能好,质量可靠,沉降量小,占用场地小,施工方便,不需大型机械设备,无振动无噪声,无环境污染,施工成本相对于大型设备成桩工艺也较低。但是挖孔桩井下作业条件差、环境恶劣、劳动强度大,施工作业过程中在保证质量前提下安全防范措施尤为重要。

人工挖孔桩主要适用于土质较好、地下水位较低的黏土、亚黏土、含少量砂卵石的黏土层。可用于高层建筑、公用建筑、水工建筑做桩基,也可用作支撑、抗滑、围护结构。当受场地或环境限制,不宜采用大型设备成桩时,可优先采用人工挖孔灌注桩成桩。而对于软土、流沙、地下水位较高、涌水量较大的土层不宜采用人工挖孔桩方法。

人工挖孔灌注桩直径一般为0.8~3 m,最大可达4 m,深度一般在20 m左右,人工挖孔桩尤其适用于在10~20 m的地下有稳定的持力层如砂层、卵石层等的地质条件,且开挖范围土体具有一定的承载力,不会因为轻微扰动而坍塌。随着城市发展速度的加快,人工挖孔桩越来越多地应用于各种市政工程项目中。

7.4.2　人工挖孔桩的标准设计

　　人工挖孔桩属于地面以下的孔内作业,作业空间较小,为了保证施工的安全性,在施工过程中必须设置稳定的具有一定承载力的护壁。开挖过程中每往下挖一节,要从上往下浇筑混凝土及时形成护壁,在护壁保护下,再开挖下一层土方,依次循环直至设计桩底标高。如果场地条件允许,人工挖孔桩还可以进行扩底,增大桩端的截面积,进一步提高桩端的承载力,同时还可以减小桩的后期沉降变形,人工挖孔桩标准桩身如图 7.4.1 所示。

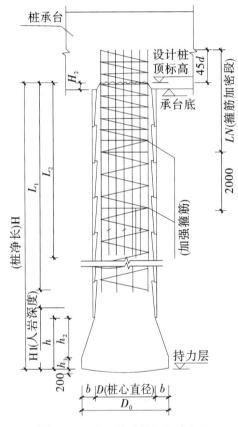

图 7.4.1　人工挖孔桩标准桩身图

　　对一些自稳能力相对较差的地层,经常需要在护壁混凝土中加护壁钢筋,如图 7.4.2 所示。针对一些情况,为了使施工过程的安全性更高,可以在孔内护壁上打设钢筋锚杆进行加固(锚杆可采用 $\phi25$ 螺纹钢筋,长度为 $L=600\ mm$),如图 7.4.3 所示。

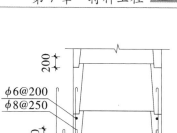

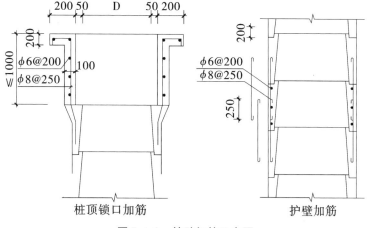

图 7.4.2 护壁加筋示意图

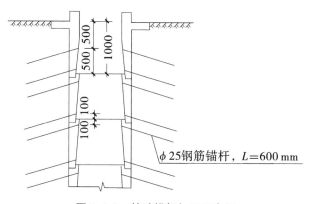

图 7.4.3 护壁锚杆加固示意图

人工挖孔桩护壁按采用的材料不同可以分为砖护壁和混凝土护壁（1.2 m 以上的桩采用混凝土护壁）两种。两种形式的施工方法均是分段开挖,每段开挖深度控制在 0.8 ~ 1 m,分段砌筑或浇筑混凝土拱圈护壁,直至设计标高。

人工挖孔桩护壁按采用的结构形式不同可以分为外齿式和内齿式,不论采用哪种形式,都必须保证桩径的净尺寸符合设计要求。如图 7.4.4 所示。

为了确保人工挖孔桩施工安全,除了以上采取的技术措施外,还需要有预防孔壁坍塌、产生流砂和管涌等不良状况的安全措施,深孔要有可靠的排水、通风和照明措施。预防孔壁坍塌的措施有采用现浇砼护圈、钢护圈和沉井。针对深孔,施工前应先进行施工降水,保证地下水位始终位于开挖面以下,孔顶锁口混凝土圈要高出地面 15 ~ 20 cm,防止地面有水流入孔内,保证孔内作业人员的施工安全;孔内作业照明采用 12 V 以下防爆灯具;挖孔6 ~ 10 m 深,每天至少向孔内通风 1 次,超过 10 m 每天至少通风 2 次,孔下作业人员如果感到呼吸不畅也要及时通风。

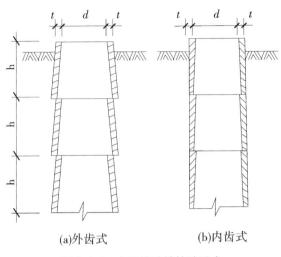

(a)外齿式　　　　　　(b)内齿式

图 7.4.4　人工挖孔桩护壁形式

7.4.3　人工挖孔桩施工工艺

人工挖孔桩的施工工艺可以用图 7.4.5 来表示。

（1）平整场地

对原有场地进行平整,合理设置排水沟或流水槽使场地内的雨水或采取降水措施抽出的地下水能够及时排出,避免长时间浸泡桩周围土体造成安全隐患。

（2）测量定位

根据控制点、高程点和桩位平面图及现场基准点,采用全站仪按设计桩位进行放样,保证桩位准确,桩体放样误差≤20 mm,桩体的垂直精度<$H/150$,确保挖孔桩合理外放,既要保证护壁砼的厚度,也要保证桩径符合设计要求,同时要把超挖量控制到最小值。

（3）挖孔作业

人工挖孔桩采用间隔开挖法施工,首批人工挖孔按跳 3 孔施工,施工编号为 1 的桩位;第二批次施工中间编号为 2 的桩位;第三批次进行编号为 3 的桩位开挖。桩施工顺序见图 7.4.6。

采用间隔挖孔法,可以避免施工时相互影响,保持孔壁土体的稳定。桩孔开挖采用分节挖土法,人工手持风镐或十字镐从上到下逐层挖掘,铁锹铲土装入吊桶,简易电动提升架提升（出土示意如图 7.4.7 所示）。每节开挖深度为 1 m,在穿越不稳定地层时,挖孔桩护壁长度不应大于 0.5 m,必要时采用钢护筒护壁。挖土次序为先中间后周边。挖孔桩挖出的弃碴由小推车运至指定临时碴土堆放场地。

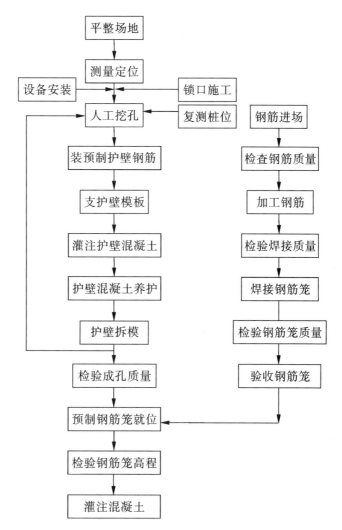

图 7.4.5　人工挖孔桩施工工艺

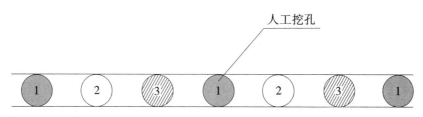

图 7.4.6　人工挖孔桩施工顺序

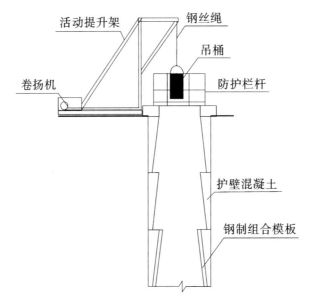

图7.4.7 人工挖孔桩吊装出土示意图

（4）护壁施工

护壁模板采用内撑式组合钢模,护壁混凝土的振捣采用敲击模板或用钢筋反复人工插捣。挖孔桩开挖后要及时施做钢筋混凝土护壁,护壁高一般为1.0 m,为了便于混凝土的浇筑,护壁做成锥形,上下搭接一般为100 mm。护壁施工采取一节组合钢模板拼装而成,拆上节支下节循环周转使用,模板用U形卡连接,上下设两半圆组成的钢圈顶紧,不另设支撑,混凝土用吊桶运输人工浇筑,从第二节护壁模板开始上部留100 mm高作浇筑口。混凝土强度达到75%后方可拆模。

（5）挖孔桩成孔验收

成孔后,施工单位要先进行自检,自检达到设计深度且桩型符合要求,桩底虚渣、浮土清理干净后,再及时通知监理,并提出验收申请。经监理单位验收合格后,方可进行后续钢筋笼吊装和混凝土的浇筑。

（6）钢筋笼加工及安装

1）钢筋加工。按设计形状制作箍筋、加强箍筋和定位筋,接头采用双面焊接。主筋采用对焊接头,钢筋接头在35d且不小于500 mm范围内,接头不得超过钢筋面积的50%。

2）钢筋笼制作。按设计布筋方式先将箍筋布设在作业平台上,并点焊固定,再布设主筋,主筋与箍筋焊接固定。再施工定位筋、加强箍筋及预埋筋和预埋件,钢筋笼制作好后按桩形作好标识。制好的钢筋笼必须放在平整、干燥的场地上。

3）钢筋笼安装。人工挖孔桩成孔验收合格后,立即进行钢筋笼安装。吊装一般采用双吊点,第一吊点设在骨架的上部定位钢筋上,使用主钩起吊。第二吊点设在骨架的中点到三分点之间。起吊时,先起吊第一吊点,将骨架稍提起,再与第二吊点同时起吊。待骨

架离开地面后,第二吊点停止起吊并松开钢丝绳,直到骨架与地面垂直后第一吊点停止起吊,解除第二吊点钢丝绳。缓慢移动钢筋笼,将钢筋笼吊到孔位上方,对准孔位,扶稳,缓慢下放,依靠第一吊点的滑轮和钢筋笼自重,眼观使钢筋笼中心和钻孔的中心一致。以护筒顶面为基准面,量测钢筋笼,当钢筋笼到达设计位置时,焊吊筋固定,防止混凝土浇筑过程中钢筋笼上浮。

(7)桩芯混凝土浇筑

灌注时先清除孔桩内积水和杂物,再吊入串筒。灌注过程必须连续,不得中断,边灌注边振捣。浇灌时,下料采用漏斗和串筒下料,出料口离混凝土面不得大于 2 m。混凝土浇筑过程中应边灌注边振捣,宜采用插入式振动棒进行,以保证混凝土的密实度。

7.4.4 施工准备阶段安全措施

1)施工单位应认真阅读施工图纸和工程地质、水文地质勘查报告资料。详细调查场地地上、地下的障碍物,如地下电缆、上下水管道、旧墙基、旧人防工程等分布情况以及场地附近建筑物的上部结构、地基基础等情况。编制针对性强的人工挖孔桩施工技术及安全方案并交监理单位审批。

2)施工单位应严格按经监理单位审批合格的施工方案实施。

3)合理配置机械设备。每孔配置一套升降设备,桩孔开挖时既用于运送人员又用于运送工具、器具、材料和土石废料。施工设备要安全可靠,同时还要按施工方案配置足够的鼓风机、潜水泵、风镐、照明及动力电器等设备。

4)合理选用降水措施,把地下水位降到坑底以下,以保证施工过程处于地质坚硬的条件下进行。

5)在施工准备阶段,应计划配备足够的安全管理人员,当孔内有人作业时,地面必须有专人进行监督。

7.4.5 施工安全技术措施

1)严格按照施工方案做护壁,一护到底。特别要求第一节护壁必须认真做好,应高出自然地面 30 cm,壁厚不小于 20 cm,桩小于 1.2 m 的平均壁厚不应小于 10 cm;桩径大于 1.2 m 壁厚要适当增加。护壁应适量配筋。

2)挖孔运到地面的土石应暂堆在距孔口边缘 1 m 以外,堆放高度不应超过 1 m,并应及时运走。载重汽车不应进入场内。

3)多孔同时施工时,应采取间隔挖孔方法,相邻桩不能同时挖孔、成孔,必须待相邻桩孔浇灌完混凝土、护壁混凝土强度满足设计要求之后,才能挖孔,以保证土壁稳定。

4)挖扩大头、松软沙土层应采取短挖短护、一护到底的方法施工。如不能护壁到底,应采取下护筒或倒挂钢筋笼法施工,钢筋笼距孔底 0.8 ~ 1 m,在护筒内或笼中间挖孔到位后应及时验槽,合格后要立即下笼浇筑混凝土,特别是当孔壁是砂土、松软填土、饱和软土等时,更不得过夜,以免塌孔。

5)桩底扩孔应间隔削土,留一部分做支撑,待浇灌混凝土前再挖,此时宜加钢支架支

护,浇筑混凝土时再拆除。挖孔过程中应经常检查净空尺寸和平面位置,保持孔壁垂直度和圆度,使孔壁受力均衡,免于塌方。

6)挖桩孔时如遇透水应及时排水、及时护壁,以防止水浸土质变软而造成塌方。

7)相临 10 m 范围内有深孔正在浇灌混凝土或蓄有深水时,不得下井作业。

8)人工挖孔桩开挖应交错进行,且应控制每部开挖深度,每开挖 0.5 m 必须浇筑护壁。

9)遇到孔内涌水严重,人员必须立即撤离,采用孔周边钻孔降水的方法处理。

10)在有毒有害气体较多的地质条件下施工,应配备风量足够的通风机和长度能伸至桩孔底足够长的风管。

11)作业前应用毒害气体检测仪对孔内气体进行检测,发现异常先通风处理,孔内空气正常后再入孔作业。

12)为防止孔内潜水泵、振动棒漏电伤人,应采用三相五线制,“三级配电两级保护”,实行一机一闸一保险,设备的照明线分开关安装,放在孔口处,遇有紧急情况可随手拉闸。

13)孔内照明应使用橡胶软电缆,不许有接头。照明必须采用 36 V 以下电压;直径 1.2 m 以下有水的桩孔,应采用 12 V 电压,严禁采用 220 V 照明。工作灯应用防水移动式,悬挂在孔壁一侧;作业人员上下及升降桶(篮)时,切勿碰撞照明灯。所有深入桩孔的导线在孔口均应离地挂,防止与孔口凸缘磨破皮漏电伤人。

14)为防止施工作业人员上下孔时发生坠落,应配置安全可靠的升降设备,并由培训合格的操作人员操作。运送作业人员上下孔要用专用乘人吊笼,严禁采用运泥土吊桶运人和作业人员自行手扶、脚踩护壁凸缘上下孔。

15)桩孔直径较大时,孔内作业人员最好两人一组,以相互照顾。一般情况下,作业人员在孔内连续作业不能超过 2 h。孔口监护人员应对孔内感觉不适的作业人员提供正确的救助措施。

16)当孔内作业人员遇有不适感时,应尽快将不适人员用运人吊笼尽快运上地面,不可让不适人员抓住吊土石的桶或篮勉强提上地面。

17)孔口设专人监护,监护人要坚守岗位,不可擅自离开。

18)当天挖孔,当天浇筑护壁。人离开施工现场,要把孔口盖好,必要时要设置明显的警戒标识,防止其他人员误踩而跌入孔内造成不必要的人身伤亡。

7.5　浅埋暗挖法施工安全

浅埋暗挖法是指在距离地表较近的地下进行各种类型地下洞室暗挖施工的一种方法。它起源于 1986 年北京地铁复兴门折返线工程,由于当时取得了很大的经济效益和社会效益,随后经铁道部(现分为国家铁路局和中国铁路总公司)等相关部门讨论确定采用“浅埋暗挖法”这个名称。浅埋暗挖法作为建设部(现为住房和城乡建设部)命名的国家级工法,不仅在地铁建设中显示出明显的优越性,而且在地下停车场、地下街道、地下商业街及市政地下管网等项目建设中发挥着重要作用。

7.5.1 浅埋暗挖法概述

浅埋暗挖法又称矿山法,它的理论源于"新奥法"基本原理。新奥法在施工过程中充分发挥围岩本身具有的自承能力,以喷射混凝土、锚杆为主的初期支护,使支护围岩联合受力共同作用,把围岩看作是支护结构的重要组成部分;而浅埋暗挖法基本不考虑利用围岩的自承能力,采用初期支护承担全部基本荷载,二次衬砌作为安全储备,初期支护和二次衬砌共同承担特殊荷载。

在软弱围岩中,浅埋暗挖法可以通过改造地质条件,以地表沉降为重点,以格栅和锚喷混凝土作为初期支护,遵循"新奥法"理论,按照"十八字方针"(管超前、严注浆、短开挖、强支护、快封闭、勤测量)进行隧道的设计和施工。由于浅埋暗挖法具有结构形式灵活多变,对地面建筑、道路和地下管线影响不大,拆迁占地少,扰民少,污染城市环境少等特点,在全国各种地下工程中得到广泛应用,并形成了一套完整的综合配套技术。在近几十年施工应用中,浅埋暗挖法不仅可以适用于第四纪地层、水位较低、地面无建筑物等简单条件,还可以适用于超浅埋、地层岩性差、高水位、大跨度、地下管线复杂、邻近建筑物等复杂的地下工程。

浅埋暗挖法既可作为独立的施工方法使用,也可以与其他方法综合使用。车站工程经常采用浅埋暗挖法与盖挖法相结合,区间隧道用盾构法与浅埋暗挖法结合施工。浅埋暗挖法与其他工法具有很强的兼容性。三者应用情况如表7.5.1所示。

表7.5.1　浅埋暗挖法、盾构法、明(盖)挖法的应用

工法	浅埋暗挖法	盾构法	明(盖)挖法
地质条件	有水需处理	各种地层	各种地层
地面拆迁	小	小	大
地下管线	无须拆迁	无须拆迁	需拆迁
断面尺寸	各种断面	特定	各种断面
施工现场	较小	一般	较大
进度	开工快,总工期较慢	前期慢,总工期一般	总工期快
振动噪声	小	小	大
防水	有一定难度	有一定难度	较易

7.5.2 浅埋暗挖法施工方法

7.5.2.1 浅埋暗挖法施工步骤及工艺流程

(1)浅埋暗挖法施工步骤

1)施工准备工作:主要包括场地平整、材料设备的进场、施工放样、格栅拱架及钢筋

网片的加工等施工前的准备工作。

2)超前小导管布设:在完成竖井施工开挖出掌子面后按照图纸及规范要求沿开挖轮廓线环向布设超前小导管,小导管一般采用直径 30～50 mm 的焊接或无缝钢管,钢管长 3～5 m,钢管注浆孔间距一般为 100～150 mm,环向布置间距 300～500 mm,沿拱部环向外插角 5°～15°,纵向搭接长度一般不小于 1 m;施工时,先用仪器测量放线,画出开挖外轮廓线,定出小导管中心线位置。导管采用钻孔施工时,孔眼深度应大于导管长度;采用锤击或钻机顶入时,其顶入长度不小于管长的 90%。

3)注浆:所选浆液应具备良好的可注性,符合设计要求的配合比,固结后应有一定的强度、抗渗性、稳定性和耐久性,如普通水泥单液浆、改性水玻璃浆等,然后沿着超前小导管进行注浆加固土体;注浆采用液压注浆机。注浆前应喷射混凝土封闭作业面,防止漏浆,喷层厚度不小于 5 cm。导管注浆时,尾部应设封堵塞,当灌注水泥浆时,应在封堵塞上设注浆孔和排气孔。注浆时,排气孔出浆后应立即停止注浆。

4)土方的开挖:按照不同的施工方法采用不同的施工方案进行土方的开挖,保证开挖面成型圆顺,控制超欠挖在允许范围之内;各级围岩超挖范围如表 7.5.2 所示。

表 7.5.2　各级围岩超挖范围

开挖部位		围岩级别		
		I	II～IV	V～VI
拱部	线性超挖	10 mm	15 mm	10 mm
	最大超挖	15 mm	25 mm	15 mm
边墙线性超挖		10 mm	10 mm	10 mm
仰拱隧底	线性超挖	10 mm		
	最大超挖	25 mm		

5)格栅的架立:每一进尺的土方开挖完成之后要及时进行格栅拱架的架设,拱架底脚落在基岩上,接头板密贴,紧固所有连接螺栓,拱架主筋外边缘要有足够的保护层,拱架间距、倾斜度和垂直度符合规范要求。

6)钢筋网片、连接筋:采用设计要求型号(常采用 ϕ22 螺纹钢)的钢筋将每一榀格栅拱架沿纵向进行焊接连接,沿环向间距符合设计要求;然后在格栅拱架内侧挂钢筋网片,钢筋网常采用 ϕ8 圆钢,间距为 5 cm×15 cm,钢筋网在现场单片安装。钢筋网与锚杆、拱架连接牢固,随着喷面的起伏内外双层铺设。钢筋网之间及与已喷混凝土段的钢筋网搭接牢固,且搭接长度不小于 200 mm。钢筋网需挂靠牢固,在喷射混凝土时钢筋网不得晃动。

7)喷射混凝土:采用符合设计要求配合比的混凝土分段、分层进行喷射,喷射完成的初支表面平顺光滑,厚度误差须控制在允许范围内,保证初支面背面不出现较大的空洞,初支面内表面不侵占二次衬砌的结构厚度,喷射混凝土的顺序垂直方向为自下而上,水平方向从左到右或从右到左,并呈螺旋轨迹运动,一圈压半圈,纵向按顺序进行,旋转半径一般为 15 cm,每次蛇行长度为 3~4 m。岩面不平时,应先喷凹处找平。喷射混凝土时,其喷射混凝土速度不宜太慢或太快,适时加以调整。喷射混凝土厚度要求:平均厚度不应小于设计厚度;最小厚度不小于设计厚度的 2/3;检查点数的 80% 及以上大于设计厚度。根据不同的施工技术要求,混凝土的喷射常采用干喷法或湿喷法。

8)防水施工:断面封闭成环完成初支面之后可进行防水施工,按照"仰拱—侧墙—拱部"分段施工,防水施工时要保证喷射混凝土表面平顺,无钢筋头和锚杆头,衬砌施工缝或沉降缝位置处防水卷材和止水带不得有损坏,且要固定牢靠,现常采用的防水材料有自黏型防水卷材等。

9)二次衬砌:在初期支护变形基本稳定后,可进行二衬结构的钢筋绑扎、台模或组合钢模的支设、二次衬砌混凝土浇筑。表 7.5.3 所示为各级围岩衬砌设计参数。

表 7.5.3 各级围岩衬砌设计参数

衬砌类型	初期支护							二次衬砌/cm		预留变形量/cm
	喷混凝土	钢筋网(φ8)		锚杆		钢架				
	设置部位 厚度/cm	网格间距 /cm×cm ( )	设置部位	长度/m	间距/m	规格	每榀间距/m	拱墙	仰拱/底板	
Ⅱ	拱墙/10	—	—	2.5	1.5×1	—	—	35	/30*	3~5
Ⅲ	拱墙/15	25×25	拱部	3	1.2×1	—	—	40	55/	5~8
Ⅳ	拱墙/25,仰拱/15	20×20	拱墙	3.5	1.0×1	格栅	1.0(拱墙)	45*	55*/	8~10
Ⅳ	拱墙,仰拱/25	20×20	拱墙	3.5	1.0×1	格栅或型钢	1.0(全环)	45*	55*/	8~10
Ⅴ	拱墙,仰拱/28	20×20	拱墙	4	1×0.8	格栅或型钢	0.6~0.8(全环)	50*	60*/	10~15
Ⅴ	拱墙,仰拱/28	20×20	拱墙	4	0.8×1	型钢	0.6(全环)	50*	60*/	10~15

(2)浅埋暗挖法施工工艺(图 7.5.1)

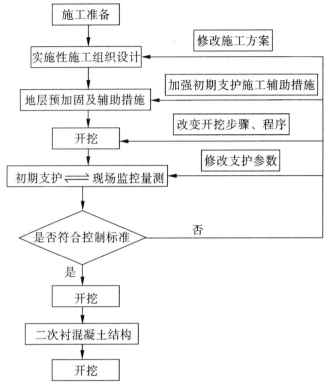

图 7.5.1 浅埋暗挖法施工工艺

7.5.2.2 浅埋暗挖法施工技术原则

浅埋暗挖法设计和施工应用于第四纪软弱地层中的地下工程,关键是严格控制施工诱发的地面移动变形、沉降量,要求初期支护刚度大,支护及时;二次模筑衬砌必须通过变形量测,在结构基本稳定后才能施工,而且须从下向上施工。为了实现不塌方、少沉降、安全生产和文明施工,在施工过程中应实时进行监控量测、信息反馈和优化设计,根据不同的地质情况制定相应的开挖措施和支护措施,严格根据量控监测数据确定支护参数,保证暗挖作业和周边环境的安全。浅埋暗挖法在近几十年施工应用中逐步形成了"十八字方针":管超前、严注浆、短开挖、强支护、快封闭、勤测量。

(1)管超前:在软弱地层或水位较高的地层中,由于开挖拱部土体自稳能力差,自立时间短,土体凌空后极易坍塌,采用超前支护的各种手段主要是提高土体的自稳性,控制下沉,防止围岩松弛和坍塌。

(2)严注浆:导管超前支护后,应立即进行水泥浆或其他化学浆液的压注,填充围岩空隙,使隧道周围形成一个具有一定强度的壳体,增强围岩的自稳能力,确保开挖过程中的安全。

(3)短开挖:一次注浆,一次或多次开挖,土体暴露时间越长,进尺越大,土体坍塌的危险性就越大,所以一定要严格限制进尺的长度。在施工过程中可采取预留核心土法,不

仅可以减少开挖时间,预留的核心土体还可以平衡掌子面的土体,防止滑塌。

(4)强支护:在松散的地层中施工,大量土体的重力会直接作用于初期支护结构上,初期支护必须有足够的强度与刚度,以控制初期结构的变形,保证结构的整体稳定性。

(5)快封闭:在台阶法施工中,如上台阶未封闭成环,变形速度较快,为了有效控制围岩松弛,必须及时加设临时仰拱使支护体系封闭成环。

(6)勤测量:结构的受力最终表现为变形,没有变形(主要是微观变形)结构就没有受力或受力不显著。按照规定的频率对规定的部位进行监测,掌握施工动态,调整施工参数并设置各部位规定的变形警戒值,是浅埋暗挖法施工技术的关键。

7.5.2.3 浅埋暗挖法常用施工方法

浅埋暗挖法施工,根据不同的工程地质、水文情况、工程规模、覆土埋深、掘进方式以及工期等因素,可分为许多具体的施工方法,如全断面法、台阶法、中隔墙法(CD法)、交叉中隔墙法(CRD法)、双侧壁导坑法、洞桩法(PBA法)、中洞法、侧洞法等。

(1)全断面开挖法

断面采用自上而下一次开挖成形的施工方法称为全断面开挖法,主要适用于围岩较好,断面较小的隧道。全断面开挖法施工操作比较简单,为了减少对地层的扰动次数,在采取局部注浆等辅助措施加固地层后,也可采用全断面法施工。

采用全断面开挖法施工的优点:可以减少对围岩的扰动次数,有利于围岩形成天然的承载拱,施工作业空间大,有利于采用大型配套机械化作业,提高施工速度,且工序少,便于施工组织和管理。缺点:开挖面较大,围岩的稳定性较低,且每个循环工作量较大,每次深孔爆破引起的震动也较大,因此对地质条件要求较为严格,围岩必须有足够的自稳能力,同时需要进行精心的钻爆设计,并严格控制爆破作业。

(2)台阶法

台阶法是最基本、运用最广泛的施工方法,而且是实现其他施工方法的重要手段,主要适用于软弱围岩和第四纪沉积地层的地下工程。当开挖断面较高时可进行多台阶分段施工,每层台阶的高度常为3.5~4.5 m,或以人站立方便操作为原则选择台阶高度。当拱部围岩条件发生较大变化时,可适当缩短台阶长度,确保开挖、支护质量及施工安全。台阶开挖法的优点是具有足够的作业空间和较快的施工速度,灵活多变,适用性强。其开挖如图7.5.2所示。

(3)中隔墙法(CD法)和交叉中隔墙法(CRD法)

中隔墙法也称为CD法,主要适用于地层较差和不稳定岩体,且地面沉降要求严格的地下工程施工。当CD法仍不能满足要求时,可在CD法的基础上加设临时仰拱,即所谓的交叉中隔墙法(也称作CRD法)。CRD法的最大特点是将大断面施工化成小断面施工,各个局部封闭成环的时间短,控制早期沉降好,每个步序受力体系完整。因此,结构受力均匀,形变小。另外,由于支护刚度大,施工时隧道整体下沉微弱,地层沉降量不大,而且容易控制。大量施工实例资料的统计结果表明,CRD法优于CD法(前者比后者减少地面沉降近50%)。但CRD法施工工序复杂,隔墙拆除困难,成本较高,进度较慢,一般在地面沉降要求严格时才使用。CRD法开挖断面示意如图7.5.3所示。

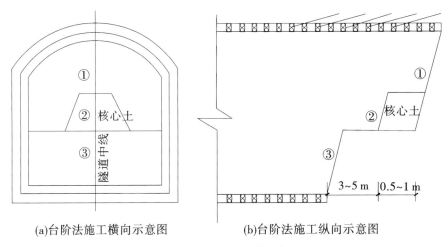

(a)台阶法施工横向示意图   (b)台阶法施工纵向示意图

图 7.5.2 台阶法开挖示意图

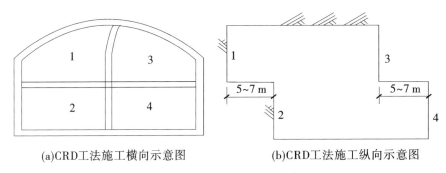

(a)CRD工法施工横向示意图 (b)CRD工法施工纵向示意图

图 7.5.3 CRD 法开挖断面示意图

(4)双侧壁导坑法

双侧壁导坑法也称眼镜法,是变大跨度为小跨度的施工方法,其实质是将大跨度分成三个小跨度进行作业,主要适用于地层较差、断面很大、三线或多线大断面铁路隧道及地下工程。该法工序复杂,导坑的支护拆除困难,有可能由于误差而引起钢架连接困难,从而加大下沉值,而且成本较高,进度较慢。一般采用人工和机械混合开挖,人工和机械混合出渣。双侧壁导坑法施工断面示意图可参照表7.5.4中所示。图7.5.4 为某隧道断面所采用的双侧壁导坑法施工实例。

(5)大断面开挖法

大断面开挖法的选择,受地表沉陷影响较大,变大跨为小跨可减少地表沉陷;开挖分块越多,扰动地层次数越多,地表沉陷就越大;一次支护越及时,开挖支护封闭时间越快,地表沉陷就越小。当采用正确的施工方法和相应的辅助施工措施后,可以实现安全、经济、快速施工的目的。

大断面暗挖主要集中在地铁车站及渡线段,主要工法为洞桩法(PBA 法)、中洞法、侧洞法等。在大断面施工中应注意以下几点:

图 7.5.4 双侧壁导坑法在施工中的应用

1）划小断面，不是越小越好，要根据地层做调整，小断面固然开挖安全，但多次力的转换，易造成累计沉降过大。

2）较好的方法为洞桩法，洞桩法实际上是在地下进行盖挖法施工作业的应用，施工工序为先在洞内制作挖孔桩，梁柱完成后再施作顶部结构，然后在其保护下进行侧墙、底板的施工。洞桩法的缺点在于导洞多，洞内施工桩作业条件差。洞桩法施工断面示意图如表 7.5.4 所示。

3）中洞法较为安全，控制沉降好，但该法在完成中洞后开挖侧洞，由于侧向抵抗侧压的减弱，会造成中洞过大变形，有的造成中拱二衬开裂，因此，二次衬砌不宜过早受力，中洞法施工工序可以表述为先开挖中间部分（中洞），在中洞内是做梁、柱结构，然后再开挖两侧部分（侧洞），并逐渐将侧洞顶部荷载通过中洞初期支护转移到梁、柱结构上，中洞法施工断面示意图如表 7.5.4 所示。

4）侧洞法施工工序是先开挖两侧部分（侧洞），在侧洞内是做梁、柱结构，然后再开挖中间部分（中洞），并逐渐将中洞顶部荷载通过中洞初期支护转移到梁、柱结构上，侧洞法施工断面示意图如表 7.5.4 所示。

5）多层导洞开挖，一般先从上部洞室开挖，然后落底。但是整体下沉，总累计沉降较大。为减少累计沉降，可采取反复注浆措施，也可以考虑先挖下部导洞，逐层上挖，但每层开挖增加超前小导管。

表 7.5.4　浅埋暗挖法开挖方式与选择条件

施工方法	示意图	纵段示意图	重要指标比较			
			沉降	工期	支护拆除量	造价
全断面法			一般	最短	没有拆除	低
台阶法			一般	短	没有拆除	低
中隔墙法（CD）法			较大	短	拆除少	偏高
交叉中隔墙法（CRD 法）			较小	长	拆除多	高
双侧壁导坑法（眼镜法）			大	长	拆除多	高
洞桩法（PBA 法）			大	长	拆除多	高
中洞法			大	长	拆除多	高
侧洞法			大	长	拆除多	高

7.5.3　浅埋暗挖法常用的配套技术

7.5.3.1　浅埋暗挖中出现的问题

施工一般地处第四纪冲、洪积扇的中上部,地层由黏性土、粉土、砂类土、碎石类土沉积而成,土质松散,成拱条件差;而且地下水水位高,渗透性强(一般采取降水措施,但仍有残留水);加上大部分线路处于交通繁忙地段,车辆行驶过程中产生强烈震动,使浅埋隧道周边土体更加松弛,开挖过程中极易坍塌。一般引起坍塌的原因或因素有以下几个方面。

1)地层预加固效果不佳:浅埋暗挖是以地层预加固为前提的一种施工技术。对松散地层,开挖的过程更主要的是支护的过程,地层加固是开挖成败的关键。

2)开挖面暴露时间长:在预加固后开挖过程中,围岩土体会出现短暂的稳定,随着暴露时间的延长,坍塌的可能性也越大。

3)受地面震动影响:地面车辆行驶过程中产生的震动是坍塌的重要诱因之一,尤其

夜间重车高速行驶更为明显。

4)降水后地层残留水的影响:土层隧道施工最为关键的是地下水。施工有地下水时,施工前应采取降水措施。部分地层中形成砂和黏土的混合体,管井很难达到疏干的目的,开挖过程中可能产生潜蚀作用,并造成流砂、坍塌现象。

5)雨、污水等市政管线渗漏或下穿河、湖的地下管线纵横交错,一些雨、污水管修建年代较早,渗漏严重,下穿河、湖水渗漏严重,周围地层处于饱和状态,部分地段还形成一个水囊。随着暗挖施工扰动土体,破坏原有平衡,可能引起坍塌。

6)马头门及断面变换处:马头门和断面变换处是工程施工的一大难点,由于受力转换比较复杂,施工中易引起坍塌。

7)人为管理等因素:施工方法不当、施工方案不当、管理上重开挖轻支护等。

7.5.3.2　常用的辅助方法

稳定地层的主要手段是用注浆加固隧道周边地层,用管棚加固隧道拱部地层。要根据地质和施工的具体情况确定注浆的范围、压力和材料,以改善地层的物理力学参数,提高地层的自稳能力。常用辅助方法有大管棚支护、超前小导管支护、水平旋喷法、地表降水及洞内水理方法、冻结法等。大管棚、超前小导管、锚杆支护在工程中的应用如图7.5.5所示。

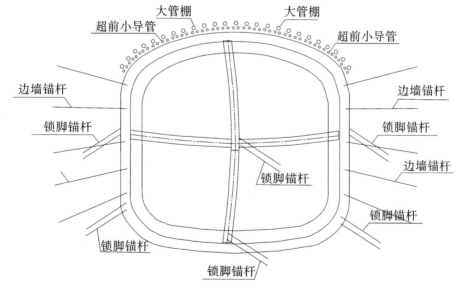

图 7.5.5　CRD 法大管棚、超前小导管、锚杆支护位置布置图

(1)大管棚支护

一般开挖洞门或结构受力转换、大断面或通过重要管线等地方,设计普遍采用管棚方案。管棚的支护参数主要包括钢管直径、长度、间距、仰角、水平搭接长度、钢架间距、注浆参数等,当需要增大钢管的强度和刚度时,也可在钢管内设置钢筋笼而后用水泥浆填充。常用管棚为 108~159 mm,也有采用更大的管棚,施工中常采用的管径为 108 mm,管长以不超过 40 m 为宜,钢管一般分节长 4 m 或 6 m,以丝扣连接,丝扣长不小于 150 mm,环向间距以不大于钢管直径的 3~5 倍为宜。大管棚构造示意如图 7.5.6 所示;管棚直径不是越大越好,施工过程中应注意沉降控制。管棚施工带水作业时要间隔进行,同时完成一个管就要立即进行注浆,防止地层中地下水的串流。大管棚的施工工艺如图 7.5.7 所示。

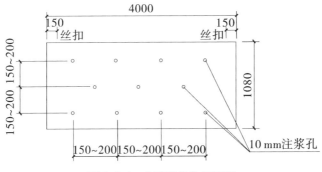

图 7.5.6　大管棚构造示意图

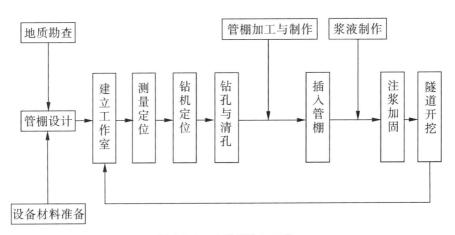

图 7.5.7　大管棚施工工艺

(2)小导管超前支护

在软弱地层中沿着开挖轮廓线和加固轮廓线,按照一定的入射角度,打设一定数量的小导管,用注浆设备把配置好的注浆材料,通过小导管注入地层里,使注浆材料在软弱地层里向四周迅速扩散和固结,并使小导管和土体固结在一起,起到棚护和加固地层的作用。常用的小导管为 25~42 mm,其构造如图 7.5.8 所示。对较好的黏性土层,采用开挖镐刨,小导管打入较困难,只要能够使开挖面稳定,可不必强求打小导管;小导管仰角不宜过大,一般控制在 15°以内。超前小导管施工工艺如图 7.5.9 所示。

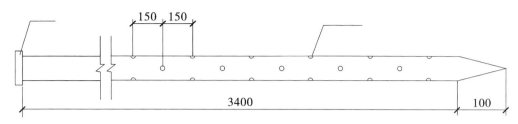

图 7.5.8 超前小导管示意图

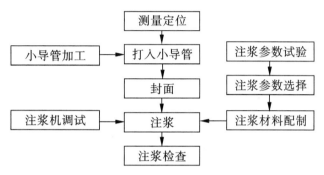

图 7.5.9 超前小导管施工工艺图

（3）水平旋喷法

开挖前进行水平旋喷加固土体，一般土柱直径为 30 mm，相互咬合搭接，形成整体壳体，开挖时起到棚护作用。目前一般旋喷长度为 20 m 左右，开挖 18 m，留 2 m 搭接。旋喷压力不小于 20 MPa，覆土较薄时要减压，且适当缩小间距。目前采用旋喷加固土体的主要问题是浆液流失较大，另外长距离水平旋喷方向性偏差。水平旋喷施工期间会有较大沉降，有时可超过 10 mm，但开挖时沉降较小，初支背后压浆亦少，对于个别点棚护不好时，可补打小导管注浆处理。

（4）地表降水及洞内水理方法

地表井点降水是常用方法，在布置井点时应控制单井抽水量，在施工时做好反滤层，并且分段抽水，以减少因降水引起的地表沉降和减少地下水的流失。黏土层中夹有砂层或砂层中夹有黏土等，管井降水很难全部疏干，地层中存在残留水，这时经常采用水平排水和注浆止水等办法。

（5）冻结法

冻结法是利用人工制冷技术，使地层中的水冻结，把天然岩土变成冻土，增加其强度和稳定性，隔绝地下水与地下工程的联系，以便在冻结壁的保护下进行隧道和地下工程的开挖与衬砌施工技术。多用在盾构隧道出发、到达端头，以及联络通道和区间隧道局部具流塑或流沙地层的止水与加固。

另外还有一些小的辅助办法，如开挖预留核心土、喷射混凝土封闭开挖工作面、锁脚锚杆、设置临时仰拱等。

7.5.4　浅埋暗挖法施工中的监测

（1）监控量测总体要求

监控量测工作必须紧接开挖、支护作业，按设计要求进行布点和监测，并根据现场情况及时进行调整或增加量测的项目和内容。量测数据应及时分析处理，并将结果反馈到施工过程中。

（2）监测的作用

①掌握围岩动态和支护结构的工作状态；②量测结果信息的反馈有助于修改设计，指导施工；③可以及时地预见事故和险情，给施工管理人员留有足够时间采取应急处理措施；④为二次衬砌合理施作时间提供依据；⑤积累资料为以后的设计提供类比依据；⑥为确定隧道安全提供可靠信息。

（3）监测项目的确定因素

监测项目的确定、监测断面及测点的位置、仪器设备的选择及组件的埋设方法等，主要考虑如下因素：①工程地质和水文地质情况；②隧道埋深、跨度、结构形式、隧道间距和施工工艺；③隧道施工影响范围内现有房屋建筑的结构特点、形状尺寸及与隧道轴线的相对位置；④设计提供的变形及其他控制值及其安全储备系数等。

（4）量测项目类型

隧道监控量测的项目应根据工程特点、规模大小和设计要求综合选定。量测项目可分为必测项目和选测项目两大类，必测项目在采用喷锚构筑法施工时必须进行，主要包括地表下沉、拱顶下沉、净空变化、洞内外观察。图7.5.10所示为隧道的拱顶下沉和净空收敛示意图。

选测项目应根据工程规模、地质条件、隧道埋深、开挖方法及其他特殊要求，有选择地进行，主要包括隧底隆起、围岩内部位移、围岩压力等。如图7.5.11所示为某一隧道断面选取的监测项目及监测点的布置。

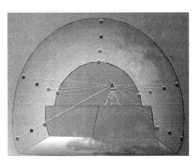

图7.5.10　隧道拱顶下沉和净空收敛示意图

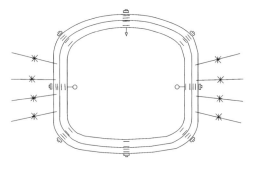

图例：↓拱顶下沉测点　□压力盒　＊锚杆内力
　　＝钢筋计　─○周边位移

图7.5.11　断面监测点布置图

（5）监测要求

净空变化、拱顶下沉量测应在每次开挖后 12 h 内取得初读数，最迟不得大于 24 h，且在下一循环开挖前必须完成。测点应牢固可靠、易于识别，并注意保护，严防损坏。拱顶下沉和地表下沉量测基点应与洞内、外水准基点建立联系。

地表下沉量测应在开挖工作面前方，隧道埋深与隧道开挖高度之和处开始，直到衬砌结构封闭、下沉基本停止时为止。各项量测作业均应持续到变形基本稳定后 2～3 周结束。对于膨胀性和挤压性围岩，位移长期没有减缓趋势时，应适当延长量测时间。

净空变化速度持续大于 1.0 mm/d 时，围岩处于急剧变形状态，应加强初期支护系统；净空变化速度小于 0.2 mm/d 时，围岩达到基本稳定。表 7.5.5 所示为隧道监测项目及监测频率的相关要求。

表 7.5.5　隧道现场监控量测项目

序号	量测项目	量测仪器及工具	测点布置	量测间隔时间
1	掌子面观察	现场目测	掌子面	每一循环开挖完成
2	周边位移及拱顶下沉	收敛计及水平仪、水准尺、钢尺或测杆	每 10 m 一个断面，每断面 3 个或 4 个对测点	开挖面距量测断面前后 0～B 时 1～2 次/天 开挖面距量测断面前后 1～2B 时 1 次/天 开挖面距量测断面前后 2～5B 时 1 次/2 天 开挖面距量测断面前后 >5B 时 1 次/1 周
3	地表下沉	水平仪、水准尺、钢尺或测杆	每 10 m 一个断面	位移速度 ≥5 mm/d 时 2 次/天 位移速度 1～5 mm/d 时 1 次/天 位移速度 0.5～1 mm/d 时 1 次/2 天 位移速度 0.2～0.5 mm/d 时 1 次/3 天
4	洞内水平收敛	收敛计	每 10 m 一个断面，每断面 2 个或 3 个对测点	位移速度 <0.2 mm/d 时 1 次/1 周 选择较高的一个量测频率

续表 7.5.5

序号	量测项目	量测仪器及工具	测点布置	量测间隔时间
5	围岩压力	压力盒	较差围岩代表性地段一个断面,每断面 8~10 个对测点	
6	初支格栅应力	钢筋计	每 10 m 一个断面,每断面 8 个对测点	开挖面距量测断面前后<2B 时 1~2 次/d 开挖面距量测断面前后<5B 时 1 次/2 d 开挖面距量测断面前后>5B 时 1 次/周 其中 B 为隧道宽度
7	二衬主筋应力	钢筋计	每 30 m 一个断面,每断面 8 个对测点	
8	临近建筑物倾斜	经纬仪、水准仪	隧道附近建筑物,测点间距 15~20 m	
9	锚拉拔试验及锚杆轴向力	锚杆测力计及拉拔器	必要时进行	

7.6 顶管工程施工安全技术

7.6.1 顶管施工技术及其发展

顶管施工,作为一种非开挖铺设管道的技术,具有整体性好、综合成本低、施工周期短、环境影响低、维修费用少等优点。

根据中东地区出土的文物证实,古罗马时代已开始了最早应用顶管施工技术的萌芽。当时的古罗马利用杠杆原理,将一根木制管道从土层侧面顶进从而开辟出一条供水渠道,以汲取水资源,这就是在不开挖地面条件下进行的地下顶管施工雏形。

据可查文字记录,美国北太平洋铁路公司在 1896~1900 年间完成了早期的顶管施工作业。早期为顶管技术的推广应用作出杰出贡献的是美国的 Augustus Grinffin 工程师,他于 1906~1918 年期间在从事灌溉研究工作时,发明了在铁路下面采用铸铁管的顶管施工

技术。随后,许多铁路公司都将这项技术确定为铁路下顶进铸铁管道的标准方法。

我国的顶管施工最早始于 1953 年的北京,在 1956 年上海也开始进行顶管试验,但一开始都是一些手掘式顶管,设备也比较简陋。1964 年前后,上海一些单位开始进行大口径机械式顶管的各种试验。当时,口径在 2 m 的钢筋混凝土管的一次推进距离可达 120 m,同时,也开创了使用中继间的先河。1967 年前后,上海已研制成功人不必进入管子的小口径遥控土压式机械顶管机,口径有 $\phi700 \sim \phi1050$ mm 多种规格。1978 年前后,上海又开发成功挤压法顶管,这种顶管特别适用于软黏土和淤泥质黏土,但要求覆土深度须大于两倍的管外径。1984 年前后,我国的北京、上海、南京等地先后开始引进国外先进的机械式顶管设备,从而使我国的顶管技术上了一个新台阶。1988 年,上海研制成功我国第一台 $\phi2720$ 多刀盘土压平衡掘进机,先后在虹酒路、浦建路等许多工地使用,取得了令人满意的效果。1992 年,上海研制成功国内第一台加泥式 $\phi1440$ 土压平衡掘进机。近十几年来,上海等地的顶管技术有了长足的发展,并在大直径、长距离顶管技术方面处于国际领先地位。1981 年将内径 DN2600 的管道穿越黄浦江,第一次在顶管施工中应用中继环技术获得成功,管道顶进长度达 581 m。1987 年引入计算机控制、激光指向、陀螺仪定向等先进技术,管道顶进长度始超千米,达 1120 m,使我国的顶管施工技术处于世界领先地位。

之后,我国又完成多根千米以上的顶管,其中 1997 年 4 月完成的上海黄浦江上游引水工程中的长桥支线顶管,将 DN3500 的钢管单向一次顶进 1743 m,再创世界纪录。我国从 1997 年至 2001 年利用非开挖技术铺设管线工程量和设备拥有量的年增长率均达到 45% 以上。2008 年,由上海建工集团基础公司承建的广东汕头管径 2 m、全长 2080 m 的过海钢质引水管,准确顶入接收井预留孔,管道全线实现贯通。由此创造了国内一次性顶进最长距离的新纪录。

特别是近几年,地下顶管工程在各大、中城市的市政工程上陆续加以应用,推动了顶管技术的向前发展。

到目前为止,顶管施工随着城市建设的发展已经越来越普及,应用的领域也越来越宽。近年来运用到自来水管、煤气管、动力电缆、通信电缆和发电厂循环水冷却系统等许多管道的施工中。

7.6.2　顶管施工方法分类

顶管的分类方法很多,目前对于顶管分类都是根据其某一方面的特性进行划分,常见的分类有以下几种。

第一种分类方法最为简单,就是按所顶进管道的口径大小来分,分为大口径、中口径、小口径顶管三种。大口径多指口径在 2000 mm 以上的顶管,最大口径可达 5000 mm,人能在这样口径的管道中站立和自由行走。大口径的顶管设备也比较庞大,管道自重也较大,顶进时比较复杂。中口径是指人弯着腰可以在其内行走的管道,口径为 1000 ~ 1800 mm,在顶管中占大多数。小口径是指人只能在管内爬行,有时爬行也比较困难的管道,这种管道的口径为 500 ~ 1000 mm。微型顶管的直径通常在 400 mm 以下,最小的只有 75 mm。

第二种分类方法是按工作井和接收井之间距离的长短来分,可分为普通顶管和长距离顶管。而长距离顶管是随顶管技术不断发展而发展的,过去100 m左右的顶管就称为长距离顶管。而现在随着注浆减摩技术水平的提高,中继站的使用和顶进设备的不断改进,千米以上的顶管已屡见不鲜,可把500 m以上的顶管称为长距离顶管。

第三种分类方式是以顶进管前工具管或顶管掘进机的作业形式来分。顶进管前只有一个钢制的带刃口的管道,具有挖土保护和纠偏功能的被称为工具管。人在工具管内挖土,这种顶管被称为手掘式顶管。如果工具管内的土是被挤进来再做处理的就被称为挤压式顶管。这两种顶管方式在工具管内部都没有掘进机械。如果在顶进管前的钢制壳体内有掘进机械的则称为半机械式或机械式顶管。在钢制壳体中没有反铲之类的机械手进行挖土的则称为半机械式。为了稳定挖掘工作面,这类顶管往往需要采用降水、注浆或采用气压等辅助施工手段。在机械式顶管中都可看到顶进管前有一台掘进机,按掘进机的种类又可把机械式顶管分成泥水式、泥浆式、土压式和岩石式顶管。这四种机械式顶管中,又以泥水式和土压式使用得最为普遍,顶管掘进机的结构形式也最为多样。

(1)泥水平衡顶管

采用水力切削泥土,水力输送弃土以及利用泥水压力来平衡地下水压力和土压力的顶管形式都归结为泥水顶管施工。泥水顶管施工法的工作原理:由顶管机正面刀盘切削土层,同时通过送水管路将水送至刀盘后方泥水仓,待水和弃土充分混合后,由排泥管路排至地面泥水处理装置,经分离后的低浓度泥水被再度送入顶管机内循环使用。顶管机用后方顶进装置作为前进动力,在工作井中推进管道,再由管道将推力传至顶管机向前顶进。

(2)土压平衡顶管

土压平衡顶管施工的基本原理是通过机头前方的刀盘切削土体并搅拌,同时由螺旋输土机输出挖掘出的土。在土压顶管掘进机的机头前方面板上装有压力感应装置,操作者通过控制螺旋输土机的土量以及顶进速度来控制顶进面的压力,和前方静止土压力保持一致,以防止地面沉降和隆起。土压平衡顶管施工有两个方面的内容:顶管掘进机在顶进过程中与它所处土层的地下水压力和土压力处于平衡状态;它的排土量与掘进机顶进所占去的土的体积也要处于平衡状态;只有同时满足这两个条件才能算是真正的土压平衡。表7.6.1中所列为泥水平衡和土压平衡顶管的性能对比。

第四种分类方法是以顶进管的管材来分类的,可分为钢筋混凝土管顶管和钢管顶管以及其他管材的顶管。

第五种分类方法是以顶进轨迹的曲直来分类的,可分为直线顶管和曲线顶管。曲线顶管技术相当复杂,是顶管施工的难点之一。

需要说明的是,以上每一种分类方法都只是从某一个侧面强调某一方面,不能也无法概全,所以,每一种分类方法都有其局限性。

表 7.6.1 机械顶管性能比较

顶管方式	挖掘系统	平衡原理	排土系统	纠偏系统	顶力速度	适用地质条件
泥水平衡	偏心破碎削土,破碎颗粒可达管径的40%	采用泥水平衡,适用所有土质	通过排泥软管排出	采用全方位纠偏系统,操作简单	顶力小,可长距离,速度快	所有土质,地下水位不限,覆土较大
土压平衡	刀盘削土,破碎颗粒较小	采用土压平衡,需对砂砾、砂类进行改良	螺旋输送机及皮带输送机排土	通过测量控制,精度较差,操作复杂	所需顶力大,速度较慢	土质变化不大,地下水位不高,覆土最小0.8D

另外,根据施工方法的不同,顶管机可分为敞开式顶管掘进机和封闭式顶管掘进机两大类。敞开式顶管掘进机有手掘式、挤压式和网格式等;封闭式顶管掘进机有土压平衡、泥水平衡、混合型等。

7.6.3 顶管施工设备及其工作原理

7.6.3.1 顶管施工术语

1)顶管:依靠千斤顶和反力墙,将管道在地下逐节顶进的施工工艺。

2)顶管机:安装在管道前端用于掘进、出泥和导向的顶管机械。

3)出洞:顶管机由工作井进入土体向前顶进的过程。

4)进洞:顶管机向前顶进进入接收井的过程。

5)工作井:顶管设备安装及用于始发的地下作业空间。

6)接收井:接收顶管机的地下作业空间。

7)反力墙:工作井内承受千斤顶顶力的墙体。

8)顶管后座:千斤顶与反力墙之间的传力装置。

9)中继间:为增加顶力而设置在管道间的续顶装置。

10)特种顶管:使用特殊管材或特殊的施工方法的顶管。

11)触变泥浆:用于填充顶管和土体之间的空间并起到减阻作用的泥浆材料。

12)盘根止水:采用柔软的线状物(如棉、麻、石棉、石墨等)纺织成条状再浸入复合树脂(或油漫物)而制成的软填料,用于填塞顶管机与井壁的空隙,起到密封止水作用。

7.6.3.2 顶管施工主要设备

（1）机头

机械顶管施工中的机头也可以叫导头或工作管,主要作用是挖掘管节前的土壤,顶管时把管节导入设计位置,起到定向纠偏和埋设管节的作用,主要功能是校正挖土方向、挖土、防止管节前土壤坍塌等。泥水平衡顶管机机头如图7.6.1所示。

图7.6.1 泥水平衡顶管机机头

（2）工作井

工作井(工作坑),按其作用分为顶进井(始发井)和接收井两种。顶进井是安放所有顶进设备的场所,也是顶管掘进机的始发场所,是承受主顶油缸推力的反作用力的构筑物,供工具管出洞、下管节、挖掘土砂的运出、材料设备的吊装、操纵人员的上下等使用。在顶进井内,布置主顶千斤顶、顶铁、基坑导轨、洞口止水圈以及照明装置和井内排水设备等。在顶进井的地面上,布置行车或其他类型的起吊运输设备。接收井是接收顶管机或工具管的场所,与工作井相比,接收井布置比较简单。等到工程竣工后,沉井可改建成检查井。坑的前后壁在管道顶进时受力巨大,均应加固。工作井内构造如图7.6.2所示。

（3）顶铁

若主顶千斤顶的行程不能一次将管节顶到位时,必须在千斤顶缩回后在中间加垫块或几块顶铁。顶铁有环形顶铁、弧形或马蹄形顶铁之分。环形顶铁的内外径与混凝土管的内外径相同,主要作用是传力。弧形和马蹄形顶铁的作用有两个,一是用于调节油缸行程与管节长度的不一致,二是传力。常见顶铁类型如图7.6.3所示。

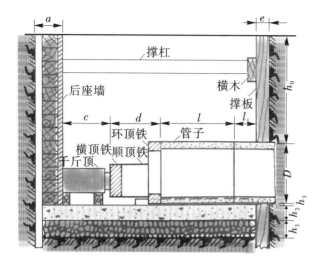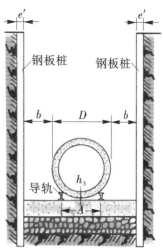

图 7.6.2　工作井构造图

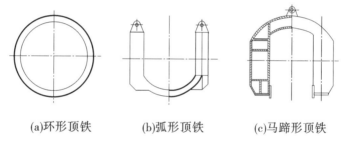

(a)环形顶铁　　　　(b)弧形顶铁　　　　(c)马蹄形顶铁

图 7.6.3　顶铁常见类型(顶铁的断面形状)

(4)中继站

中继站有时也称为中间顶推站、中继间或中继环,安装在顶进管线的某些部位,把这段顶进管道分成若干个推进区间。它主要由多个顶推油缸、特殊的钢制外壳、前后两个特殊的顶进管道和均压环、密封件等组成,顶推油缸均匀地分布于保护外壳内。当顶进阻力(即掘进机所受迎面阻力与顶进管道所受摩擦阻力之和)超过主顶工作站的顶推能力、施工管道或者后座装置所允许承受的最大荷载,无法一次到达要求的顶进距离时,则需要在施工的管线之间安装中继站进行辅助施工,实行分段逐级顶进。中继站可以分为回收式中继站和丢弃式中继站两种类型。采用中继站时,管道沿全长分成若干段,在段与段之间设置中继环。中继站是一个由钢材制成的圆环,内壁上设置有一定数量的短行程千斤顶,产生的推顶力可用于推进中继站前方的管道。在中继站推进的过程中,被推进的只是该中继站和前面一个中继站之间的管段。在顶进作业中,主千斤顶在每个循环中都最后推进。借助中继站的逐级接力过程,可将顶管的顶推距离延长,以适应长距离顶管施工的需要。中继站油缸行程一般较主顶千斤顶短,吨位视中继间在顶进管道中所安装的位置而定,根据中继站的工作性能,中继站油缸要求布置均匀,以达到均匀施加顶力的目的。中继站油缸的能力一般不大于 1000 kN,要求尽可能做到台数多而吨位小,并作周向均匀布置。中继站示意图如图 7.6.4 所示。

(5)其他设备

除了上述几种主要设备外,顶管施工还需要其他的一些设备,包括后靠背、千斤顶、千斤顶支架、导轨、操作台、送水泵、泥浆沉淀池等,如图 7.6.5 所示。

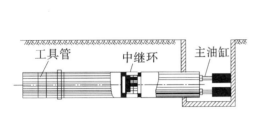

图 7.6.4　中继站示意图

图 7.6.5　后靠背、千斤顶支架、导轨示意图

7.6.3.3　顶管施工工作原理

顶管施工是在不开挖地表的情况下,利用液压顶进工作站从顶进工作坑将待铺设的管道顶入,从而在顶管机之后直接铺设管道的非开挖地下管道施工技术。顶管施工的原理如图 7.6.6、图 7.6.7 所示。

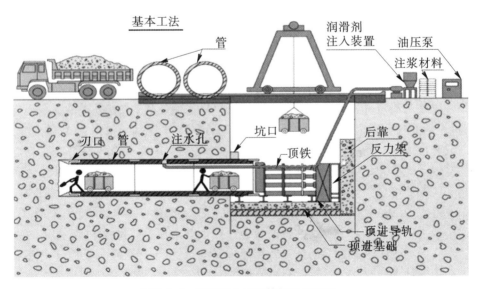

图 7.6.6　敞开式人工顶管掘进原理图

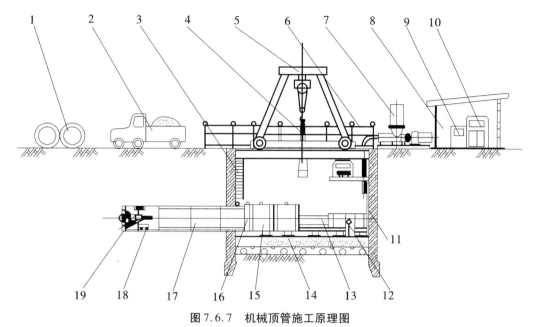

图 7.6.7 机械顶管施工原理图

1-预制的混凝土管;2-运输车;3-扶梯;4-主顶油泵;5-行车;6-安全护栏;7-润滑注浆系统;8-操作房;9-配电系统;10-操作系统;11-后座;12-测量系统;13-主顶油缸;14-导轨;15-弧形顶铁;16-环形顶铁;17-已顶入的混凝土管;18-运土车;19-机头

7.6.4 顶管施工技术要求

7.6.4.1 基本规定

1)顶管施工前应对施工沿线进行踏勘,了解建(构)筑物、地下管线和地下障碍物的状况。

2)顶管施工中应对邻近建(构)筑物、地下管线进行监测,并采取相应的技术措施。

3)顶管施工应采用触变泥浆减阻措施,并连续作业。

7.6.4.2 管材和管道接口

1)钢筋混凝土成品管制作质量应符合《顶管施工法钢筋混凝土排水管》(JC/T 640—2010)的规定。管节及接口的尺寸精度和抗渗性能应符合设计要求。

2)钢筋混凝土管应采用 F 型承插接口形式。

3)顶进前应对成品钢筋混凝土管、钢套环、橡胶密封圈及衬垫材料检测和验收。

7.6.4.3 后座和导轨

1)顶管后座安装应符合下列要求:

①顶管的后座可采用拼装式后座和整体式后座;

②顶管后座的反力墙应整平;

③后座应满足千斤顶最大顶力的要求;

④后座应与顶进轴线垂直,与反力墙之间宜设传力装置。

2)导轨安装应符合下列要求:

①两导轨应顺直、平行、等高,其坡度应与管道设计坡度一致。当管道坡度>1% 时,导轨可按平坡铺设。

②导轨安装的允许偏差,轴线位置:3 mm;顶面高程:0 ~ +3 mm;两轨内距:±2 mm。

③安装后的导轨必须稳固,在顶进中承受各种负载时不产生位移、不沉降、不变形。

④导轨安放前,应先复核管道中心的位置,并应在施工中经常检查校核。

7.6.4.4 触变泥浆

1)顶进距离为 500 m 以内的,宜采用一根总管和一种浆液注浆。顶进距离大于 500 m 的,宜采用两根总管和两种不同配方的浆液。触变泥浆的材料应选择经消化处理的膨润土泥浆材料。

2)长距离顶管,应在总管沿线设置中间接力泵站。

7.6.4.5 管道顶进和纠偏

1)初始顶进速度宜控制在 10 ~ 20 mm/min。

2)正常顶进时,顶进速度宜控制在 20 ~ 30 mm/min,出土量宜控制在理论出土量的 98% ~ 100%。

3)管道顶进中应采取以下防"磕头"措施:

①调整后座主推千斤顶合力中心,用后座千斤顶进行纠偏;

②宜将管道前 3 ~ 5 节用拉杆相连;

③出洞口土体应进行加固;

④加强洞口密封可靠性,防止或及时封堵顶管出洞口的水土流失。

4)管道顶进时应采取以下抗扭转措施:

①顶管机宜设置限扭装置;

②在顶管机及每个中继间设管道扭转指示针,管道扭转时宜采用单侧压重,或改变切削刀的转动方向进行纠正。

5)防止管道后退的措施:拼装管段时,主推千斤顶在缩回前应对已顶进的管段与井壁进行临时固定。

6)顶管偏离轴线时,应按下述原则进行纠偏:

①每顶进一节距离(约 2 ~ 3 m)测量一次顶管机姿态偏差,并及时进行纠偏;

②应超前预测纠偏效果,及时调整纠偏角度。

7)管道顶进时应根据地面监测数据及时调整顶进参数。

8)控制和减少沉降的施工措施:

①严格控制顶管各项施工参数。

②顶管机尾部的压浆孔应及时有效地进行跟踪注浆,确保能形成完整的泥浆环套,压

浆时应先压后顶。管道内的压浆孔应及时进行补浆,严格控制注浆量及注浆压力。

③进行实时监测和信息化施工,监测数据应及时报告,根据监测数据及时调整施工参数。

④严格控制管节渗漏,当出现严重渗漏时,应及时补漏。

⑤顶管结束宜用水泥浆对泥浆套进行固化。

7.6.4.6 通风

1)管道内应设置通风装置及有毒有害气体检测报警装置。

2)送风口宜设在距顶管机 12~15 m 处。

3)对管径较小、顶进距离较长的管道,宜采用压缩空气送风。

4)供气量不应小于每人 25~30 m³/h,出口空气质量应符合环保要求。

7.6.4.7 供电

1)顶管施工用电输出端宜分 3 路,分别供给井上供电系统、井下顶管系统及井内主千斤顶用电。

2)井内与管内照明应采用 36 V 的低压防爆行灯。

3)管内供电系统应配备触电、漏电保护装置。

7.6.4.8 安全防护

1)顶管施工中应采取有效的技术措施防止或减少地面沉降。

2)沟和空洞等必须加盖安全网盖,基坑、集土坑、泥浆池四周应设防护栏杆。

3)管内排土运输应根据土壤性质、机械类型、管内作业空间等选择合理的方法。排土运输应遵守有关的安全技术规定。

7.6.4.9 常见问题及处理方法

(1)洞口止水措施

顶管进洞时管外壁和预留洞口之间渗、漏水,将构成重大风险。为防止进出洞口及顶进过程中泥水压力过大涌入工作井内,在洞口内预先安装一个单法兰穿墙钢套管,用于安装橡胶止水圈及止水封板。由于顶进距离长,造成管材表面及砂等对橡胶止水圈不可避免地磨损,需经常更换橡胶止水圈。因此,我们在洞口里侧增加一道橡胶止水圈,当需更换外部橡胶止水法兰时,洞口内部的橡胶止水圈可防止地下水进入井内。

1)顶管出洞口防止沉降措施

①除了在工作井预留孔处安装橡胶止水圈外,根据地质情况,如有必要将在洞口外侧进行压密注浆加固。洞口无剩余硬块,使工具管推进无阻碍。

②为防止工具管出洞以后发生"磕"头现象,在底部安装延伸导轨,宽度与井内导轨一致。

③当工具管推进完毕,安放第一节管时,应将机头与导轨焊接牢固,防止主顶缩回以后,由于正面土压力的影响使工具管弹回。

2)顶管进洞口防止沉降措施。当机头顶进距接收井还有一段距离时,应放慢速度,关闭水仓,使机头刀盘旋转,待做好进洞及封洞的准备工作以后方可将机头推进接收井。吊起机头及设备段以后,立即将预留孔和管壁之间的空隙用砖块和快硬水泥堵住,并预留好应急明水卸压口。

3)顶进时此间隙需采取有效措施进行封闭,否则地下水和泥砂就会从该间隙流到工作井内,会造成洞口上部地表的塌陷,甚至会造成事故,殃及四周的建筑物和地下管线的安全。因此,顶管过程中洞口止水是一个不容忽视的环节,必须认真、仔细地做好此项工作。在已完成的顶管中,采用16 mm 的橡胶法兰止水,未发现地下水和泥砂流入工作井内,效果很好。

(2)人工顶管掘进过程中的安全控制

轨道和液压顶进设备、工具管吊装到位后,开始掘进开挖。挖土是保证顶管质量的关键。人工挖土时要慎重掌握管子的顶进方向。挖土时工人应在管内操作,避免塌方伤人,施工时在地质条件较好的部位如沙土地,一般使用短柄铁锹、风镐等手持工具挖土,人工在工具管前端掘土,清出的土方用小车配以卷扬机外运出工作井。此外,还可以在顶管前方设网状封堵,防止工人前出至管外,保证施工人员的安全。待工具管前形成略大于工具管外径的圆形空间后,启动液压顶进设备,慢慢向前推进。顶进时应注意坚持"先挖土、随挖随顶"的原则,确保第一节管子的顶进质量。如果碰到地质条件比较坚硬的砂砾石或者岩石时,要借助于电锤等工具进行掘进。当掘进到一定的深度时,要通过风机向里送风,以保证施工人员的安全。如此重复工作,直到贯通为止。

(3)顶管施工沉降控制措施

顶管法作为一种非开挖施工方法,有很多优点,在各个领域都得到了广泛的应用。但是顶管施工不可避免地会产生地面和地下土体的移动,即沉降和位移。地面沉降是危及周边建筑和设施的主要因素,过大的地面沉降对周边环境和构筑物的破坏往往是致命的。为了使长距离顶管顺利顶进并控制沉降,需要在施工过程中注入膨润土泥浆。注浆可以减少管壁与土体的摩擦,填补土体空隙防止土体坍塌减少土层移动。顶管注浆压力和注浆量是直接影响地面沉降的关键因素,为精确控制注浆压力和注浆量,施工中应用"综合信息控制法",能有效地将地表沉降量控制在所要求的范围内。另外,还需要加强顶管施工过程中的沉降监测,将沉降量控制在允许范围内。

7.7　水下作业安全技术

7.7.1　水下作业类型

水下工程是指水域环境中的土木工程,涉及范围极广,包括水利水电工程、港口码头工程、道路桥梁工程,以及海洋石油、潮汐能、海底资源的开发等。在土木工程中,除海洋和水工结构施工外,常见水下作业多应用于市政工程,主要包括沉井封底、管道检查、管线封堵和破拆、管道疏浚等。

先在地表制作成一个井筒状或矩形的结构物(沉井),然后在井壁的围护下通过从井内不断挖土,使沉井在自重作用下逐渐下沉,达到预定设计标高后,再进行封底,构筑内部结构。广泛应用于桥梁、烟囱、水塔的基础,以及水泵房、地下油库、水池竖井等深井构筑物和盾构或顶管的工作井。沉井施工如图 7.7.1 所示。沉井在进行封底时,由于地下水存在的原因,需要进行水下作业。图 7.7.2 所示为潜水员即将进行水下作业。

对于已建成的市政管线,日常的检查、维修以及改造就需要经常用到水下作业。管道检查、管线封堵和破拆、管道疏浚是市政工程中常见的几大类水下作业。这些水下作业存在着很大的风险,因为市政管道中通常都存在着大量高浓度的有毒有害气体,这些有毒有害气体会使无保护措施的作业人员失去知觉,造成人员伤亡,必须特别注意。管线封堵水下作业如图 7.7.3 所示。

图 7.7.1　沉井施工　　　　　　图 7.7.2　沉井水下作业

图 7.7.3　管线封堵水下作业

7.7.2 相关规范和要求

7.7.2.1 相关规范

涉及水下施工作业的规范标准有很多,其中主要的有《市政工程施工组织设计规范》(GB/T 50903—2013)、《给水排水管道工程施工及验收规范》(GB 50268—2008)、《给水排水构筑物工程施工及验收规范》(GB 50141—2008)、《公用压力管道日常维护与定期检查规范》(DB11/T 796—2011)、《城镇排水管渠与泵站维护技术规程》(CJJ 68—2007)等。

《城镇排水管渠与泵站维护技术规程》(CJJ 68—2007)中规定:

对于人员进入管内检查的管道,其直径不得小于 800 mm,流速不得大于 0.5 m/s,水深不得大于 0.5 m。

采用潜水检查的管道,其管径不得小于 1200 mm,流速不得大于 0.5 m/s。

填土管道必须经排水管理部门批准,封堵前应做好临时排水措施。

采用墙体封堵管道应符合下列规定:

1)根据水压和管径选择土体的安全厚度,必要时应加设支撑。

2)在流水的管道中封堵时,宜在墙体中预埋一个或多个小口径短管,用于维持流水,当墙体达到使用强度后,再将预留孔封堵。

3)大管径、深水位管道的墙体封拆,可采用潜水作业。

4)拆除墙体前,应先拆除预埋短管内的管堵,放水降低上游水位;放水过程中人员不得在井内停留,待水流正常后方可开始拆除。

5)墙体必须彻底拆除,并清理干净。

7.7.2.2 相关安全规定

1)作业前办理工作票。

2)潜水工作应由培训合格的专门潜水人员担任。

3)潜水前潜水员身体条件应符合潜水作业要求。

4)潜水员下潜时必须遵守下列规定:

①戴好头盔后应试验排气阀门,调节空气,方可沿水绳下水;

②当头盔刚淹没水线下时,停止排气,检查潜水衣、头盔、接口、袖口等有无漏气现象,经信号员检查许可后,方可下潜;

③下潜速度一般不超过 10 m/min;

④到工作位置后,立即打信号报告,说明自己的感觉和情况,并将水绳按水流方向放置在身体的下游侧。

5)潜水员水下工作时,必须遵守下列规定:

①工作开始前应先了解周围情况,调整好空气,辨明方向,然后进行工作。

②应将信号绳和气管在臂上缠一圈。

③应随时清理信号绳和气管,以免工作位置转移时缠绕。

④禁止将信号绳移作他用,打信号要清楚,接到转移方向指示时,应先面对信号绳和

气管,再按指示方向前进。

⑤水下行走应侧身移动,不准在重吊物件、其他悬吊障碍物和船只下面穿过,不随意触动无关物体或水生物。

⑥应避免踏动淤泥,在淤泥上工作时,应缓慢小心地调整空气,改变潜水衣的浮力,从淤泥中拔出来时,要注意防止放漂。

⑦使用调整阀时谨慎小心,不准打开过大,防止放漂,在任何情况下,下肢不准高于头部。

⑧带着多根绳子进行工作时,应预先做好记号,工作时未查明是哪根绳子前,不准冒险割断。进行复杂的水下作业时,必须利用"进行绳"来引导方向。

6)潜水员自水下上升时,必须遵守下列规定:

①上升前应清理信号绳和气管,收拾好工具,检查周围环境,开始上升时应向水面报告;

②应沿入水绳上升,并按减压规定进行减压,服从水面关于减压停休的命令;

③上升速度一般为 5~6 m/min;

④接近水面时,手抓前压重物,大量排气,并应注意防止头部与船底及其他物体相碰。

7)潜水员在进行水下闸门作业时,必须在闸门关闭以后下水,在闸门开启之前出水,并有可靠措施,保证潜水员在水下时不会误开闸门。

8)在水下检查闸门下放位置时,潜水员必须将身体避开,手扶门面。

9)在闸门漏水较大处工作时,应在离漏水处 2~5 m 处下水,下水前应先用物体试验吸力大小,防止潜水员被吸。

10)在水下坝体前工作时,工作断面两边闸门不准开启放水。

11)在一般情况下禁止夜间水下作业。

7.7.3 水下作业各环节安全技术

7.7.3.1 施工准备

潜水员下井前做好以下准备工作:

1)施工前应与市区有关泵站联系,协调污水处理运营管理,降低施工范围内水位高度。

2)至少提前 1 h 打开工作面及其上、下游的窨井盖,用排风扇排风 30 min 以上。操作人员下井后,井口需继续排风。

3)采用"有毒有害四合一测试仪"(图 7.7.4)对井内的硫化氢等浓度进行检测,确定有毒有害气体浓度在安全范围之内或无有毒有害气体后方可下水作业。

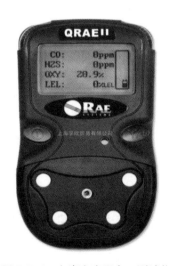

图 7.7.4 有毒有害四合一测试仪

7.7.3.2　设备检查

1）下水前向潜水员作技术交底及安全交底。

2）凡使用内燃空压机时,要采取措施防止潜水员吸入被废气污染的压缩空气。

3）当只有一个潜水人员在水下作业时,在地面上必须配备至少一套备用装具,以便意外情况下及时下水救援。

4）下潜前头盔要经消毒,头盔不得生铜锈。

5）进气管单向阀要洁净、灵活及完好。

6）空气过滤罐洁净,压力表正常。

7）梯子结实牢固,角度合适。

8）信绳、气管能承受 1.8 kN 拉力。

7.7.3.3　地面配合

1）每次潜水都应有专人统一指挥,所有配合人员都得服从命令。

2）工作期间禁止喧哗、打闹。

3）信绳气管由专人持管,绳、管不得离手。

4）严密监视水域动态及气压变化情况。

5）准确、及时做好潜水记录。

6）密切注意潜水员在水下的动态。

7）尽最大可能减轻潜水员在水下的劳动强度。

7.7.3.4　潜水员下水

1）潜水员必须佩戴供给压缩空气的隔离式防护装具。戴好头盔后应试验排气阀门,调节空气,方可沿水绳下水。

2）当头盔刚淹没水线下时,停止排气,检查潜水衣、头盔、接口、袖口等有无漏气现象,经信号员检查许可后,方可下潜。

3）到工作位置后,立即打信号报告,说明自己的感觉和情况,并将水绳按水流方向放置在身体的下游侧。

4）潜水员应按顺序摸查作业范围内进水口大小、走向、标高、水流速度及垃圾的容积率等。

7.7.3.5　水下作业

1）在过滤罐气压大于潜水员下潜深度的静水压时才能下梯入水。

2）潜水员着底后即用电话告知地面,并适当增加通风量。

3）在潜水整个过程中严格听从地面指令。

4）在潜水整个过程中,凡接到地面信号,不管信号发自电话还是管绳,都必须准确回答。

5）在潜水整个过程中,如发生异常感觉或不适,应迅速通知地面。

6）在浊水下前进时,应先伸手向前探摸,以保护门镜。

7）水下作业时,要注意头盔不能低于胸部的位置。

8）严禁在水下解脱信绳。

7.7.3.5　潜水员上升及出水

1）上升前必须预早告知地面,经同意通知出水后,方可离底上升。

2）上升时严禁闭气。

3）接近水面时应伸手护顶。

4）上升速度不得超过 8 m/min。

5）卸装后禁止冷水浴,沐浴水温也不应超过 37 ℃。

6）卸装 12 h 内禁止体育活动和重体力劳动。出水后禁止立刻上床睡觉。

参考文献

[1]余明忠.建筑幕墙工程的设计及施工质量控制[J].建筑工程,2011,(15):27-28.

[2]中华人民共和国住房和城乡建设部.JGJ 202—2010 建筑施工工具式脚手架安全技术规范.

[3]中华人民共和国住房和城乡建设部.JGJ 276—2012 建筑施工起重吊装安全技术规范.

[4]CECS 102:2002(2012 年版)门式刚架轻型房屋钢结构技术规程.北京:中国计划出版社,2012.

[5]全国二级建造师执业资格考试用书编写委员会.建筑工程管理与实务.北京:中国建筑工业出版社,2015.